航空无线电导航技术与系统

Aeronautical Radio Navigation Technology and Systems

唐金元 黄聚义 王思臣 王翠珍 编著

电子工业出版社
Publishing House of Electronics Industry
北京·BEIJING

内 容 简 介

本书阐述了导航与无线电导航系统概念、无线电导航系统分类、导航中常用坐标系及其坐标变换方法、无线电导航定位基本原理、机载导航系统导航参数的计算方法以及无线电导航系统技术性能指标，分析了无方向性信标—无线电罗盘测角系统、无线电高度表测高系统、塔康系统、着陆（舰）引导系统、卫星导航系统等现用主要航空无线电导航系统的系统组成、工作原理以及机载设备工作过程等内容。

本书可以作为高等院校电子信息工程、导航工程、航空电子设备维修、综合航电设备维修等专业的教材，也可作为航空电子工程相关专业技术人员的参考用书。

未经许可，不得以任何方式复制或抄袭本书之部分或全部内容。
版权所有，侵权必究。

图书在版编目（CIP）数据

航空无线电导航技术与系统 / 唐金元等编著. —北京：电子工业出版社，2022.12
ISBN 978-7-121-44501-9

Ⅰ. ①航… Ⅱ. ①唐… Ⅲ. ①航空导航－无线电导航系统 Ⅳ. ①V249.32

中国版本图书馆 CIP 数据核字（2022）第 209013 号

责任编辑：管晓伟
印　　刷：三河市鑫金马印装有限公司
装　　订：三河市鑫金马印装有限公司
出版发行：电子工业出版社
　　　　　北京市海淀区万寿路 173 信箱　邮编：100036
开　　本：720×1 000　1/16　印张：18.5　字数：342.2 千字
版　　次：2022 年 12 月第 1 版
印　　次：2022 年 12 月第 1 次印刷
定　　价：100.00 元

凡所购买电子工业出版社图书有缺损问题，请向购买书店调换。若书店售缺，请与本社发行部联系，联系及邮购电话：(010) 88254888，88258888。
质量投诉请发邮件至 zlts@phei.com.cn，盗版侵权举报请发邮件至 dbqq@phei.com.cn。
本书咨询联系方式：(010) 88254460，guanxw@phei.com.cn。

前 言

  无线电导航是指利用无线电技术测量载体的位置及其他航行参数,对载体航行的全部(或部分)过程实施导航的技术和方法。无线电导航技术是自20世纪初期以来(特别是从第二次世界大战至今),在无线电技术和其他导航技术发展的基础上而逐步发展、完善起来的一门重要导航技术。目前,无线电导航技术门类齐全,是航空、航天、航海和陆地导航用户的重要导航技术手段。航空无线电导航系统采用无线电导航技术,对飞机出航、巡航、归航、进近、着陆等整个飞行过程实施航行引导。航空无线电导航系统有无方向性信标—无线电罗盘测角系统、无线电高度表测高系统、塔康系统(军用航空应用)、着陆(舰)引导系统(包括仪表着陆系统、微波着陆系统、精密进近引导雷达等)和卫星导航系统(包括全球定位系统、全球导航卫星系统、北斗卫星导航系统、伽利略卫星导航系统等),以及伏尔—地美依测角测距系统(民用航空应用)、多普勒导航系统、罗兰—C 系统等。航空无线电导航系统在航空电子系统中占有十分重要的地位。

  本书选取航空无线电导航技术的基础知识、基本理论和现用主要军、民用航空无线电导航系统(无方向性信标—无线电罗盘测角系统、无线电高度表测高系统、塔康系统、着陆(舰)引导系统和卫星导航系统)的系统组成、工作原理以及应用特性等内容进行讨论、分析。

  全书分 7 章:第 1 章概述了导航与无线电导航系统概念、无线电导航系统分类和航空无线电导航系统的发展应用简况；第 2 章阐述了无线电波的传播特性与传播方式、无线电收发机主要性能指标、导航中常用坐标系及其坐标变换方法、无线电导航基本定位原理、机载导航系统导航参数的计算方法和无线电导航系统技术性能指标；第 3 章～第 7 章依次分析了无方向性信标—无线电罗盘测角系统、无线电高度表测高系统、塔康系统、着陆（舰）引导系统（仪表着陆系统、微波着陆系统）、卫星导航系统（导航星全球定位系统、全球导航卫星系统、北斗卫星导航系统）的系统组成、工作原理以及机载设备工作过程等内容。

全书在编写过程中，贯彻创新精神，以高等教育教学内容改革思想为指导，理论适度，注重应用，兼顾发展，重点对内容体系结构进行了改革探索。本书在内容组织和选取上有以下主要特点。

（1）"技术""系统"有机融合。本书基于"技术是基础，系统是应用"这一理念，将无线电波的传播特性与传播方式、导航中常用坐标系及其坐标变换方法、无线电导航基本定位原理、机载导航系统导航参数的计算方法等航空无线电导航技术与现用主要的航空无线电导航系统的相关内容进行了深层次有机融合。

（2）"系统"选取典型、全面。现用航空无线电导航系统主要有测角型、测距（测高）型、陆基型、星基型和近程型、远程型之分，本书所讨论的无方向性信标—无线电罗盘测角系统、无线电高度表测高系统、塔康系统、着陆（舰）引导系统和卫星导航系统，代表了现用航空无线电导航系统的上述全部类型。本书选取的航空无线电导航系统典型、全面。

（3）"技术"内容新颖、适度。航空无线电导航技术仍处在快速发展过程中。本书广泛吸取航空无线电导航技术发展的新理论、新方法和新成果，对舰载机自动着舰引导技术、卫星导航组合应用技术和机载导航系统导航参数的计算方法等军、民用航空无线电导航新技术与新方法内容进行了适度的介绍。

本书可以作为高等院校电子信息工程、导航工程、航空电子设备维修、综合航电设备维修等专业的教材，也可作为航空电子工程相关专业技术人员的参考用书。

本书是在唐金元教授的主持下编写而成的。第 1、7 章由唐金元编写，第 2、3 章由黄聚义编写，第 4、5 章由王思臣编写，第 6 章由王翠珍、唐金元共同编写。全书由王翠珍统稿并完成文字校对，由唐金元整体修改、定稿。

海军航空大学青岛校区李淑华教授主审了本书。航空工业第 637 所王克先高工审阅了全书，并提出了许多宝贵意见。海军航空大学青岛校区教科处等单位对本书出版给予了大力支持和帮助。电子工业出版社管晓伟、孙丽明、张正梅等编辑为本书的出版付出了辛勤的劳动，在此一并表示感谢。

由于编著者水平有限，加之多人编写和时间仓促，书中难免存在不当和疏漏之处，恳请读者批评指正。

编著者

2021 年 8 月于青岛

目 录

第1章 绪论 ··· 1
  1.1 导航概念与无线电导航系统分类 ·· 1
      1.1.1 导航概念 ·· 1
      1.1.2 无线电导航系统分类 ·· 4
  1.2 无线电导航系统发展简况 ·· 6
      1.2.1 早期阶段——测向设备发展时期 ···································· 6
      1.2.2 发展阶段——陆基、空基导航系统全面发展时期 ············· 8
      1.2.3 成熟阶段——卫星导航系统发展时期 ···························· 11
  1.3 无线电导航的发展前景及军事应用 ·· 13
      1.3.1 无线电导航的发展前景 ··· 13
      1.3.2 无线电导航军事应用 ·· 14
  复习题 ··· 14

第2章 无线电导航基础知识 ·· 15
  2.1 无线电波的传播特性与传播方式 ··· 15
      2.1.1 无线电波的频段划分和传播特性 ·································· 15
      2.1.2 无线电波的传播方式 ·· 20
      2.1.3 主要频段无线电波的传播特性分析 ······························· 26
  2.2 无线电收发机 ··· 28
      2.2.1 发射机的基本组成与主要性能 ····································· 28
      2.2.2 接收机的基本组成与主要性能 ····································· 30
  2.3 导航中常用坐标系及其坐标变换方法 ··· 34

2.3.1　导航中常用坐标系简介 ·· 34
　　　2.1.2　常用坐标系坐标变换方法 ·· 41
　2.4　无线电导航定位基本原理 ··· 44
　　　2.4.1　平面几何定位原理 ··· 44
　　　2.4.2　推算定位原理 ·· 46
　2.5　机载导航系统导航参数的计算方法 ·· 47
　　　2.5.1　机载导航系统概述 ··· 47
　　　2.5.2　机载导航系统导航参数的概念 ·· 50
　　　2.5.3　机载导航系统制导参数的计算方法 ···································· 56
　2.6　无线电导航系统技术性能指标 ··· 60
　复习题 ·· 64

第3章　无方向性信标—无线电罗盘测角系统 ······························· 66
　3.1　概述 ·· 66
　　　3.1.1　系统组成及简要工作原理 ·· 67
　　　3.1.2　系统导航功能 ·· 71
　3.2　无线电罗盘 ·· 72
　　　3.2.1　无线电罗盘天线方向特性分析 ·· 72
　　　3.2.2　无线电罗盘基本工作原理、机件组成与工作方式 ··············· 80
　3.3　系统应用特性分析 ··· 84
　　　3.3.1　系统简单评价 ·· 84
　　　3.3.2　系统定向误差分析 ··· 85
　复习题 ·· 90

第4章　无线电高度表测高系统 ·· 92
　4.1　概述 ·· 92
　　　4.1.1　无线电高度表功用与分类 ·· 92
　　　4.1.2　无线电高度表机件组成与基本测高原理 ···························· 93
　4.2　频率调制式无线电高度表 ·· 95
　　　4.2.1　直接调频式无线电高度表 ·· 95
　　　4.2.2　跟踪调频式无线电高度表 ·· 101
　4.3　脉冲调制式无线电高度表 ·· 104
　　　4.3.1　功能模块组成与工作原理简介 ·· 104
　　　4.3.2　纳秒级脉冲调制式无线电高度表特点 ······························ 108

复习题 ………………………………………………………………………… 109

第 5 章 塔康系统 ………………………………………………………… 110
5.1 概述 ……………………………………………………………………… 110
5.1.1 塔康系统组成与功用 …………………………………………… 110
5.1.2 塔康系统应用特点和主要战技指标 …………………………… 115
5.2 塔康系统工作原理 ……………………………………………………… 120
5.2.1 塔康系统测位原理 ……………………………………………… 120
5.2.2 塔康系统测距原理 ……………………………………………… 123
5.2.3 塔康机载设备简介 ……………………………………………… 128
5.3 塔康系统应用分析 ……………………………………………………… 133
5.3.1 塔康系统应用简评 ……………………………………………… 133
5.3.2 塔康系统发展前景 ……………………………………………… 133

复习题 ………………………………………………………………………… 136

第 6 章 着陆（舰）引导系统 …………………………………………… 138
6.1 概述 ……………………………………………………………………… 138
6.1.1 着陆引导系统分类 ……………………………………………… 138
6.1.2 飞机仪表着陆标准及着陆基本过程 …………………………… 140
6.1.3 着陆引导系统技术指标 ………………………………………… 143
6.2 仪表着陆系统（ILS） ………………………………………………… 144
6.2.1 ILS 基本组成 …………………………………………………… 144
6.2.2 下滑信标和下滑接收机 ………………………………………… 147
6.2.3 航向信标和航向接收机 ………………………………………… 151
6.2.4 指点信标和指点信标接收机 …………………………………… 152
6.2.5 ILS 航向、下滑偏离指示 ……………………………………… 153
6.3 微波着陆系统（MLS） ………………………………………………… 156
6.3.1 MLS 基本组成 …………………………………………………… 157
6.3.2 MLS 测角、测高原理 …………………………………………… 161
6.3.3 MLS 机载设备简介 ……………………………………………… 164
6.3.4 MLS 应用特性分析 ……………………………………………… 167
6.4 舰载机着舰引导系统 …………………………………………………… 170
6.4.1 舰载机着舰基本过程及主要影响因素 ………………………… 170
6.4.2 舰载机着舰引导技术 …………………………………………… 172

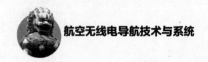

  6.4.3　舰载机自动着舰系统简介 …………………………………… 176
 复习题 ………………………………………………………………………… 181

第7章　卫星导航系统 …………………………………………………… 182
 7.1　概述 …………………………………………………………………… 182
  7.1.1　卫星导航系统概念与发展简况 ………………………………… 182
  7.1.2　卫星导航系统分类和主要特点 ………………………………… 193
 7.2　导航星全球定位系统（GPS）………………………………………… 195
  7.2.1　GPS组成与定位原理 …………………………………………… 195
  7.2.2　GPS接收设备工作原理 ………………………………………… 214
  7.2.3　GPS定位误差 …………………………………………………… 221
  7.2.4　GPS现代化计划简介 …………………………………………… 226
 7.3　全球导航卫星系统（GLONASS）…………………………………… 230
  7.3.1　GLONASS组成和导航电文 …………………………………… 230
  7.3.2　GPS、GLONASS组合应用技术 ……………………………… 240
 7.4　北斗卫星导航系统（BDS）…………………………………………… 246
  7.4.1　北斗一号系统 …………………………………………………… 247
  7.4.2　北斗二号系统 …………………………………………………… 253
  7.4.3　北斗三号系统 …………………………………………………… 259
  7.4.4　北斗卫星导航系统短报文通信技术简介 ……………………… 280
 复习题 ………………………………………………………………………… 284

参考文献 …………………………………………………………………… 285

第 1 章 绪论

1.1 导航概念与无线电导航系统分类

1.1.1 导航概念

1. 导航及其任务

导航是"引导航行"的意思,即引导载体(或称为航行体,如飞机、舰船、车辆等)从一地(出发地)航行到另一地(目的地)。载体从一地航行到另一地通常是按预先设定的航行路线(航线)来进行的。所以,引导载体按预定航线航行的整个引导过程称为导航。导航是保证载体沿着预定航线安全、准时到达目的地的一种重要技术手段。

导航的任务主要如下。

(1)确定载体当前所处的位置及其他航行参数(如航向、速度、距离、时间等)。

(2)引导载体沿预定航线航行。

(3)引导载体在夜间或复杂气象条件下安全着陆(或进港)。

(4)保证载体完成航行任务所需要的其他引导任务。

在上述各项任务中,第一项任务是导航的基本任务,它是完成其他各项导航任务的基础。

需要说明的是,载体(特别是军用载体)并非都是按预定航线航行的。如果在某些特殊情况下载体临时改变航行路线或处于机动航行状态,就更离不开可靠的引导。这种引导也属于导航的范畴。

2. 航空导航功能

航空导航是研究各种军、民用飞行器导航装置、设备,以及导航技术、方法的科学。对飞机的航行引导,应贯穿于飞机"滑行→起飞→爬升→巡航→进场→进近→着陆→滑行"的整个飞行过程,如图 1-1-1 所示。

(1)引导飞机从起飞机场滑行、起飞、爬升,进入预定航线。

(2)引导飞机沿预定航线巡航飞行。

(3)引导飞机降低高度,在降落机场按指定路径进行进场、进近、着陆和滑行。

(4)对机场区域和航路上的飞机实行空中交通管制。

需要指出的是,在飞机不同的飞行阶段,通常采用不同的导航系统进行引导。例如,在航线飞行阶段(巡航阶段)通过航路导航系统[区域导航系统,如全球导航卫星系统(Global Navigation Satellite System,GNSS)、惯性导航系统(Intertial Navigation System,INS)、惯性/卫星组合导航系统(INS/GNSS)等]进行引导;在进近、着陆飞行阶段通过着陆引导系统[如仪表着陆系统(Instrument Landing System,ILS)、微波着陆系统(Microwave Landing System,MLS)、精密进近雷达(Precision Approach Radar,PAR)等]进行引导。对飞机实行空中交通管制是通过专门的空中交通管制系统(Air Traffic Control System,ATCS)来完成的。

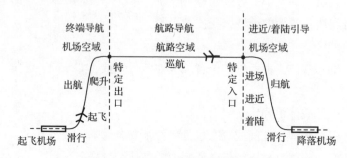

图 1-1-1 飞机飞行过程阶段图解

3. 常用导航技术方法

导航是一门综合性的应用学科。实现导航功能的技术方法有很多。导航按其工作原理或主要应用技术的不同,可分为地标导航、地磁导航、天文导航、惯性导航、无线电导航等类别。

1）地标导航

地标导航是依赖经验通过目视观察周围地面或海面的固定地物标志（如山川、河流、湖泊、森林、铁路、公路、岛屿及建筑物等）进行定位并引导载体航行的。近代，利用电视、雷达等观测周围环境图像进行的导航是地标导航手段的发展。

地标导航简单、可靠，但精度不高。在能见度低（目视时）或在海洋、沙漠中无熟悉地标可观察时，用此手段无法进行导航。

2）地磁导航

地磁导航是利用地球的磁效应进行导航的。磁罗盘就是利用地球磁效应的仪表。这种导航手段设备简单、可靠，但精度不高。

3）天文导航

天文导航是指用测量自然天体（日、月、星等）相对地平面的高度角和相对地球正北向的方位角来计算用户位置和航向的导航手段。

这种导航手段的优点是无须地面台站协同，不利用电磁波，因而不受人工或自然形成的电磁干扰影响，且保密性好。其缺点是受气象条件限制，遇阴、雾等天气无法进行天文导航。

4）惯性导航

用加速度计测量载体运动的加速度数据，经积分运算得到载体速度、位置等信息，用陀螺仪测量载体运动的角速率数据，经转换、处理得到载体航向、姿态等信息的导航手段称为惯性导航。

惯性导航的优点如下。

（1）工作自主性强：仅依靠自身的机载（舰载）设备就能独立地完成导航任务。

（2）提供导航参数多：可以为机上用户提供位置、速度、航向和姿态等导航参数。

（3）抗干扰能力强，隐蔽性好：对电、磁、光、热及核辐射等形成的波、场的影响不敏感，具有极强的抗干扰能力，既不易被敌方发现，也不易被敌方干扰，同时不受气象条件限制，能满足全天候、全球范围导航的要求。

上述优点使惯性导航成为一种在航空、航天、航海等领域中获得广泛应用的导航手段。

惯性导航的缺点是存在积累误差。它的核心部件——陀螺仪存在漂移误差，致使稳定平台随飞行时间的不断增长偏离基准位置的角度不断增大，使加速度的测量和即时位置的计算误差不断增加，导航精度不断降低。这时，必须使用其他高精度导航系统对其时间积累误差进行校正。在应用中，惯性导航系统往往与其他导航系统组成组合导航系统。例如，惯性导航—卫星导航组合导航系统，以惯性导航为主，用卫星导航系统定期校正惯性导航的定位积累误差。

5）无线电导航

利用无线电技术测量载体的位置及其他航行参数，对载体航行的全部（或部分）过程实施导航，称为无线电导航。无线电导航主要是利用无线电波在均匀介质中直线传播特性（可以确定辐射源的方位）和等速传播特性（可以确定辐射源的距离），以及在介质不连续边界面上将产生反射的特性（可以发现目标）对载体实施导航的。

无线电导航与上述导航技术方法相比，有以下优点。

（1）不受时间、地点和气象条件限制，基本可以实现全天候工作。

（2）测量的精度高，定位精度可以达到几米甚至1m以内。

（3）工作可靠，测量迅速，基本可实时给出导航参数。

无线电导航是能够完成引导飞机起飞、航线巡航飞行、进近、着陆（舰）和实施空中交通管制的唯一有效的导航手段，是目前航空领域各种导航手段中应用最广泛、最普遍的一种核心导航手段，在航空导航技术中占据特殊的地位。

无线电导航的缺点如下。

（1）工作时通常要辐射或接收无线电波，易被敌方发现和干扰，在强干扰下甚至无法工作。

（2）一般情况下，无线电导航系统需要地面设备或空间卫星配合，且其配合设备在战时容易受到破坏。另外，此时系统的工作区域往往受到限制。

需要说明的是，除上述五种导航手段外，还有利用灯塔、指示灯的灯光导航，利用波束很窄、能量高度集中的激光导航，利用声波或超声波的声呐导航等。

1.1.2　无线电导航系统分类

无线电导航系统是利用无线电导航技术对载体航行实施引导的专用设备组合的统称。

当今，无线电导航技术已经形成了比较完备的理论体系和十分广泛的应

用领域，且实用的无线电导航系统很多。

无线电导航系统按不同的原则，大体有以下几种分类。

1．按所测量的电气参量分类

（1）振幅式无线电导航系统。

（2）相位式无线电导航系统。

（3）频率式无线电导航系统。

（4）脉冲（时间）式无线电导航系统。

2．按所测量的几何参量（或位置线的几何形状）分类

（1）测角（测向）无线电导航系统（直线无线电导航系统）。

（2）测距无线电导航系统（圆周无线电导航系统）。

（3）测距差无线电导航系统（双曲线无线电导航系统）。

3．按独立性（自体化程度）分类

（1）自主式（自备式）无线电导航系统：仅包括载体上的无线电导航设备；测定导航参数时无须载体以外的设备协同工作。

（2）非自主式（它备式）无线电导航系统：包括载体上的无线电导航设备和载体外的无线电导航台（站）；两者利用无线电波配合工作得到导航信息。

4．对非自主式无线电导航系统按导航台（站）所在位置分类

（1）陆基无线电导航系统：导航台（站）安装在地面上（或海上、舰船上）的无线电导航系统。

（2）星基无线电导航系统：导航台（站）安装在人造卫星上的无线电导航系统。

5．按作用距离分类

（1）近程导航系统：作用距离在 500km 以内。

（2）中程导航系统：作用距离在 500～2 000km 范围内。

（3）远程导航系统：作用距离在 2 000～10 000km 范围内。

（4）超远程导航系统：作用距离大于 10 000km。

6. 按用途分类

（1）航路导航系统（区域导航系统）：用以引导飞机沿预定航线中航路点的顺序飞行。

（2）着陆引导系统：用以引导飞机在夜间或其他各种复杂气象条件下安全进近、着陆。

（3）空中交通管制及机场调度指挥系统：用以保证飞机在空中安全飞行，指挥调度飞机在机场上空飞行，并使之有序地进行着陆。

（4）辅助航行导航设备：不能单独完成导航引导任务，但能给出某个导航参数。

在后续第 3 章中讨论的"无方向性信标—无线电罗盘测角系统"，就是一种陆基、非自主式、近程、振幅式无线电测角系统；第 4 章讨论的"无线电高度表测高系统"，是一种自主式、频率式（或脉冲式）无线电测距（测高）系统；第 5 章讨论的"塔康系统"，是一种陆基、非自主式、近程、相位/时间式军用测角测距系统；第 6 章讨论的"着陆（舰）引导系统"，是一种陆（舰）基、非自主式、近程着陆（舰）引导系统；第 7 章讨论的"卫星导航系统"，是一种星基、非自主式、超远程航路导航系统。

1.2 无线电导航系统发展简况

无线电导航是自 20 世纪初期以来，在无线电技术和其他导航技术发展的基础上逐步发展、完善起来的一门重要导航技术。目前，无线电导航技术门类齐全，无线电导航系统种类繁多，能够满足航空、航天、航海和陆地导航用户的引导需求。

无线电导航的发展经历了三个典型阶段：从以测向为主的早期阶段，到全面发展、日趋完善的发展阶段，再到现在卫星导航应用普及、多导航手段并举的成熟阶段。无线电导航的应用也经历了从单功能引导到全方位引导、从单领域应用到多领域普及的发展过程。

1.2.1 早期阶段——测向设备发展时期

早期阶段又称第一阶段，时间从 20 世纪初至第二次世界大战前。该阶段以发展无线电测向（定向）技术为主。该阶段首先出现了给载体提供导航台方位的无线电测向仪，接着定向器、四航道信标、航空无线电信标等振幅式无线电测向设备相继问世。

1907 年，无线电测向技术逐步进入实用阶段。1912 年，世界上第一个无线电导航设备，即振幅式无线电测向仪被研制出来。无线电测向仪在第一次世界大战期间被广泛应用，在海岸上安装可发射 375kHz 连续无线电波的信标台（不同信标台采用不同的莫尔斯电码作为识别信号），在船上通过可旋转的环形天线接收无线电波，用定向接收机测出信标台的方位，或进一步测出两个不同信标台的方位，再通过 $θ-θ$ 定位方式对船只进行定位。

这一阶段还出现了通过将舰载或机载的无线电测向仪与测速仪相结合推算出舰船或飞机位置的方法，这是最早采用无线电导航方式进行的推算定位（航位推算）。

1922 年，声呐被发明，用于避开水下暗礁、发现水下障碍物和潜艇等，也可用于测绘海底地图。

20 世纪 20 年代末期，陆续出现了航空导航用的四航道信标（1929 年出现，目前已退出服务）、无方向性信标（Non-Directional Beacon，NDB，首先在欧洲开始使用，然后才传到美国）及垂直指点信标（Marker Beacon，MB，75MHz 信标），用于给飞机提供航道指引和飞过某固定点时的指示信息。

1935 年，法国首先在船上开始装备 VHF 频段的导航雷达，用于近岸导航以避免船只的碰撞。

1940 年，无方向性信标（NDB）导航系统的机载型自动定向仪——无线电罗盘（Automatic Direction Finder，ADF）正式投入使用。

测向是最早采用的一种无线电导航手段。20 世纪初至第二次世界大战前，载体主要依靠无线电测向、定向设备的引导来出航、归航和按预定航线航行，从而使近海航海和发达地区的航空有了较为可靠和精确的保障。

这个阶段无线电导航技术的应用特点：航海导航应用领先于航空导航应用；无线电测向能力优于定位能力。

目前，无方向性信标测向（测角）系统仍活跃在世界范围航空导航的舞台上。近一个世纪，无方向性信标—无线电罗盘测角系统在世界航空史上谱写了光辉的一页。

关于无方向性信标—无线电罗盘测角系统的系统组成和工作原理的分析，详见第 3 章。

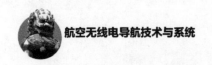
航空无线电导航技术与系统

1.2.2 发展阶段——陆基、空基导航系统全面发展时期

发展阶段又称第二阶段，时间从第二次世界大战开始至 20 世纪 60 年代初。在这一阶段，名目繁多的各种陆基、空基无线电导航系统因为需要而被发明和研制出来。其中，大多数系统得到应用并逐步完善，个别系统因种种原因未能普及而退出了历史舞台。

1）台卡（Decca）导航系统

台卡导航系统于 1937 年被提出。1944 年，英国伦敦台卡导航仪公司成功研制出台卡导航系统。它属于低频（70～130kHz）连续波相位式无线电导航系统，采用测距差的双曲线定位方式工作，主要用于海上船只的近程高精度定位，也可为覆盖范围内的直升机提供导航服务。

第一个台卡链于 1946 年投入使用，1954 年开始普及。标准台卡链由一个主台和对称分布在主台四周的 3 个副台（红台、绿台、紫台）组成，并根据电波的相位差测定载体到主、副台间的距离差来实施双曲线定位。后来，随着罗兰—C 导航系统的建设和发展，台卡导航系统退出服务。

2）无线电高度表（RA）测高系统

1938 年，调频体制的连续波调频无线电高度表（Radio Altimeter，RA）测高系统被研发出来；第二次世界大战后，又产生了基于雷达测距技术的脉冲调制体制的雷达高度表（又称脉冲高度表）测高系统。它们都得到了广泛应用直至现在。无线电高度表是一种自主式航空导航设备，用于测量飞机距离地球表面（或水面）的高度（Above Ground Level，AGL）。基于测高范围的不同，一般将只可测 1 500m 以下高度的高度表称为低空高度表，可测 1 500m 以上的高度表称为高空高度表。低空无线电高度表对于保证飞机飞行安全至关重要，是飞机起飞、降落和特殊飞行（如超低空飞行）时的关键导航设备。

关于无线电高度表测高系统工作原理的分析，详见第 4 章。

3）仪表着陆系统（ILS）和精密进近雷达（PAR）

1939 年，仪表着陆系统开始被投入应用。1948 年，仪表着陆系统被国际民航组织（International Civil Aviation Organization，ICAO）确定为飞机标准着陆引导系统。仪表着陆系统可为着陆飞机同时提供水平方向和垂直方向的引导，使飞机在云层低、能见度差的情况下也能高精度地完成着陆过程。到目前为止，仪表着陆系统还是主要的引导飞机着陆的手段。

在第二次世界大战期间，野战机场和航空母舰上开始使用一种安放在地面上或甲板上的精密进近雷达。它通过测量下滑中的飞机方位、仰角、距离等信息，指示飞机水平方向和垂直方向偏差调整量来实现着陆引导。其缺点是飞行员处于被动引导状态。因此，在有仪表着陆系统的地方，它多作为备用设备使用。

关于仪表着陆系统的组成和工作原理分析，详见第 6 章。

4）航管系统

航管系统通常由一次监视雷达（Primary Surveillance Radar，PSR）、二次监视雷达（Secondary Surveillance Radar，SSR）、通信设备和地面控制中心等组成，用于监视、识别、引导其覆盖区域（航路或机场终端区）内的飞机，提供飞行安全保障。目前，采用较多的航管系统为空中交通管制雷达信标系统（Air Traffic Control Radar Beacon System，ATCRBS）。

5）罗兰（LORAN）系统

罗兰（Long Range Navigation，简称 LORAN）系统是一种脉冲波体制的双曲线型陆基中远程无线电导航系统。该系统一般沿海岸线布台，每个台链被编成一个主台、两个或两个以上副台的形式。罗兰接收机通过接收主、副台信号到达的时间差，得到以两个发射台为焦点的一条双曲线，再通过主台与另一副台组合得到另一条双曲线，其交点即为载体的位置。

罗兰—A 系统是 1940 年开始设计、1945 年投入使用的。罗兰—C 系统是罗兰—A 系统的改进型。世界上第一个罗兰—C 台链于 1957 年由美国海岸警卫队建成，1960 年以后得到大力发展，1975 年美国将其规定为标准航海导航系统，在航海、航空、陆上交通等方面都有应用。罗兰—C 系统由一系列罗兰—C 台链（每个台链包括 3～5 个发射台）组成，能实现低空覆盖。其用户机价格低廉，目前还在使用。

6）多普勒导航系统（Doppler Navigation System）

1945 年，多普勒导航系统开始发展，这是一种自主式无线电导航系统，通过测量出射向地面的回波信号的多普勒频移，得到飞机相对于地面的地速和偏流角，采用航位推算原理，对速度积分求出飞机的已飞距离，进而得到飞机的当前位置等导航信息。

多普勒导航系统目前仍在广泛应用。其缺点是用于定位时存在对时间的积累误差。

7）伏尔（VOR）系统

伏尔（VHF Omni-Directional Radio Range，简称 VOR）系统是第二次世界大战后期在美国首先发展起来的陆基相位式测角近程航空无线电导航系统，1949 年被 ICAO 采纳为国际标准的航空近程导航系统。伏尔系统可测出伏尔方位角，用于引导飞机在预选航线上飞行。

伏尔导航系统一般与测距器配合采用 $\rho\text{-}\theta$ 极坐标定位方式进行定位。

8）测距器（DME）

测距器（Distance Measuring Equipment，DME）是距离测量设备，简称地美依。它是在第二次世界大战中随着雷达的发展应用而出现的。它通过测量无线电脉冲的传播时间获得飞机到地面台的距离。它有普通测距器（DME 或 DME/N）和精密测距器（PDME 或 DME/P）两种。

1959 年，ICAO 将测距器列为标准航空导航系统来使用，一般安装在机场和航路上。精密测距器是微波着陆系统（MLS）的配套组成设备，用于在飞机精密进近着陆引导中提供飞机距地面精密测距器应答器之间的精确斜距信息。

9）塔康（TACAN）系统

战术空中导航系统——塔康系统是美国 1955 年投入装备的近程无线电导航系统，由地面设备（也称塔康信标）和机载设备组成。

塔康系统地面信标体积小，便于机动，在军事上得到了广泛应用。

关于塔康系统工作原理的分析，详见第 5 章。

10）奥米加导航系统

美国的奥米加导航系统属于甚低频双曲线定位方式的超远程导航系统。该系统是 1947 年设计的，20 世纪 60 年代初期进入发展阶段，1982 年完成全部的建台工作。奥米加导航系统通过对甚低频连续波信号的相位比对来进行双曲线形式的定位。其发射装置由分布在世界各地的 8 个甚低频地面发射台组成。发射台用于向地面、海上和空中用户提供甚低频无线电导航信号，可实现导航信号对全球范围的覆盖。奥米加导航系统工作频率低，电波可深入水下十几 m。

随着 GPS 的广泛使用，1997 年 9 月 30 日，奥米加导航系统被宣布关闭。

从上述诸多导航系统的发展可以看出，这一阶段研制和应用了多种陆基无线电导航系统，导航信号覆盖了全球，形成了较为完备的陆基、空基无线电导航系统体系。

1.2.3　成熟阶段——卫星导航系统发展时期

成熟阶段又称第三阶段，时间从 20 世纪 60 年代中期至今。在此阶段，以卫星导航系统为代表的一系列新型无线电导航系统，包括微波着陆系统（MLS）、地形辅助导航系统、联合战术信息分发系统（Joint Tactical Information Distribution System，JTIDS）、定位报告系统（Position Locating and Reporting System，PLRS）等陆续出现。其中，卫星导航系统体现了强大的生命力和应用价值。

1）卫星导航系统

卫星导航系统是一种利用人造地球卫星（以人造地球卫星作为导航台）对载体进行定位、导航和授时的"星基无线电导航系统"。

从军事应用的角度看，卫星导航系统之前的陆基无线电导航系统覆盖能力和抗毁灭、抗干扰、抗欺骗能力较差。卫星导航系统的出现改变了这种状态。卫星导航系统把导航台设在了外层空间的人造卫星上，解决了导航信号大范围覆盖的问题，可以通过多颗卫星组成的导航星座覆盖全球。卫星导航系统所发射的导航信号采用伪码扩频调制方式，具有较好的抗干扰能力。卫星导航系统采取措施使用户接收设备可以实现高精度三维定位、测速、测时，具备全球导航能力。

关于卫星导航系统的系统组成和工作原理的分析，详见第 7 章。

2）微波着陆系统

1978 年，国际民航组织批准将时间基准波束扫描（Time Reference Scanning Beam，TRSB）体制的微波着陆系统作为新型的飞机着陆引导的标准系统。该系统通过测量微波波束往返扫描时经过飞机的时间间隔，得到飞机相对于跑道中心线的方位角和相对于跑道平面的仰角，从而引导飞机精密进近着陆，并可以满足高等级的Ⅱ、Ⅲ类着陆引导标准。

微波着陆系统引导精度高，可用性和完善性强，可用于对各类飞机的着陆引导，便于实现曲线或折线进近。

关于微波着陆系统工作原理的分析，详见第 6 章。

3）地形辅助导航系统

20 世纪 60 年代末，美军开始探索地形辅助导航的原理和应用。20 世纪 70 年代末，地形辅助导航系统开始作为低空作战飞机的辅助导航手段。这是一种自主式导航系统，主要利用与已有的地形信息进行匹配的方法去校正惯性导航（简称惯导）的积累误差。

4）联合战术信息分发系统

20世纪70年代中期，美国及欧洲几个国家开始研制联合战术信息分发系统。20世纪80年代初，该系统投入使用，在第一次海湾战争中发挥了突出的作用。联合战术信息分发系统作用范围大，用户数量多且无节点组网，可同时完成通信、导航和识别三大功能，是为区域性战争服务的重要信息化系统。

5）定位报告系统

定位报告系统是美国20世纪70年代中期开始研制的一种新型作战系统，20世纪80年代初被美军开始在部队中推广使用，还在海湾战争中被投入使用并取得了实效。该系统是一种定位导航报告系统，具有电子地图和数据通信功能，可应用于陆军山地作战和登陆作战等场合。

现用主要航空无线电导航系统概况如表1-2-1所示。

表1-2-1 现用主要航空无线电导航系统概况

系统名称	基本原理	开始使用时间	工作频率	作用距离（覆盖范围）	精度
无方向性信标导航系统	最小信号法	1912年	100～1 800kHz	500km	3°～5°
伏尔系统	相位式测向	1946年	108～118MHz	500km	1°～2°
测距器	询问应答式脉冲测距	1959年	960～1 215MHz	500km	±（0.1%～1%）（距离）
塔康系统	测距-测向定位	1955年	960～1 215MHz	500km	小于±1°（方位）300m（距离）
罗兰—C系统	脉冲/相位双曲线定位	1960年	90～110kHz	2 200km（地波）4 000km（天波）	500m
多普勒导航系统	推算定位	1945年	8.8GHz 13.3GHz	全球	0.5%～1%（距离）
仪表着陆系统	航向下滑航道	1939年	108～112MHz 329～335MHz	46km	
微波着陆系统	扫描时间测量	1978年	5 031～5 091MHz	37km	0.2°（航向）0.12°（下滑）

续表

系统名称	基本原理	开始使用时间	工作频率	作用距离（覆盖范围）	精度
联合战术信息分发系统	时分多址脉冲测距	1991年	960~1 215MHz	500km	100m
全球定位系统	伪距测量无源定位/CDMA[①]	1990年	L1: 1 575.42MHz L2: 1 227.60MHz L5: 1 176.45MHz	全球	10m（民用）
全球导航系统	伪距测量无源定位/FDMA[②]	1996年	1 602.562 5~1 615.5MHz 1 246.437 5~1 256.5MHz	全球	10m（民用）
北斗二号系统	伪距测量无源定位/CDMA	2012年	B1: 1 561.098MHz B2: 1 207.140MHz B3: 1 268.520MHz	包括中国在内的大部分亚太地区	10m（民用）
北斗三号系统	伪距测量无源定位/CDMA	2020年	B1: 1 561.098MHz B1C: 1 575.42MHz B2a: 1 176.45MHz B3: 1 268.520MHz	全球	10m（民用）

① CDMA 英文全称为 Code Division Multiple Access，译为码分多址。
② FDMA 英文全称为 Frequency Division Multiple Access，译为频分多址。

1.3 无线电导航的发展前景及军事应用

1.3.1 无线电导航的发展前景

卫星导航代表了未来无线电导航的发展方向，有无比广阔和美好的发展前景。卫星导航系统能够在任何气候条件下，实时、便捷地提供连续和高精度的位置、速度和时间信息。用户设备的小型化和低廉的价格，使卫星导航系统在车辆导航领域得以普及，用户数量呈指数级增长。卫星导航方式提供全球准确一致的导航信息，将提高世界陆、海、空运输的经济性与安全性，改变空中、海上和陆上交通管制与调度系统的体制，对全球经济发展和一体化进程做出贡献。

无线电导航技术的应用正在迅速超越航空、航海等领域的范畴，渗透到国民经济和人民生活的各个方面。无线电导航及其应用技术将发展成一个重要的高科技信息产业，在促进国民经济发展的同时，也在不断提高着人民的生活质量。

卫星导航、微波着陆等系统除广泛用于军、民用的航行引导外，还具有广泛的军事作战用途。地形辅助导航系统、联合战术信息分发系统及定位报告系统等在战场中具有高精度定位、抗干扰、抗毁灭、反利用、反欺骗等性能，成为发展现代高科技军事的关键环节，并发挥出越来越大的作用。

1.3.2 无线电导航军事应用

在当前的军事领域，新一代无线电导航系统除能够更好地满足执行军事任务的航行引导需求外，还提供了更为广泛的战术功能，成为军事战斗力的重要组成部分。无线电导航军事应用主要包括以下几个方面。

1）提供精确的定位信息

为需要高精度引导的作战任务提供定位服务，如海上、陆上的布雷、扫雷，部队侦察，海上、陆上救援，火炮及雷达阵地布列，快速测绘等。

2）用于各种打击武器的精确制导

现在各种弹道导弹、巡航导弹、炸弹和炮弹等均已开始装备卫星导航或卫星导航/惯导的组合系统，可大大提高命中率和命中精度，改变了传统的作战方式。

3）为各种机动平台提供位置和姿态信息

例如，为预警机的传感器平台提供精确的姿态信息，能够计算出敌我目标的真正位置所在，从而产生通信指挥控制和情报（Communication Command Control and Intelligence，C^3I）所需要的实时战场敌我态势分布。

4）提供统一准确的时间信息

无线电导航系统所提供的准确时间信息，成为C^3I各组成部分协调、高效工作的重要基础。作战部队可以按指挥部的命令在准确的时间出现在准确的地点，使快速、机动作战的思想得以贯彻实施。

复习题

（1）什么是导航？试结合飞机的飞行过程，说明航空导航的主要引导功能。

（2）试比较无线电导航和惯性导航应用的优缺点。

（3）现用航空无线电导航系统主要有哪几种？试按照无线电导航系统的分类方法，说明它们分别属于什么类型的无线电导航系统。

（4）请查阅相关资料，对无线电技术的最新发展及军事应用加以总结。

第 2 章

无线电导航基础知识

2.1 无线电波的传播特性与传播方式

2.1.1 无线电波的频段划分和传播特性

1. 无线电波的频段划分

频率为几 Hz 到 3 000GHz（对应的波长从十几万千米到 0.1mm）的电磁波，称为无线电波。发射天线或自然辐射源所辐射的无线电波，通过自然条件下的介质到达接收天线的过程，称为无线电波的传播。

目前在国际上，通常将无线电波按频率（波长）范围划分为 12 个频段（波段），即极低频（极长波）、超低频（超长波）、特低频（特长波）、甚低频（甚长波）、低频（长波）、中频（中波）、高频（短波）、甚高频（超短波）和微波等。

无线电波频段（波段）划分如表 2-1-1 所示。由表 2-1-1 知，微波频段从 300MHz 到 3000GHz，包括很宽的频域。

表 2-1-1 无线电波频段（波段）划分

序号	频段名称	频率范围	波段名称	波长范围
1	极低频（ELF）	3～30Hz	极长波	100 000～10 000km
2	超低频（ULF）	30～300Hz	超长波	10 000～1 000km
3	特低频（SLF）	300～3 000Hz	特长波	1 000～100km
4	甚低频（VLF）	3～30kHz	甚长波（万米波）	100～10km
5	低频（LF）	30～300kHz	长波（千米波）	10～1km

续表

序号	频段名称	频率范围	波段名称		波长范围
6	中频（MF）	300～3 000kHz	中波（百米波）		1 000～100m
7	高频（HF）	3～30MHz	短波（十米波）		100～10m
8	甚高频（VHF）	30～300MHz	超短波（米波）		10～1m
9	超高频（UHF）	300～3 000MHz	微波	分米波	100～10cm
10	特高频（SHF）	3～30GHz		厘米波	10～1cm
11	极高频（EHF）	30～300GHz		毫米波	10～1mm
12	超极高频（UEHF）（至高频）	300～3 000GHz		亚毫米波（丝米波）	1～0.1mm

注：频率范围含上限，不含下限；波长范围含下限，不含上限。

在第二次世界大战中，英、美等国为保密，对军用雷达波段采用英文字母代号表示。这种表示方法后来也扩展到了其他军用电子设备上并沿用至今。近年来，美军在技术资料中采用了北大西洋公约组织（North Atlantic Treaty Organization，NATO）新的频段划分标准，并给予新的代号。新、旧代号所表示的频率范围有所不同。为避免混淆，通常约定：旧的代号称为波段，新的代号称为频段。我国现阶段还是采用旧的代号，即波段划分方法。

采用英文字母代号表示无线电波频段（波段）的新、旧表示方法如表2-1-2所示。

表2-1-2 采用英文字母代号表示无线电波频段（波段）的新、旧表示方法

波段			频段		
旧代号	频率范围	波长范围	新代号	频率范围	波长范围
			A	0.01～0.25GHz	3～1.2m
			B	0.25～0.5GHz	1.2～0.6m
L	1～2GHz	30～15cm	C	0.5～1GHz	60～30cm
S	2～4GHz	15～7.5cm	D	1～2GHz	30～15cm
C	4～8GHz	7.5～3.75cm	E	2～3GHz	15～10cm
X	8～12.5GHz	3.75～2.4cm	F	3～4GHz	10～7.5cm
Ku	12.5～18GHz	2.4～1.6cm	G	4～6GHz	7.5～5cm
K	18～27GHz	1.6～1.1cm	H	6～8GHz	5～3.75cm
Ka	27～40GHz	1.1～0.75cm	I	8～10GHz	3.75～3cm
Q～W	40～100GHz	7.5～3mm	J	10～20GHz	3～1.5cm

续表

波 段			频 段		
旧代号	频率范围	波长范围	新代号	频率范围	波长范围
			K	20～40GHz	1.5～0.75cm
			L	40～60GHz	7.5～5mm
			M	60～100GHz	5～3mm

国外海军（包括海军航空兵）通信使用的主要无线电波通信频率及工作方式如表 2-1-3 所示。

表 2-1-3　国外海军（包括海军航空兵）通信使用的主要无线电波通信频率及工作方式

序号	频段名称	频率范围	工作方式	用途
1	VLF	3～30kHz	电报	岸对潜（水下）单向通信 岸对舰通信
2	LF	30～300kHz	电报、电传	岸对舰通信 气象通信
3	MF	405～535kHz	电报	潜对岸通信 舰对岸通信 舰对舰通信 应急通信 国际海事通信
4	MF/HF	1.6～4.0MHz	语音、数据 电报、电传 语音、电报	舰对岸通信 舰对舰战术通信 国际海事通信
5	MF/HF	2～30MHz	语音、数据	地一空、空一空远程通信
6	HF	4～28MHz	语音、数据 数据、电报、电传 传真	潜对岸通信 舰对岸通信 舰对舰战术通信 气象通报
7	VHF	30～88MHz	调幅话、调频话	地一地、地一空近程通信
8	VHF	108～156MHz	语音、数据	地一空、空一空近程通信
9	VHF	156～174MHz	调频话	舰对舰、舰对机通信 舰对岸通信 港口作业

续表

序号	频段名称	频率范围	工作方式	用途
10	UHF	225~400MHz	语音、数据	地—空、空—空近程通信
			语音、数据、电传	舰对舰通信
			电传、语音	舰对岸通信
			电传、电报	卫星对舰广播
			电报、语音	卫星对潜通信
11	UHF（L 波段）	960~1 215MHz	语音、数据	地—空、空—空战术信息分发
12	SHF	7~8GHz	语音、电传	岸对舰卫星通信

注：1. 潜对舰通信一般采用 HF/VHF/UHF；潜对机通信一般采用 VHF/UHF；它们的工作方式与相应频段的相似。

2. 战术数据链归纳在舰—岸、舰—舰和舰—机通信内，其工作方式主要为数据传输。

2．无线电波的传播特性

无线电波在实际传播的过程中，可能经过不同的介质，由此可能产生反射、折射、绕射、散射和吸收等现象，引起无线电信号的畸变。另外，不同波段的无线电波，其传播特性差别较大。有必要对无线电波的传播特性有所了解。

1）无线电波在自由空间中的传播特性

自由空间通常是指充满均匀、各向同性、无损耗介质的无限空间。这种空间具有电导率为零、相对介电常数（某介质介电常数与真空介电常数之比）和相对磁导率均恒为 1 的特点。

在自由空间内，无线电波传播和在无限大的真空中传播一样，具有以下特性：

（1）无线电波是直线传播的，即沿发射点到接收点的最短距离（在地球表面为大圆弧距）传播，没有折射、散射和绕射等现象。

（2）无线电波的传播速度不变，恒等于真空中的光速。目前在导航计算机中，采用的光速为（299 792 458±1）m/s。

（3）无线电波只有扩散损耗，离开辐射天线处的电场强度 E_o 可以计算为

$$E_o = \frac{\sqrt{30 P_r D_r}}{\gamma} (\text{V/m}) \quad (2.1\text{-}1)$$

式中，P_r 为天线辐射功率（W）；D_r 为天线的方向系数；γ 为离开辐射天线的距离（m）。

无线电波传播特性（1）、（2）说明无线电波是按等速直线传播的。测定了地面导航台站无线电波的传播方向（电波来向），即可确定台站方位。根据等速直线运动的规律，到达接收点无线电波所经过的距离为

$$S = ct \qquad (2.1\text{-}2)$$

式中，t 为到达接收点时无线电波传播所需时间；c 为无线电波传播速度。

设法测出无线电波传播时间 t，就可以计算出 S。因此，无线电波传播特性（1）、（2）是无线电导航进行测向、测距的理论基础。

另外，无线电波经过两种介质交界面时将产生反射。这一特性是雷达和按应答原理工作的无线电导航系统的原理基础，也使用无线电波搜索、发现目标具有了可能性。

无线电波传播的直线性、等速性、反射性构成了无线电导航的原理基础。而实际介质对无线电波传播直线性、等速性等特性的影响，则是在实现无线电导航时应该重视和考虑的问题。

2）实际介质对无线电波传播的影响

无线电波传播经常遇到的介质大体分为三类。第一类是电离大气层，介电常数稍大于 1，电导率为零；第二类为大地、水域等半导体介质；第三类是等离子（电离层、核爆炸产生的等离子体等）。

实际介质对无线电波传输所产生的影响简述如下。

（1）吸收损耗。

实际介质对无线电波的吸收损耗或障碍物对无线电波造成的绕射影响，皆会使无线电波在接收点的场强小于在自由空间传播的场强。介质对无线电波的吸收损耗与介质的相对介电常数、介质的电导率、无线电波的工作频率（波长）有关。无线电波的频率越高，介质对无线电波的吸收损耗越大；介质的电导率越大，介质对无线电波的吸收损耗越大。例如，在电导率不大的干土中，使无线电波的场强降至 10^{-6} 倍的距离，对于 2 000m、2m 波长的无线电波，传播距离分别为 1 570m、147m；在电导率大的海水中，使无线电波的场强也降至 10^{-6} 倍时，对于 2 000m、2m 波长的无线电波，传播距离分别为 8.96m、0.307m。

（2）衰落现象。

衰落现象包括由于介质电参数的随机变化，使之对无线电波能量吸收变化而引起的吸收型衰落现象，以及来自同一信号源通过多条路径到达的无线电波，由于它们的振幅、相位随机变化而产生的干涉衰落现象。

衰落现象使信号电平随机起伏，从而影响无线电导航系统获取信息的可靠性。

（3）传播失真。

无线电波的传播速度 v 依赖于介质的相对介电常数 ε_r 和相对磁导率 μ_r，即无线电波在介质中的传播速度为

$$v = \frac{c}{\sqrt{\mu_r \varepsilon_r}} \quad (2.1\text{-}3)$$

除钢、铁等少数铁磁性物质外，一般介质的相对磁导率都接近于 1，因此，可将式（2.1-3）写为

$$v = \frac{c}{\sqrt{\varepsilon_r}} \quad (2.1\text{-}4)$$

因为 ε_r 与频率有关，所以不同频率无线电波的传播速度是有差异的。当无线电导航信号具有一定频带宽度时，无线电导航信号的各频率成分将因传播速度不同而不能保持发射时的相位关系，引起无线电导航信号波形失真。

（4）传播方向变化。

在实际的传播路径中，无线电波可能通过不同传播介质。即使在同一传播介质中，无线电波也可能是不均匀的。由此引起的无线电波折射、散射、绕射将使接收点的无线电波传播方向发生变化，从而产生测向误差。

2.1.2 无线电波的传播方式

无线电波的传播方式有地波传播、天波传播、视距传播、波导模传播和散射传播等。下面只对无线电通信、导航中应用较多的前 4 种传播方式加以介绍。

1. 地波传播

地波传播是指无线电波沿地球表面传播的方式，又称地面波传播或表面波传播。当无线电波沿地表面传播时，地中的感应电荷会随无线电波的变化而移动，从而形成电流。由于地面具有一定的电阻，因此该电流通过地面时要消耗无线电波的能量。尤其对于水平极化波，其电场与地面平行，沿地面传播时在地中引起的电流很大，因而能量损耗也很大。所以，地波传播一般采用垂直极化波（电场与地面垂直），并用垂直天线（直立天线）进行发射和接收。

对于地波传播，无线电波场强衰减的程度与无线电波波长（频率）及地面的电参数有关。当同样长的无线电波分别沿不同电参数的地面传播时，导电能力差的地面对无线电波能量的吸收大，无线电波场强衰减得快。在陆地上，地波沿水网地区比沿湿土地区、干沙土地区传播得远。由于海水导电能力强，所以地波沿海面传播比沿陆地传播得远。当地波穿越海洋与陆地的界面时，其场强会急剧上升或下降。当无线电波在同样电参数的地面上传播时，其波长越短（频率越高）、地电流越大，其场强衰减得越快。地波传播的损耗随着无线电波频率的升高而迅速增大。因此，地波传播适合长波、中波的传播，不适合超短波（甚高频）以上波段的无线电波传播。

地表面电参数随时间的变化不大，受太阳照射变化的影响小，因此地波在传播时的幅度和相位稳定，可靠性高，对其进行相位测量的精度也高。地波频率越低，这个优点越突出。

2．天波传播

天波传播是指从发射天线发出的无线电波，在高空被电离层反射后到达接收点的传播方式，有时又称电离层传播。天波传播的主要特点是传输损耗小，传播距离远。

电离层是地球高空大气层的一部分，高度从 60km 开始一直延伸到 1000km 左右。在这个大气层区域内，由于太阳辐射的紫外线以及高能微粒和宇宙线的作用，部分或全部中性大气分子或原子被电离成电子、正离子和负离子，从而成为导电的电离层。电离程度用电子浓度（单位体积内含有的电子数目）表示。电离层中电子浓度的分布是不均匀的。电离层按高度排列为 D、E、F（F1、F2）等层。其中，D 层高度为 60～90km（最大电子浓度在 90km 高度处附近），E 层高度为 100～120km（最大电子浓度在 110km 高度附近），F 层的高度在 170km 以上。电离层高度与电子浓度关系曲线如图 2-1-1 所示。

无线电波在电离层中传播时，存在吸收和连续折射现象。

无线电波在电离层中传播时，在无线电波的作用下，电离层中的电子发生振动。在振动过程中，电离层中的电子与气体中的原子、分子和正离子等相碰撞而产生热，因而会吸收一部分无线电波的能量，这种现象称为电离层吸收。电子浓度和气体密度越大、无线电波在电离层中经过的距离越长，则电子碰撞的机会越多，电离层吸收作用越大；无线电波的频率越高，则电场方向改变越快，电子越难产生振幅较大的振动，碰撞机会越少，电离层吸收作用越小。

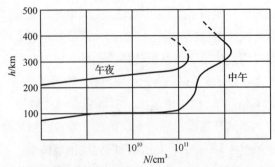

图 2-1-1　电离层高度与电子浓度关系曲线

电离层中电子浓度分布不均匀，无线电波在其中传播时将产生连续折射。无线电波在一定的频率和入射角条件下，若满足全反射，则将从电离层返回地面，否则将穿越电离层而去。从电离层返回地面的无线电波，可以直接到达地面的接收点（如图 2-1-2 中的"一次跳跃"无线电波），也可从地面再反射回电离层，并再次从电离层反射回来（如图 2-1-2 中的"二次跳跃"无线电波），这就是天波传播的跳跃现象。天波的跳跃传播使天波传播距离远。

电离层反射的多路径天波传播如图 2-1-2 所示。

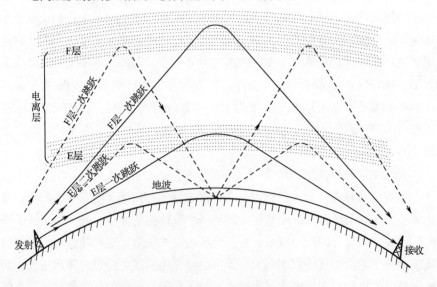

图 2-1-2　电离层反射的多路径天波传播

电离层的电子浓度随昼夜、季节、年份和地理纬度变化而发生不同程度的变化。在一天中,白天的电子浓度比晚上的大。电子浓度随季节的变化情况较复杂,一般 D、E 层随季节变化不大,F 层在夏季白天分裂为一个高度较低的 F1 层和一个高度较高的 F2 层,F1 层电子浓度在最大值时的高度,在中午时刻约为 170km。电离层电子浓度随年份变化缓慢(与太阳的活动性有关),其变化的平均周期约为 11 年。地理纬度越高,阳光越弱,电离层电子浓度越小。

有时,太阳辐射的 X 射线和紫外线突然增加,导致 D 层、E 层电子浓度突然增加,使无线电波的吸收剧增,这种现象称为电离层的突然骚扰。电离层的突然骚扰通常只持续几分钟,且发生在太阳照射区。但当电离层的突然骚扰出现时,短波信号会突然减弱或消逝。另外,太阳辐射的大量带电微粒流在到达地球大气层时会与大气层相互作用,使地磁产生磁暴,也会使 D 层吸收增加,这种影响可持续 2~5 天或更长。

地球大气层中电离层的随机变化,将导致在天波传播方式下信号传播具有不稳定性。另外在有多路径传播时,路径传播介质的随机性使各信号到达接收点的时间延迟有时也很大(有时高达几 ms),导致信号失真。

机载短波通信系统(短波电台)采用电离层传播方式实现远距离通信,电离层的时变特性直接影响到短波通信系统的通信质量。下面简要说明 D、E、F(F1、F2)等电离层对短波传播的影响。

1)D 层

D 层出现在太阳升起时,消失在太阳落下之后,所以在夜间 D 层不对短波通信产生影响。D 层电子浓度通常不足以反射短波,而短波将穿过 D 层。不过在穿过 D 层时,短波将遭受严重的衰减,且频率越低,衰减越大。短波在 D 层中的衰减量远大于在 E 层、F 层中的衰减量,所以 D 层又称吸收层。在白天,D 层决定短波传播的距离。

2)E 层

E 层也出现在太阳升起时。E 层电子浓度在中午时达到最大值,之后逐渐减小(可以认为 E 层电子浓度白天基本不变)。在太阳降落下之后,E 层实际上对短波传播不起作用。E 层在电离开始后,可以反射高于 1.5MHz 频率的无线电波。

3)Es 层

Es 层又称偶发 E 层,是偶尔发生在地球上空 120km 高度处的电离层。

Es 层尽管偶尔存在,但由于具有很高的电子浓度,甚至能将高于短波波段的频率反射回来。因此,目前在短波通信中,都希望选用 Es 层作为反射层。当然,Es 层的采用应十分谨慎,否则可能使通信中断。

4)F 层

对于短波传播,F 层是最重要的。在一般情况下,远距离短波通信都选用 F 层作为反射层。这是由于和其他导电层相比,它具有最高的高度,因而可以传播最远的距离。习惯上,F 层又称反射层。

在图 2-1-1 中,标出了非骚动情况下,各电离层高度和电子浓度的典型值。从图 2-1-1 中可以看出,白天电离层包含 D 层、E 层、F1 层和 F2 层,即白天 F 层有 F1 和 F2 两层。F1 层和 F2 层分别位于地球上空 170~220km 和 225~450km 高度处,而这个高度在不同季节和一天内的不同时刻是不同的。对于 F2 层来讲,其高度在冬季的白天最低,在夏天的白天最高。F2 层和其他层不同,在日落以后并没有完全消失,仍有少量电离。虽然夜间 F2 层电子浓度较白天降低了一个数量级,但仍足以反射某一频段的短波。当然,F2 层夜间能反射的短波频率远低于白天能反射的短波频率。由此可见,若要保持昼夜短波通信,必须昼夜更换短波工作频率。在一般情况下,夜间的短波工作频率远低于白天的短波工作频率。这是因为高频率的短波能穿过低电子浓度的电离层,并只有在高电子浓度的导电层被反射。所以,若昼夜不改变短波工作频率,则其结果有可能使短波在夜间穿出电离层,造成通信中断。

3. 视距传播

视距传播是指在收、发双方能"看得见"的距离(视距)内,使无线电波直接从发射点传播到接收点,是一种直接的、对视的传播方式。视距传播又称直达波传播或空间波传播。对于甚高频频段以上的无线电波(如超短波、微波等),视距传播是其主要传播方式。

地球近似球形,所以其弯曲的地表面和地物会挡住视线。收、发双方视线所能达到的最远距离称为视线距离(用 S 表示)。如图 2-1-3 所示,视线距离 $S(d_1+d_2)$ 与发射端(A)发射天线的高度 h_1、接收端(B)接收天线的高度 h_2 及地球半径 R 有关。

显然有

$$d_1 = R\theta_1 \tag{2.1-5}$$

θ_1 为圆心角(单位为弧度,rad),可表示为

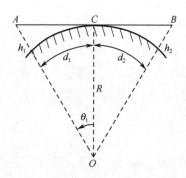

图 2-1-3 视线距离与天线高度的关系

$$\theta_1 = \arctan\frac{\sqrt{(R+h_1)^2 - R^2}}{R}$$

由于 R 远大于 h_1，所以有

$$\theta_1 \approx \arctan\sqrt{2h_1/R}$$

而当 $\sqrt{2h_1/R}$ 远小于 1 时，有 $\arctan\sqrt{2h_1/R} \approx \sqrt{2h_1/R}$，所以有

$$\theta_1 \approx \sqrt{2h_1/R}$$

于是，根据式（2.1-5）可得

$$d_1 = \sqrt{2Rh_1}$$

同理可得

$$d_2 = \sqrt{2Rh_2}$$

因此，视线距离 S 为

$$S = d_1 + d_2 = \sqrt{2R}(\sqrt{h_1} + \sqrt{h_2})$$

若视线距离 S、地球半径 R 以 km 为单位，R 取值为 6378km，h_1、h_2 以 m 为单位，则有

$$S \approx 3.57(\sqrt{h_1} + \sqrt{h_2})\ (\text{km}) \qquad (2.1\text{-}6)$$

若考虑大气的不均匀性对无线电波传播轨迹的影响（使无线电波的实际传播路径发生弯曲），有效传播距离 S' 略大于 S。在标准大气折射的情况下，S' 为

$$S' = 4.12(\sqrt{h_1} + \sqrt{h_2})\ (\text{km}) \qquad (2.1\text{-}7)$$

若 S' 以海里（n mile）为单位，则有

$$S' = 2.22(\sqrt{h_1} + \sqrt{h_2})\ (\text{n mile}) \qquad (2.1\text{-}8)$$

在视距传播中，大气衰减是比较严重的问题。大气衰减主要是由大气层中气体分子与水汽凝结物（雾、雨、雪等）对无线电波的吸收和散射造成的。

在大气层中，小含量气体分子如一氧化碳、臭氧等，还会产生谐振吸收。在毫米波波段，雨的衰减是造成信号传播不可靠的重要原因。

在大气层中，湍流使大气温度、湿度、压力随机起伏，引起无线电波折射的随机变化，从而对到达信号的相位、距离产生一定影响。

4．波导模传播

甚低频（Very Low Frequency，VLF）频段的信号是由电离层的 D 层反射的。D 层距地面高度为 60～90km，而甚低频信号波长为 100～10km，可与 D 层高度相比拟。加之地面和 D 层对甚低频信号来说，都是良好的反射体。因此，甚低频信号在地面和 D 层之间的同心球壳中的传播与微波在波导中的传播类似，可用波导模来说明。

地球表面和电离层 D 层构成一个球面大气波导。甚低频信号在大气波导内传输时，水平方向上是全方位的，垂直方向上则受到大气波导上壁（D 层）、下壁（地表面）的限制，其能量可传输很远的距离。

在地面—电离层波导中，一个垂直天线所激励的主要是横磁波模。理论上，在波导中存在的波导模可以有无限个。实际上，波导模的模次越高，其衰减率越大。随着距离的增加，高次波导模迅速衰减，在某个距离以远，可以认为仅剩下一次波导模。因此，一次横磁波模是甚低频信号绕地球传输的基本传输模。

存在两个以上模次波导模的区域称为多模区。发射天线的近区为多模区，几个波导模矢量叠加，使总场的幅度、相位随距离起伏变化，存在多模干涉。在只存在一次波导模的单模区，一次场的幅度和相位随距离近于线性变化，无线电波的稳定性良好。

2.1.3　主要频段无线电波的传播特性分析

对于无线电波某一频段而言，其传播可能以某种传播方式为主，也可能多种传播方式并存。这种情形将对无线电通信、导航系统的应用特性产生影响。下面对无线电通信、导航系统中主用频段无线电波的传播特性加以简要说明。

1．甚低频（甚长波）

在该频段，无线电波是以波导模传播方式传播的。该传播模式损耗小，

第2章 无线电导航基础知识

传播距离远,在单模区内具有良好的相位稳定性。属于本频段的无线电通信系统为 3～30kHz 甚长波通信系统,用于岸对舰、岸对潜超远程通信;属于本频段的无线电导航系统为 10～14kHz 的奥米加(Omega)超远程导航系统,用 8 个奥米加地面台站实现了全球覆盖。奥米加超远程导航系统曾广泛应用于军、民用航空、航海超远程航行引导,后来由于 GPS 的广泛应用,奥米加超远程导航系统于 1997 年 9 月 30 日正式关闭。

2. 低频(长波)

该频段的无线电波的传播方式为地波传播和天波传播。地波在传播时相位稳定,但衰减大;天波在传播时衰减小。属于本频段的导航系统有罗兰—C 导航系统,工作于 100kHz。当该系统辐射峰值功率为 1～2MW 时,海上地波作用距离可达 2200km。

3. 中频(中波)

该频段的无线电波的传播方式为地波传播和天波传播。地波在传播时特性较稳定,但不如长波。在地波、天波同时作用的地区,由于天波的不稳定,将给无线电系统的工作带来困难。工作在这个频段的有无方向性信标—无线电罗盘测角系统。在该频段,该系统不能获得尖锐的方向性信号,又为大量广播电台信号所充满,未来的导航将不再会选用此频段。

4. 高频(短波)

在该频段,地波在传播时衰减较快,所以无线电波的传播方式主要是天波传播。天波传播损耗小,传播距离远,但不稳定,受到电离层时变特性的影响。该频段是短波远距通信电台的工作频段。采用高频自适应、抗干扰等技术措施后,短波电台通信质量已得到很大提高。无线电导航系统不选择该频段。

5. 甚高频以上(超短波、微波)

在该频段,无线电波频率高,沿地面传播损耗很大,遇障碍物时绕射能力很弱,又能穿越电离层,因此无线电波的传播方式主要是视距传播。由于该频段的无线电波波长短,所以天线尺寸可做得较小,易得到尖锐的方向性信号。在该频段,信号受外界干扰小,可靠性高。可在该频段工作的有超短波近距通信电台、仪表着陆系统、微波着陆系统、卫星导航系统等。

2.2 无线电收发机

无线电通信、导航系统是利用无线电波实现信息传输或航行参数测量等功能的,而且需要无线电收发机发射或接收载有信息的无线电信号。无线电收发机是无线电通信、导航系统(设备)的基本组成部件。了解无线电收发机的性能指标对于学习无线电通信、导航系统具有重要意义。

2.2.1 发射机的基本组成与主要性能

1. 发射机的基本组成

发射机的功能就是以合适的载波频率、适当的调制方式和较高的功率效率,产生所需的能用于传输的信号。主振放大式发射机的组成框图如图 2-2-1 所示。射频振荡器由多级电路组成,第一级(主控振荡器)产生具有足够准确度和稳定度频率的射频信号,其他各级(射频放大级)放大射频信号,以提高信号的功率电平。另外,根据具体需要,可在主控振荡器与射频放大级之间加入若干级兼有适当功率增益的混频、倍频、分频等频率变换电路。调制器的调制信号可以加到射频放大级的其中一级。

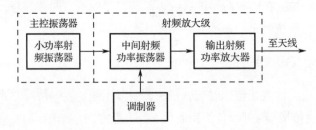

图 2-2-1 主振放大式发射机的组成框图

2. 发射机的主要性能

1)工作频率和波段

工作频率是指发射机发射的无线电信号的载波频率。工作频率所处于的某个频率范围称为波段。在某些无线电系统中,要求发射机在规定波段内的若干个指定频率上工作,或者按时分方式发射不同频率的信号。

2)输出功率

发射机馈送到发射天线输入端的功率称为发射机的输出功率。对于在某一个波段工作的发射机，应规定其在整个波段内输出功率的最低值及输出功率波动的分贝值等。

对于采用连续波方式工作的发射机，其输出功率一般指平均功率 P_{aV}，即调制信号的平均功率或载波功率 P_c，但由于调制方式的不同，也可以用峰值功率或发射机的额定功率来表示。

对于采用脉冲方式工作的发射机，其输出功率可用峰值功率 P_t 和平均功率 P_{aV} 来表示。P_t 是指脉冲持续期间射频振荡信号的平均功率。P_{aV} 是指脉冲重复周期内输出功率的平均值。如果脉冲包络为矩形，宽度为 τ，重复周期为 T_r，则有

$$P_{aV} = P_t \cdot \frac{\tau}{T_r} = P_t \tau f_r \quad (2.2\text{-}1)$$

式中，f_r 是脉冲重复频率，$f_r = 1/T_r$。

3）调制方式

各种无线电系统根据传输信息的不同，以及在同一波段内区分不同通信信号和抗干扰能力的要求，对发射的无线电信号可以采用简单或复杂的调制方式，如调幅、调频、调相、副载频调制、时间编码调制等，而具体的调制方式与无线电系统的工作原理、战术用途和技术指标等有密切关系。

4）信号稳定度

发射机主控振荡器的频率稳定度是发射机重要的质量指标，决定了发射机工作频率的准确度和工作稳定性，以及无线电系统的抗干扰能力。由于各类无线电系统的工作原理不同，并且有的信号本身并不含有载波的中心频率分量，所以仅用频率稳定度无法完整地概括发射机的稳定性能参数。

一般采用信号稳定度来概括发射机信号各项参数的稳定程度，如振幅、频率、相位、脉冲宽度、脉冲重复频率等参数随时间变化的程度。这些参数不应有的变化要越小越好。

信号参数的不稳定分为周期性不稳定与随机性不稳定两类。其中，前者主要由电源交流现象及规律性的寄生调制现象造成；后者是指由发射管噪声和调制信号的振幅方差 σ_A^2、相位方差 σ_φ^2、定时方差 σ_t^2、脉冲宽度方差 σ_τ^2 等决定的随机干扰。

信号稳定度在频谱中的表示称为信号频谱纯度，一般采用实际信号频谱与理想信号频谱间的差异——寄生频谱的大小来描述。对应于信号参数的周期性和随机性不稳定，寄生频谱分为离散的线状谱和分布谱两种类型。

对于具有离散分量的寄生频谱，信号频谱纯度是指该离散分量的单边功率与信号功率之比，单位为分贝（dB）。对于分布性的寄生频谱，信号频谱纯度是指距离载波频率 f_M 处，每单位带宽的单边带功率与信号功率之比，单位为 dB/Hz，所以信号频谱纯度通常是 f_M 的函数，以 $L(f_M)$ 表示。若设备的有效带宽为 ΔB（Hz），则有

$$L(f_M) = 10\lg\frac{\Delta B \text{的单边带功率}}{\text{信号功率}} - 10\lg \Delta B \qquad (2.2\text{-}2)$$

5）邻道干扰

一般在某个波段内，会有若干个发射机在同时工作。为了区分这些发射机，通常把这个波段划分为若干个频道，要求每个发射机信号的频谱都集中在自己的频道内。实际上，这是不可能的，信号的频谱常常会超出规定的频道而分布在其他频道上。这些频道外的频谱分量对其他无线电台的工作就是一种干扰。

邻道干扰是指发射机信号的频谱落入相邻频道内的信号总功率与落入应占频道内的信号总功率之比，单位为 dB，即

$$\text{邻道干扰} = 10\lg\frac{\text{相邻频道内的信号总功率}}{\text{应占频道内的信号总功率}} \qquad (2.2\text{-}3)$$

造成邻道干扰的原因可以是信号频谱不纯形成的寄生频谱的影响，如工作频率或载波的高次谐波；或者是由信号调制后造成的频谱扩展引起的干扰。因此，即使发射机信号参数都绝对稳定，也不等于不存在邻道干扰。一般来说，邻道干扰是不可避免的，但应对其给出一定的限制，使每个频道内的信号传输都能正常进行。

6）总效率

总效率是指由发射机输送到天线的信号发射功率与发射机本身所消耗的全部电源功率之比。发射机是无线电系统中耗电最多的设备。提高发射机的总效率对节省能源具有重大意义。造成发射机的总效率下降的主要因素包括元器件的热能消耗、电源中的功率损失等。

2.2.2　接收机的基本组成与主要性能

接收机的任务是将接收天线收到的微弱信号从混杂有各种干扰和噪声的信号中提取出来，并且经过放大、解调、解码后得到所需要的信息和参数。

1. 超外差接收机基本组成

超外差式接收机主要由三部分组成：高频部分，包括低噪高频放大器、混频器和本地振荡器；中频放大器；解调器、译码器与视频放大器。超外差接收机的组成框图如图 2-2-2 所示。

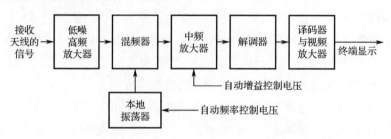

图 2-2-2　超外差接收机的组成框图

图 2-2-2 中，低噪高频放大器放大来自接收天线的信号，滤除低噪高频放大器通带以外的干扰和噪声信号。在混频器中，将低噪高频放大器输出的射频信号与来自本地振荡器的高频信号混频，其输出信号的中心频率等于本地振荡器的振荡频率与射频信号的载波频率之差，其调制形式不变，这样即得到了频率降低后的中频调制信号。将中频调制信号在多级中频放大器中进行放大和匹配滤波，使该信号获得最大的输出信噪比，再送到解调器中。将解调器检出调制的低频信号，经译码器与视频（音频）放大器放大后送到终端设备，得到所需要的信息。

2. 接收机的主要性能

1）灵敏度

灵敏度表示接收机接收微弱信号的能力。接收机能接收的信号越微弱，说明接收机的灵敏度越高。

在超短波及以上波段，接收机的灵敏度一般用最小可检测信号的功率 P_{imin} 来表示。在短波及以下波段，接收机的灵敏度则常用最小可检测信号的电压 V_{imin} 来表示。当接收机的输入信号功率（或电压）达到或超过 P_{imin}（或 V_{imin}）时，接收机就能正常接收并向终端设备提供幅度和信噪比达到规定值的电信号。

接收机的灵敏度大小不仅取决于接收机增益的高低，还取决于其内部噪声电平的大小。由于无线信道中信号功率的损耗非常大，所以接收机接收到的信号很微弱，噪声的影响就不可被忽视。如何尽可能地降低噪声电平成为提高接收机灵敏度的关键。

2）选择性

选择性表示接收机选择有用信号、滤除噪声、抑制干扰的能力，主要取决于接收机高频部分和中频部分的选频特性。选择性有不同的表示方法，一般采用设置不同的衰减电平所对应的频带宽度来表示，如衰减电平为 3dB（或 6dB）的带宽或衰减 40dB 对应的带宽（前者针对的是有效信号的选择性，而后者用于衡量接收机抑制干扰的能力）。选择性通常通过滤波电路（低通、高通、带通等）或利用电路本身的频率特性来实现。

对于选择性，还可以采用在同一接收机相同输出功率下，邻近频道信号功率高于有效信号功率的分贝值来表示，以衡量接收机对邻近频道信号的抑制能力。

在一般情况下，对接收机带宽进行限制可以在一定程度上减小噪声和干扰，提高选择性。

3）保真度

保真度是描述接收机的输出信号相对于其高频信号中载有的调制信号的失真程度，表示接收机对基带信号进行还原的精确程度。一般模拟信号在经过接收机各部分后将引起线性失真（如频率失真、相位失真等）和非线性失真（如谐波失真、交调失真等），这将影响无线电信号的传输误码率、参数测量精度等。

频率响应不均匀将造成频率失真。对带宽进行过分限制则减小了信号的频带宽度，使信号的高频响应受到影响。相位失真是指不规则的相位移动，且在信号通过滤波器时就有可能发生。如果信号频率中包含基带信号的倍频信号，就会产生谐波失真。如果基带信号中的频率分量在非线性设备中混频产生和值和差值频率，就会产生交调失真。

在不同应用场合，各类失真造成的影响程度也不同。例如，在无线电波的一些民用波段上，出现 10%的谐波失真还可以接受；但对于 FM 广播来说，1%的谐波失真就已经比较严重了。

4）抗干扰能力

在将接收天线从空中接收的电磁波变换输送到接收机时，通常会有来自各个方面的各种干扰和噪声，主要包括如下。

（1）天线热噪声、宇宙噪声等。

（2）无线电波传播路径中大气参数、地形和地面电参数变化造成的信号起伏。

（3）天波和地波的相互干涉、多径反射造成的相互干涉。

（4）天电干扰、周围环境的电磁干扰。

（5）其他无线电设备工作时发射的信号干扰、敌人故意施放的各种干扰等。

这些干扰和噪声会影响接收机对所需信号的正常接收，严重时会使接收机不能正常工作。为了克服这些干扰和噪声的影响，要对整个无线电系统采取统一的抗干扰措施。

5）动态范围

动态范围是指在保证接收机正常工作的条件下，接收机所允许的输入信号强度变化的范围。当输入信号太强时，接收机的一个或多个工作单元将发生饱和或失去放大作用，使接收机出现过载；当输入信号太弱时，接收机本身的噪声会限制对微弱信号的响应，使接收机无法从噪声中提取出有用信号。接收机开始出现过载时的输入信号功率（或电压）与最小可检测信号功率（或电压）之比称为动态范围。一般要在接收机内部采取各种增益控制措施来得到大的动态范围。

6）噪声系数

接收机内部产生的噪声对于信号的检测质量影响明显，为了度量接收机内部噪声对接收机输出信噪比的影响程度，提出了噪声系数的概念。噪声系数是指接收机的输入信噪比与输出信噪比的比值，以 N_F 表示为

$$N_F = \frac{\text{输入信噪比}}{\text{输出信噪比}} = \frac{S_i/N_i}{S_o/N_o} \quad (2.2\text{-}4)$$

式中，S_i、N_i 分别为接收机的输入信号功率和输入噪声功率；S_o、N_o 分别为接收机的输出信号功率和输出噪声功率。噪声系数表征了接收机的输出信噪比较之输入信噪比变坏的程度。可以将式（2.2-4）变换为

$$N_F = \frac{S_i/N_i}{S_o/N_o} = \frac{N_o}{\frac{S_o}{S_i}N_i} = \frac{N_o}{K_p N_i} = \frac{\text{输出噪声功率}}{\text{信号源产生的噪声功率}} \quad (2.2\text{-}5)$$

式中，K_p 表示接收机的放大参数。式（2.2-5）从噪声功率的角度说明了 N_F 的物理意义。

由于接收机的输出噪声功率 N_o 等于信号源产生的噪声功率 $K_p N_i$ 与接收机内部噪声在输出端呈现的噪声功率 N_R 之和，即 $N_o = K_p N_i + N_R$，所以可得

出 N_F 的第三种表达式，即

$$N_F = 1 + \frac{N_R}{K_p N_i} \quad (2.2\text{-}6)$$

噪声系数是没有量纲且大于 1 的数值。在通常情况下，噪声系数以 dB 为单位来表示，即

$$N_F(\text{dB}) = 10 \lg N_F \quad (2.2\text{-}7)$$

2.3 导航中常用坐标系及其坐标变换方法

导航的基本任务就是确定载体的位置（简称定位）。位置是要用坐标来标定的。对不同的导航系统，由于用户的要求不同，采用的坐标系也不同。另外，当不同导航系统组合应用，或同一导航系统在不同活动区域有特殊要求时，经常要进行不同坐标系之间的坐标变换。

2.3.1 导航中常用坐标系简介

1. 极坐标系

极坐标系又称角坐标系。导航中定义的极坐标系和数学中定义的极坐标系有一定的区别。导航中使用的极坐标系包含下述几个要素。

（1）坐标原点及坐标平面。

（2）极轴方向。

（3）极角及极径。

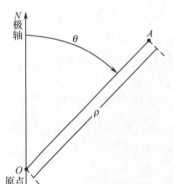

图 2-3-1 极坐标系示意图

如图 2-3-1 所示，通常将导航台天线中心在地面上的投影点选定为极坐标系坐标原点 O；坐标平面是过该点的地球模型切平面；极轴方向通常为坐标平面上坐标原点处的北向 N（N 可为真北向，也可为磁北向，航空导航中一般选为磁北向）；极角是指由极轴 ON 顺时针转到目标极径 ρ（OA）的角度 θ；极径 ρ 是指坐标原点 O 至目标 A 点的距离（在航空中近似为 O 点至 A 点的斜距）。在极坐标系中，目标（载体）A 点的位置便可用 θ 和 ρ 来标定。通常把采用这种极坐标系的导航系统称为 $\rho\text{-}\theta$ 导航系统。

在极坐标系中，总是相对坐标原点来标定载体的位置的，所以极坐标系

有时又称相对坐标系。

极坐标系适用于地基的近程（在近程范围内，可把地面近似为平面）无线电导航系统，如伏尔—地美依（VOR—DME）导航系统、塔康（TACAN）系统等。飞机作为空中的载体（目标），其位置标定是以平面坐标附加高度来表述的。

2. 地理坐标系

地理坐标系是一种用经度、纬度、大地高度来标定载体位置的坐标系。它特别适用于远程无线电导航系统的导航定位。因为在远程范围内不能再把地面近似成平面，所以用极坐标系标注载体平面位置已不适用。在介绍地理坐标系之前，首先简要介绍地球模型化。

1）地球模型化

地球具有三个主要特点：表面凹凸不平；赤道直径比南北两极间距离大；质量分布不均匀。也就是说，实际的地球既不是一个理想的圆球，也不是一个理想的椭球，因而在定义地理坐标系时，必须先将地球进行模型化。地球模型化示意图如图 2-3-2 所示。

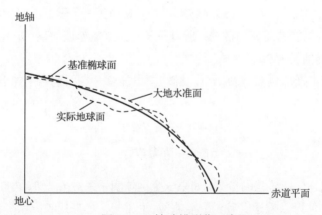

图 2-3-2　地球模型化示意图

（1）大地水准面。

大地水准面是一个假想的理想海水球面。该海水球面的海水仅受地球的重力作用，不受其他如潮汐、风等影响，可渗透到陆地的每一个地方。这个海水球面是地球重力场的等位面，可以通过测量地球重力场位获得。载体的海拔便是载体到大地水准面的高度。

（2）基准椭球。

由于地球形状不规则和质量分布不均匀，大地水准面不是平滑的球面。基准椭球（又称参考椭球）是与大地水准面最吻合的理想椭球，是绕地球自转轴（简称地轴）旋转而成的，其中心与地球质心重合，椭球面和大地水准面之间的偏差距离平方和最小。

基准椭球有局部地区基准椭球和全球基准椭球两类。局部地区基准椭球是以局部地区大地水准面为基础（局部范围最相吻合）的基准椭球；全球基准椭球则是以整个地球大地水准面为基础（全球范围最相吻合）的基准椭球。这两种不同的基准椭球模型各有各的用途：局部地区基准椭球模型适用于局部区域范围；全球基准椭球模型适用于全球范围。

基准椭球通常用下述要素进行描述。

① 基准椭球中心：与地球质心重合，是基准椭球长轴和短轴的交点。该交点分别把基准椭球长轴和短轴均分为两等份。基准椭球长轴和短轴的每一份称为长半轴 a 和短半轴 b，是决定椭球大小形状的重要参数。

② 基准椭球短轴：是通过地球极点（南北极）平均位置（地球极点位置并非是绝对不变的）和地球质心，且长度最短的轴，其轴长为 $2b$。

③ 基准椭球长轴：通过地球质心并与短轴正交（垂直）。因为基准椭球是以短轴为轴旋转而成的椭球，所以其长轴是该球赤道的直径，也是该球最长的轴，其轴长为 $2a$。

④ 基准椭球焦点：有两个。椭球面上任意一点到这两个焦点的距离之和为常数。

⑤ 基准椭球扁平系数（扁率）：用 f 表示，即

$$f = \frac{a-b}{a} \qquad (2.3\text{-}1)$$

f 是描述椭球形状的参数，如果一个椭球扁平系数 f 已知，再知道其中一个半轴长，便可以推导出另一个半轴长。通常一个椭球用 f、a 两个参数表述。这两个参数既确定了椭球的形状，又确定了其大小。

国际上采用的各种基准椭球参数如表 2-3-1 所示。

表 2-3-1　国际上采用的各种基准椭球参数

基准椭球名称	椭球参数	使用地或系统	坐标系名称
1975 年国际会议推荐的基准椭球	a=6 378 140m f=1∶298.257	中国	1980 国家大地坐标系

第2章　无线电导航基础知识

续表

基准椭球名称	椭球参数	使用地或系统	坐标系名称
克拉索夫斯基 1940	a=6 378 245m f=1∶298.30	苏联、东欧各国	普尔科夫 1942
白塞尔 1841	a=6 377 397.155m f=1∶299.15	日本、中国台湾	东京 1918
埃弗瑞斯特	a=6 377 276.345m f=1∶300.801 7	印、巴、孟、缅	印度
国际	a=6 378 388m f=1∶297.00	英、法、德、荷、比、挪、土	欧洲 1950
克拉克 1866	a=6 378 206.4m f=1∶294.98	美、加、墨	北美 1927
南美 1969	a=6 378 160m f=1∶298.25	南美国家	南美 1969
WGS-84	a=6 378 137.0m f=1∶298.257 223 563	导航星全球定位系统（GPS）	全球大地坐标系
CGCS2000	a=6 378 137.0m f=1∶298.257 222 101	北斗卫星导航系统（BDS）	2000 中国大地坐标系

由表 2-3-1 中可见，由于历史或地域的差别，在地球模型化及其使用上并非一致，所以在具体使用时要注意它们之间的差异。

2）地理坐标系中的经度和纬度

（1）经度。

① 赤道平面与赤道：过基准椭球中心，垂直于基准椭球短轴（地球自转轴）的平面称为赤道平面。赤道平面与基准椭球面相交的交线是一个圆，这个圆称为赤道，其直径为长轴，如图 2-3-3 所示。

② 子午面与子午圈：过基准椭球短轴的平面称为子午面。子午面与基准椭球面相交是一个椭圆，这个椭圆称为子午圈，其短轴为 $2b$，其长轴为 $2a$。

③ 经度的标定：基准椭球两极点（南极、北极）把子午圈分成两等份，每一份均为一个等经度子午线。国际上规定，经过格林尼治（Greenwich）天文台的子午线称为零经度子午线，并以此为基准分别向东、西各 180° 按角度均分成东经、西经标度（度、分、秒）的子午线。在同一条子午线上的不同点其经度相等，如图 2-3-3 所示。经度通常用 λ 表示，有时也用 L 表示。

（2）纬度。

纬度是以赤道平面为基准平面分别向南、北进行分度的度数。其中，向南的纬度称为南纬，向北的纬度称为北纬，且范围均为 0°～90°；赤道称为

零纬度线；南纬、北纬的最大纬度是 90°，如图 2-3-3 所示。

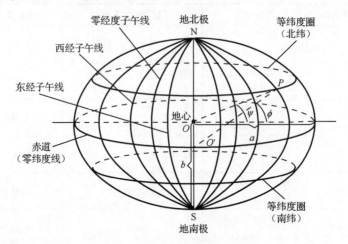

图 2-3-3　经度、纬度分度示意图

纬度是以基准椭球面上所在点（如 P 点）的法线（简称椭球法线）与赤道平面之间的夹角来分度的，赤道以南至南极点为南纬 0°～90°，赤道以北至北极点为北纬 0°～90°。由于基准椭球是以地轴为轴的旋转椭球，可以证明，等纬度线是一个圆，且该圆所在平面与椭球短轴（地轴）正交（垂直）。因而不同纬度的等纬度线是一簇不同半径的圆，其圆心均在短轴上，所在平面互相平行。另外，不同纬度线上椭球法线均与短轴相交，但交点并不重合，只有同一纬度线上椭球法线才交于一点且在短轴上。

上面定义的纬度通常称为地理纬度（用 Φ 表示）。有时为了方便，采用地心纬度（用 Ψ 表示）的概念。地心纬度是以椭球面上所在点到地心连线与赤道平面的夹角来分度的度数。它的主要特点是以赤道平面为基准，以地心为顶点向南、北分度的度数。地心纬度 Ψ 和地理纬度 Φ 之间的转换关系为

$$\tan\Psi = \frac{b^2}{a^2}\tan\Phi = (1-f)^2 \tan\Phi \qquad (2.3\text{-}2)$$

式中，a、b、f 分别为基准椭球的长半轴、短半轴和扁平系数。

纬度有时也用符号"B"表示。

至此，把地理坐标系中的主要要素经度和纬度的定义做了介绍。对于地面上的载体，知道其经度和纬度数值就可准确标定出它在地面上的位置；对于大气层中的载体，把其在地面上投影点的经度、纬度标定出后，再附加它所处的高度就可以标出它在空中的位置。地理坐标系适合于远程导航，而对

于活动范围较小的载体的近程导航不适用。这是因为对于活动范围小的载体,它的整个活动范围并未引起大的经度、纬度变化,使用起来不方便。

3. 地心空间直角坐标系

极坐标系适用于近程导航的位置标定;地理坐标系适用于远程导航的位置标定(在地面和大气层中的载体)。对于卫星、航天飞机等,这两种坐标系已经不能满足它们在宇宙空间的位置标定,这就需要建立一个包容整个宇宙空间的三维直角坐标系。由于这个坐标系的坐标原点选为地心,因而该坐标系称为地心空间直角坐标系(或地心宇宙空间直角坐标系)。

1)天球

天球是一个以地心为球心,半径无穷大的假想球,包容了整个宇宙空间,如图2-3-4所示。

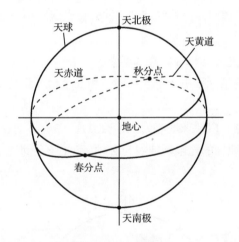

图 2-3-4 天球

(1)天赤道。

将地球赤道平面无限延伸与天球相交,其交线是一个无穷大的圆,该圆称为天赤道。天赤道把天球分为南天半球和北天半球两部分。

(2)天黄道。

地球绕太阳公转的轨道称为黄道。黄道平面通过地心,与赤道平面夹角约为23.44°。将黄道平面无限延伸与天球相交,其交线也是一个无穷大的圆,该圆称为天黄道。

（3）天球极轴。

地球自转轴向两端无限延伸即为天球极轴。它与天球相交于两点分别称为天南极、天北极。

（4）春分点与秋分点。

天赤道和天黄道在天球上相交于两点。由于地球和太阳的相对运动，所以我们可以将太阳从南天半球开始进入北天半球的一个交点称为春分点。在春分点时刻，太阳直射地球赤道，而后则直射赤道以北特定地域；另一个交点与春分点相差180°，是太阳从北天半球开始进入南天半球的一个交点，称为秋分点。在秋分点时刻，太阳也直射地球赤道，而后则直射赤道以南特定地域。

由于地球赤道平面和黄道平面都是相对稳定的平面，所以春分点和秋分点在天球上的位置也是相对稳定的（但不是绝对不变，据天文资料介绍，春分点每年沿着天黄道向西漂移约 50″，秋分点也跟随相应漂移，而漂移周期约为 25 800 年）。

2）地心空间直角坐标系的基本要素

地心空间直角坐标系由一个坐标原点和三个相互正交（垂直）的 X、Y、Z 轴组成。

（1）坐标原点。以地球地心为坐标原点。

（2）Z 轴。以地轴的无限延伸线为 Z 轴，地心至天北极方向为 Z 轴正向，如图 2-3-5 所示。

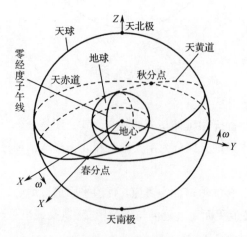

图 2-3-5　地心空间直角坐标系示意图

(3) X 轴、Y 轴。地心空间直角坐标系三轴之间关系仍然遵守一般直角坐标系的右手螺旋规则,即把右手拇指指向 Z 轴,与其垂直的四指沿 Z 轴握拳,握拳时四指先经过 X 轴,再过 90° 便是 Y 轴。可见,X 轴和 Y 轴是在与 Z 轴正交的平面上,即赤道平面上。其中,确定它们的指向是关键。显然,只要先确定其中一个轴(通常先确定 X 轴)指向,另一个轴(Y 轴)指向也必然确定。

地心空间直角坐标系的 X 轴取向有两种:第一种是由地心过地理坐标系中零经度子午线与赤道交点的射线作为 X 轴正向,再右旋 90° 为 Y 轴正向;第二种是由地心过春分点的射线作为 X 轴正向,类似地,再右旋 90° 为 Y 轴正向。这两种不同的 X 轴、Y 轴取向形成了两种坐标系,有些资料中为了区别,将前者称为宇宙空间直角坐标系,后者称为地心天球直角坐标系。这两种坐标系共同的特点:地心为坐标原点,地轴为 Z 轴,X 轴、Y 轴在赤道平面上,是包容整个宇宙空间的三维直角坐标系。这两种坐标系之间的主要区别:由于 X 轴、Y 轴取向不同,宇宙空间直角坐标系是随着地球自转,X 轴、Y 轴也跟着同步旋转的坐标系;而地心天球直角坐标系则 X 轴、Y 轴不受地球自转的影响。因为这两种坐标系大同小异,为了便于学习,本书统一采用地心空间直角坐标系。

实际上,坐标系还有其他种类,但上述坐标系是最基本的。坐标系的建立和选用一般要符合下述有关原则。

① 坐标系的基本要素(如原点、轴向、基准面等)要相对稳定。

② 直观且方便使用。

③ 便于进行坐标变换。

④ 尽量考虑通用性和标准化。

2.1.2 常用坐标系坐标变换方法

前面已经讲过,位置是用坐标来标定的,而具体的坐标参数又和采用的坐标系有关。例如,极坐极系是用角度(极角)和距离(极径)两个参数标定位置的;地理坐标系是用经度、纬度、高度三个参数来标定位置的;地心空间直角坐标系是用 X、Y、Z 三个参数来标定位置的。可见,同一载体(目标)的位置在不同坐标系中就有不同的位置参数值。另外,导航服务的载体是各种各样的,有时一个载体上就使用多种导航系统,存在多种坐标系共存现象。为了使用方便和某些特殊需要,不同坐标系之间进行坐标变换是很必要的。

一般来说，坐标变换属于数学问题。有些坐标变换要达到足够精度也是很复杂的。不过，由于当今计算数学和计算机技术的发展，许多典型的坐标变换均有成熟的模型和专用软件，无须用户自己再做工作，即使需要做，也是局部的。因此，本书只是把涉及坐标变换的一些要点问题进行简单介绍。

1．同类坐标系中的坐标变换方法

1）原点不同的两个极坐标系之间的坐标变换

这种坐标变换在近程导航中是经常遇到的。另外，当极坐标定位系统（如塔康系统）在进行飞行校验时，一般被校验的系统和作为校验基准的系统的坐标原点不可能重合，总是有一定距离的。当它们进行数据比较时，必须把数据变换到同一个坐标系中才能进行。

不同原点的两个极坐标系之间变换通常要注意下述几种情况。

（1）两原点相距较近，基准方向相同。

这种情况可以近似认为两坐标系的基准平面完全重合（原点、极轴在同一平面上），且基准方向相同（或同为磁北，或同为真北），互相平行。这类坐标变换属于同一平面上两个极坐标仅原点不同的变换，称为坐标系平移的变换。这种坐标变换在数学上是比较简单的。

（2）两原点相距较近，基准方向不同。

这种情况在导航中也是经常遇到的，如其中一个极坐标系的基准方向以磁北为基准，另一个以真北为基准。这种情况和第（1）种情况的主要不同：不仅原点不同，而且轴向不同，即其中一个坐标系不是另一个坐标系单纯平移而来的，而是另一个坐标系平移后又经过一个特定角度旋转而来的。

（3）两原点相距较远，基准方向不同。

这种情况的坐标变换比较麻烦，因为不是在一个平面进行的，其轴向在两个正交方向上均有转动。从定位精度考虑，由于地球表面曲率的存在，所以不允许把这两原点的切平面近似成重合的；又由于子午线收敛于两极，所以即使这两坐标系采用同类的基准方向，也不允许把它们近似为平行的。在实际近程导航中有时为了简化分析，一般把基准面的转动忽略（仍看成在一个平面内），把基准方向的不同保留下来，这样就可以按上述第（2）种情况处理了。

2）原点重合，轴向不一致的两个极坐标系之间的坐标变换

这种情况的坐标变换比较简单。其中一个坐标系是另一个坐标系旋转某

一特定角度而来的。这种情况包含原点重合、不同轴向的两极坐标系,也包括两原点虽不重合,但从精度考虑允许忽略这两原点之间的距离。

3) 使用不同基准椭球的两种地理坐标系之间的坐标转换

这种情况的坐标变换比较复杂,但一般均有成熟资料可查,这里不再赘述。

4) X轴取向不同的两种地心空间直角坐标系之间的坐标变换

这种情况的一个坐标系的X轴、Y轴是另一个坐标系的X轴、Y轴绕Z轴有规律旋转而来的,其转动角速度ω是地球的自转角速度。因此,这种情况的一个坐标系的X轴、Y轴与另一个坐标系的X轴、Y轴之间的对应夹角和观察时刻有关。这种坐标变换也有现成资料可查。

2. 不同类坐标系之间的坐标变换方法

此处讲的不同类坐标系之间的坐标变换,主要指的是地心空间直角坐标系、地理坐标系、极坐标系三者之间的变换,这在现代导航中是经常遇到的。例如,卫星导航系统就涉及多种坐标系,标定卫星位置用地心空间直角坐标系,标定用户位置通常需要地理坐标系或极坐标系,而且用户位置又是通过特定时刻已知卫星的地心空间直角坐标系中的位置解算出来的。可见,卫星导航系统本身就要具备这些不同类型坐标的变换能力。另外,对于续航时间长、航程远的载体,操纵者常常要观察两类坐标:一类是当前载体在地理坐标系中的位置(经、纬度值);另一类是载体到待飞航路点的距离和方向。这时,也涉及坐标变换。

不同类坐标系之间的坐标变换要相对复杂一些。好在这类坐标变换在现代导航装备中均有对应的专用变换软件,无须用户自己进行坐标变换。在此,仅结论性地给出地理坐标系坐标变换为宇宙空间直角坐标系坐标、宇宙空间直角坐标系坐标变换为地理坐标系坐标的变换公式。

由地理坐标系的地理纬度、经度、大地高度(载体所在位置沿法线方向到基准椭球面的距离)坐标($\varPhi$, λ, H)变换为宇宙空间直角坐标系(由地心过地理坐标零经度子午线与赤道交点的射线作为X轴正向)坐标(X, Y, Z)的变换公式为

$$\left.\begin{aligned} X &= (N+H)\cos\varPhi\cos\lambda \\ Y &= (N+H)\cos\varPhi\sin\lambda \\ Z &= [N(1-e^2)+H]\sin\varPhi \end{aligned}\right\} \quad (2.3\text{-}3)$$

由宇宙空间直角坐标系坐标（X、Y、Z）变换为地理坐标系的地理纬度、经度、大地高度坐标（Φ，λ，H）的变换公式为

$$\left.\begin{aligned} \Phi &\approx \arctan\left[\frac{Z}{(X^2+Y^2)^{\frac{1}{2}}}(1+e^2)\right] \\ \lambda &= \arctan\frac{Y}{X} \\ H &= \frac{(X^2+Y^2)^{\frac{1}{2}}}{\cos\Phi} - N \end{aligned}\right\} \quad (2.3\text{-}4)$$

式中，N 为基准椭球上卯酉圈曲率半径。其表达式为

$$N = \frac{a}{[(1-e^2)\sin^2\Phi + \cos^2\Phi]^{\frac{1}{2}}} = \frac{a}{(1-e^2\sin^2\Phi)^{\frac{1}{2}}} \quad (2.3\text{-}5)$$

式中，e 为基准椭球偏心率。其表达式为

$$e = \frac{(a^2-b^2)^{\frac{1}{2}}}{a} \quad (2.3\text{-}6)$$

2.4 无线电导航定位基本原理

目前，无线电导航是很重要的一种导航方法，在导航技术中占有重要地位。下面对无线电导航定位基本原理加以介绍。

无线电导航定位基本原理可以概括为两类：平面几何定位原理和推算定位原理。

2.4.1 平面几何定位原理

由平面几何学可知，在平面上至少两条线相交才能确定一个点的坐标，而这些线可以是直线、圆或双曲线等。

运用无线电导航方法可以测得载体到无线电波辐射源的方位角、距离，或载体到两个无线电波辐射源的距离差。方位角、距离、距离差等参数说明了载体与无线电辐射源（基准点）之间的关系。

1. 位置线

在导航中，具有相同导航参数值的点的轨迹称为位置线。位置线又称等值线。例如，与飞机某方位角 θ 相等的轨迹是一条从基准点通过载体的直线，

如 2-4-1（a）所示。飞机方位角的每个数值对应着一条位置线，与飞机方位角所有数值对应的位置线则是由基准点辐射出的一族射线。

飞机与基准点间具有固定距离的点的轨迹是以基准点为圆心、飞机与基准点间距离为半径的圆，如图 2-4-1（b）所示。距离的位置线族，是以基准点为圆心的一组同心圆。

飞机与两个基准点具有等距离差的点的轨迹，是以两个基准点为焦点的双曲线，如图 2-4-1（c）所示。距离差的位置线族是共焦点的双曲线族。

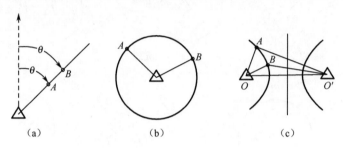

图 2-4-1　位置线

2. 位置线相交定位

在导航中，经常采用以下几种位置线相交定位。

1）测向-测向定位

测向-测向定位是利用两个导航台的方位位置线相交来确定载体（飞机）位置的，如图 2-4-2（a）所示。

测向-测向定位又称 $\theta\text{-}\theta$ 定位。

2）测距-测距定位

测距-测距定位是利用两个导航台站距离位置线相交来确定载体（飞机）位置的，如图 2-4-2（b）所示。

两导航台的各一条圆位置线相交，所得位置（两圆相切时例外）有两个，在消除多值性后才能获得确定位置。由三个导航台的各一条圆位置线相交，所得位置是唯一确定的，如图 2-4-2（c）所示。

测距-测距定位又称 $\rho\text{-}\rho$ 定位。

3）测向-测距定位

测向-测距定位是利用同一导航台（或位于相同位置的两个导航台）的等方位和等距离位置线相交来确定载体（飞机）位置的，如图 2-4-2（d）所示。

测向-测距定位又称极坐标定位或 $\rho\text{-}\theta$ 定位。

4）双曲线定位

双曲线定位是利用两对导航台的距离差位置线（双曲线）相交来确定载体（飞机）位置的，如图 2-4-2（e）所示。

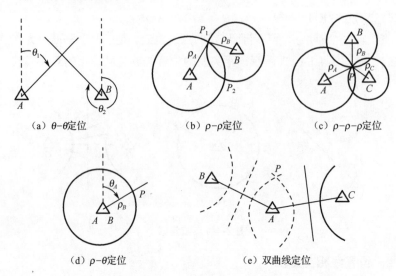

图 2-4-2　位置线相交定位

2.4.2　推算定位原理

利用航行体的运动参数数据，从过去已知的位置（初始位置）来推算当前位置或预测将来位置的方法，称为航位推算法或推算航位法。

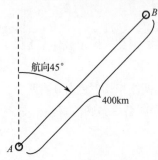

图 2-4-3　航位推算法

如图 2-4-3 所示，已知此刻飞机的位置 A，若知航向及速度分别为 45° 及 800km/h，根据这些条件可推算出飞机在下一给定时刻的位置。

例如，按上述条件，飞机在离开 A 点 30min 后，应位于 B 位置。这是根据测得的飞机地速、航向和航行时间等参数，按匀速直线运动规律进行推算的。只要在相应的软件系统中输入飞机航行的起始点位置，软件系统便可运用推算定位原理，推算出新的位置。

推算定位最初主要根据磁罗盘、空速表、时钟等提供的数据，依靠人工进行图上作业定位，精度较低。现在，由于测量上述数据准确性的提高以及数字计算技术的广泛运用，推算定位的精度得以提高。

利用推算定位原理进行定位便于实现自主导航。惯性导航系统和多普勒导航系统等均采用了推算定位原理进行导航定位。该定位方法的缺点是随着推算时间的增长易于引起定位积累误差。

2.5 机载导航系统导航参数的计算方法

2.5.1 机载导航系统概述

1. 机载导航设备与导航系统的概念

前已述及，导航是指引导载体（或称为航行体，如飞机、舰船、车辆等）按预先设定的航行路线安全、准时地从出发点到达目的地的重要技术手段。导航基本的、具体的任务就是确定载体当前所处的位置及其他航行参数（如航向、速度、距离、时间等）。这里需要指明的是，导航任务是通过装备在载体上的专用导航设备来实现的。例如，航空导航的任务是机载导航设备测量、给出飞机当前所处的位置坐标等航行引导参数（称为导航参数），飞行操作人员（或自动飞行控制系统）利用这些导航参数信息，完成引导飞机按预定航线航行的整个引导过程。

装备在飞机上、用于对飞机实施航行引导的专用设备统称机载导航设备。机载导航设备是飞机上必备的、基本的设备。

早期飞机上测量导航参数的机载导航设备，电路简单、功能单一。例如，磁罗盘只能给出磁航向角；无线电罗盘只能给出电台（相对）方位角；无线电高度表只能给出飞机真实飞行高度等。近年来，随着计算机技术、数字信号处理技术和超大规模集成电路技术的发展以及导航观念的更新，综合化、多功能、能提供诸多导航参数的现代机载综合导航设备开始陆续装备飞机。为便于区别，这里把飞机上功能单一、电路相对简单的传统机载导航设备仍称为"机载导航设备"，而把多功能、综合化、能提供诸多导航参数的现代机载综合导航设备称为"机载导航系统"（Airborne Navigation System），如机载航线导航系统。

目前，机载航线导航系统有惯性导航系统（INS）、卫星导航系统、多普勒导航系统及组合导航系统等。机载导航系统可与飞机上其他设备或系统，如航向姿态系统（航姿系统）、大气数据系统（大气数据计算机）、自动飞行控制系统（自动驾驶仪）、平显系统、气象雷达等进行交联，构成"机载综合导航管理系统"，以实现自动导航飞行控制引导。机载导航系统除能够连续、实时地给出飞机的即时位置、时间、地速、航迹角等基本导航参数外，还能结合其数据存储器内存储的航线中航路点位置坐标等信息，由其导航计算机计算出各种制导参数，如航路点方位角、偏航距、期望航迹角、航迹角误差、待飞距离、待飞时间、预计到达时刻等，从而引导飞机沿大圆航线按预定航线安全飞行。

2. 机载导航系统的功能组成与机上交联关系

目前，在飞机上装备多功能、综合化、能提供诸多导航参数的机载导航系统越来越普遍。下面对机载导航系统的功能组成和机上交联关系做简要分析和说明。

1) 机载导航系统的功能组成

从功能组成上看，各种各样的机载导航系统均可概括为由导航传感器、导航计算机、控制显示器和接口电路四个基本部分组成，如图 2-5-1 所示。

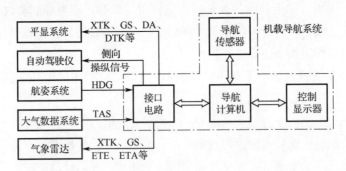

图 2-5-1　机载导航系统的功能组成及机上交联关系

导航传感器可以连续、实时地解算出载体即时位置、时间、地速、航迹角等基本导航参数数据。导航计算机用于计算制导参数值，内含数据存储器。导航计算机利用这个数据存储器内存储的航线、航路点坐标值等数据和导航传感器送来的载体即时位置、时间、地速、航迹角等基本导航数据，以及制导参数计算公式模型计算出期望航迹角、航迹角误差、航路点方位角、偏航距、待飞距离、待飞时间和预计到达时刻等制导参数值。控制显示器可以控制导航系统工作方式的选择，以及航线、航路点坐标值等数据的输入和导航参数数据的显示。接口电路用于对外部交联设备（或系统）信号进行输入/

输出处理。

需要说明的是，由于不同类型的机载导航系统所用导航传感器不同，所以其基本导航参数数据的计算方法也不同。例如，载体即时位置经度、纬度坐标参数数据，对于惯性导航系统，是通过对稳定在飞机水平面相互垂直方向上的两个加速度计测得的两个加速度分量进行二次积分，结合人工输入的飞机初始位置坐标值计算出来的；对于 GPS 导航系统，是利用接收的 4 颗不同 GPS 卫星播发的伪码扩频调制导航信号，通过联立求解 4 个伪距方程求得的。GPS 导航系统的导航传感器即为 GPS 接收机。通常，不同类型机载导航系统中制导参数的计算方法是类似的，甚至是相同的。

2）机载导航系统的机上交联关系

通常，机载导航系统具有较强的外部交联能力，可与飞机上航向姿态系统（航姿系统、磁航向基准系统）、大气数据系统（大气数据计算机）、自动飞行控制系统（自动驾驶仪）、平显系统、气象雷达等进行交联，如图 2-5-1 所示。

在图 2-5-1 中，机载导航系统与机上交联设备（或系统）间信号交联关系简要说明如下。

（1）航姿系统向机载导航系统提供航向角（HDG）信息；机载导航系统接收到该信息后，由导航计算机利用航向角（HDG）、航迹角（TK）、偏流角（DA）之间的关系进一步计算出偏流角（DA=TK-HDG）信息。

（2）大气数据系统向机载导航系统提供真空速（TAS）信息；机载导航系统接收到该信息后，由导航计算机利用真空速（TAS）、地速（GS）和风速之间的"航行速度矢量三角形"关系进一步计算出风速信息。

（3）平显系统接收、显示机载导航系统输出的偏航距（XTK）、地速（GS）、期望航迹角（DTK）、偏流角（DA）等导航参数信息，以实现机上导航信息共享。

（4）气象雷达接收、显示机载导航系统输出的即时位置经度、纬度坐标值（POS）、地速（GS）、航迹角（TK）、待飞距离（DIS）、待飞时间（ETE）和预计到达时刻（ETA）、偏航距（XTK）等信息，以实现机上导航信息共享。

（5）自动驾驶仪接收机载导航系统输出的模拟侧向操纵信号，以实现引导、控制飞机按预定航线自动航行。

2.5.2 机载导航系统导航参数的概念

1. 机载导航系统导航参数的分类

机载导航设备或导航系统所给出的、用于引导载体按预定航线航行的航行引导参数简称导航参数（又称导航参量）。

从导航的目的来看，对飞机的导航主要是对飞机在地面投影的定位。因此，这里的导航参数是相对于地面投影的二维坐标而言的。

1）按重要性和引导作用分类

导航参数按重要性和引导作用，可分为基本导航参数和制导参数。

（1）基本导航参数。

机载导航设备或导航系统所给出的、对于引导载体按预定航线航行最基本的、必备的导航参数称为基本导航参数。基本导航参数有即时位置（POS）、世界时（GMT）、地速（GS）、航迹角（TK）等。

（2）制导参数。

在机载导航系统中，由导航计算机按特定计算公式模型计算出来的，可用来纠正飞机实际航行偏差、引导飞机按预定航线航行的控制、引导参数称为制导参数。制导参数主要有期望航迹角（DTK）、航迹角误差（TKE）、航路点方位角（BRG）、偏航距（XTK）、待飞距离（DIS）、待飞时间（ETE）、预计到达时刻（ETA）和偏流角（DA）等。

2）按测量参数分类

导航参数按反映载体实时动态变化的参数即测量参数（如位置、时间、角度、距离、速度等），可分为位置参数（如即时位置、航路点等）、时间参数（如世界时、地方时、待飞时间、预计到达时刻等）、角度参数（如航向角、航路点方位角、航迹角、期望航迹角、航迹角误差、偏流角、磁差等）、距离参数（如偏航距、待飞距离、绝对高度、真实高度、相对高度、斜距等）和速度参数（如地速、空速和风速等）等类型。下面就按该分类方式，对较重要的导航参数进行简要说明。

2. 机载导航系统导航参数及相关概念

1）位置参数及相关概念

（1）即时位置（POS）。

载体在某个确知时刻所处的实际位置称为即时位置（Present Position,

简称 POS），又称实时位置。在导航系统中，即时位置通常用地理坐标系中的经度（λ_0）、纬度（ϕ_0）坐标来表示，如图 2-5-2 所示。

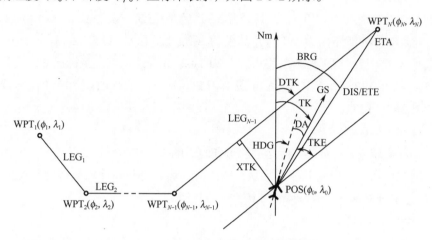

图 2-5-2　机载导航系统常用导航参数图解

即时位置（POS）参数对于引导载体航行来说，是最基本、最重要的导航参数之一。

（2）航线（FPL）。

在导航领域，将载体计划航行路线在地面的投影称为航线（Flight Plan，FPL），又称飞行计划。对水上和陆地的载体来说，航线就是准备航行的路线。

下面将大圆航线的概念进行简要介绍。

假定地球是一个理想的圆球体，过地心的平面与地球表面相交的圆称为大圆，而不过地心的平面与地球表面相交的圆称为小圆。地球上任意两点，总是把它们所在的大圆分为两段大圆弧线，其中较短的一段大圆弧线是该两点间在地球表面最短的距离。

沿短大圆弧线航行的航线称为大圆航线。沿大圆航线航行，航程最短。所以，大圆航线又称经济航线。

目前，在机载航路导航系统（区域导航系统）中，通常给出的航行引导参数信息都是针对大圆航线的。

（3）航路点（WPT）。

航线中的航行起点、终点和途中转弯点（拐弯点）等位置坐标已知的标志点称为航路点（Way Point，WPT）。航路点通常用地理坐标系中的经度（λ）、纬度（ϕ）坐标来表示。两个航路点构成一条航段（Leg）。

如图 2-5-2 所示，该航线有 N 个航路点、$N-1$ 条航段：航行起点（出发点）作为航路点 1（WPT_1），其经度、纬度坐标已知，设为（λ_1，ϕ_1）；途中转弯点 1 作为航路点 2（WPT_2），其经度、纬度坐标已知，设为（λ_2，ϕ_2）；……；航行终点（目的地）作为航路点 N（WPT_N），其经度、纬度坐标已知，设为（λ_N，ϕ_N）。WPT_1 和 WPT_2 构成航段 1（LEG_1）；……；WPT_{N-1} 和 WPT_N 构成航段 $N-1$（LEG_{N-1}）。

（4）航迹。

在导航中，将载体实际运动轨迹在地面的投影称为航迹。航迹与航线的区别主要在于前者是载体实际航行的路线，后者是载体计划航行的路线。

2）时间参数

（1）世界时。

零经度子午线的地方时称为世界时，又称格林尼治时间（Greenwich Mean Time，GMT）。世界时是世界各地通用的时间基准。

（2）地方时。

自各子午线起算的平阳时，称为当地地方平阳时，简称地方时。一个国家或地区的地方时通常是以其首都或中心城市地方时作为基准的，如北京时。

（3）预计途中时间（ETE）。

载体在沿航线航行的过程中，按当前的航行速度（地速）推算，从即时位置处到达下一个航路点（待飞点）所需航行的时间称为预计途中时间（Estimated Time Enroute，ETE），简称待飞时间、待飞时。

（4）预计到达时刻（ETA）。

载体在沿航线航行的过程中，按当前的航行速度（地速）和当前时刻推算，从即时位置处到达下一个航路点（待飞点）的时刻称为预计到达时刻（Estimated Time Arrival，ETA），简称到达时，如图 2-5-2 所示。

预计到达时刻（ETA）参数对于引导载体航行来说，是最重要的导航参数之一。

3）角度参数

（1）航向角。

航向角是载体重心点的磁子午线北向（磁北方向）或真子午线北向（真北方向）与载体纵轴方向在水平面上投影的夹角。由于所取子午线不同，航向角分为磁航向角和真航向角。

① 磁航向角（HDG）。

由载体重心点磁北方向（Magnetic North，简称 Nm）顺时针量到载体纵轴方向的角度在水平面上的投影称为磁航向角或磁航向（Heading，简称 HDG），如图 2-5-2 所示。

② 真航向角。

由载体重心点真北（True North，简称 Nt）方向顺时针量到载体纵轴方向的角度在水平面上的投影称为真航向角或真航向。

（2）磁差（VAR）。

载体重心点的磁北方向与真北方向之间的角度差称为磁差（Magnetic Variation，简称 VAR）。

（3）方位角。

① 方位线。

观察点（如飞机重心点）到所观察物体（如地面电台或导航台、信标台）之间的连线在水平面的投影称为方位线。

② 方位角（BRG）。

由观察点（如飞机重心点）磁北方向顺时针量到方位线的角度在水平面的投影称为方位角或方位（Bearing，简称 BRG）。

塔康（TACAN）系统能测出塔康方位角。

③ 相对方位角。

由载体纵轴方向顺时针量到方位线之间的角度在水平面上的投影称为相对方位角或相对方位（Relative Bearing，简称 RBRG）。

方位角（BRG）与磁航向角（HDG）和相对方位角（RBRG）之间在角度数值关系上满足：

$$BRG=HDG+RBRG \qquad (2.5\text{-}1)$$

当磁航向角（HDG）与相对方位角（RBRG）之和大于 360° 时，由式（2.5-1）算出的方位角（BRG）应减去 360°。

例如，在飞机上，无线电罗盘能测出电台相对方位角——飞机纵轴方向顺时针量到飞机重心点与地面中波广播电台或中波导航台之间的连线（方位线）的夹角；磁罗盘能测出飞机磁航向角——飞机重心点磁北方向顺时针量到飞机纵轴方向的夹角；无线电磁指示器（RMI）可同时指示出电台相对方位角、磁航向角和电台方位角——飞机重心点磁北方向顺时针量到方位线的夹角。

④ 航路点方位角。

在机载导航系统中，通常可给出所选航线中航路点方位角（Waypoint Bearing）信息。如图2-5-2所示，航路点方位角是指由飞机重心点磁北方向（Nm）顺时针量到待飞航路点方位线（飞机重心点与待飞航路点之间的连线）的角度在水平面的投影。

航路点方位角对于引导载体航行来说，是最重要的导航参数之一。航路点方位角（BRG）与即时位置（POS）、预计到达时刻（ETA）一起并称为重要的"导航三要素"。

（4）航迹角。

航迹角（Track Angle，简称TK）是飞机重心点磁北方向（或真北方向）与地速方向之间的顺时针夹角在水平面的投影。与航向角类似，航迹角也分为磁航迹角和真航迹角。

① 磁航迹角。

载体重心点磁北方向与地速方向之间的顺时针夹角在水平面的投影称为磁航迹角。

② 真航迹角。

载体重心点真北方向与地速方向之间的顺时针夹角在水平面的投影称为真航迹角。

（5）偏流角（DA）。

载体纵轴方向与地速方向之间夹角的水平投影称为偏流角（Drift Angle，DA），如图2-5-2所示。以空速矢量为参考，当地速矢量偏在其右时，偏流角为正，反之为负。

（6）期望航迹角。

期望航迹角（Desired Track Angle，简称DTK）又称应飞航迹角，是航线中某航段上某点磁北方向（或真北方向）顺时针量到该航段的角度在水平面的投影。与航迹角类似，期望航迹角也分为磁期望航迹角和真期望航迹角。

① 磁期望航迹角。

航线中某航段上某点磁北方向顺时针量到该航段的角度在水平面的投影称为磁期望航迹角。

② 真期望航迹角。

航线中某航段上某点真北方向顺时针量到该航段的角度在水平面的投影称为真期望航迹角。

(7)航迹角误差(TKE)。

期望航迹角(DTK)与航迹角(TK)的角度差称为航迹角误差(Track Angle Error,TKE),又称航迹角偏差,如图 2-5-2 所示。

4)距离参数

(1)偏航距(XTK)。

即时位置处载体偏离预定航段的垂直距离称为偏航距(Cross Track Deviation,简称 XTK)。

(2)待飞距离(DIS)。

载体从即时位置到达下一个航路点(待飞点)所需航行的距离称为待飞距离。

(3)绝对高度(MSL)。

载体重心点到海平面的垂直距离称为该载体所处位置的绝对高度(Mean Sea Level,MSL)。绝对高度又称海拔高度。

(4)真实高度(AGL)。

载体重心点到实际地面或水面的垂直距离称为该载体的真实高度(Above Ground Level,AGL)。无线电高度表能测量、指示出飞机的真实高度(AGL)参数信息。

(5)相对高度。

载体重心点到某一指定参考水平面(如机场跑道平面)的垂直距离称为该载体所处位置的相对高度。

(6)斜距。

不在同一高度层或同一铅垂线上的两点(如空中载体与地面信标台)之间的距离称为斜距。塔康(TACAN)系统能测量、指示出飞机与塔康地面台之间的斜距参数信息。

5)速度参数

(1)真空速(TAS)。

飞机相对于它周围无扰动空气的运动速度称为真空速或空速(True Air Speed,TAS)。空速方向与飞机纵轴方向近似一致。

(2)地速(GS)。

飞机相对于地面的运动速度称为地速(Ground Speed,GS)。地速方向与航迹一致,如图 2-5-2 所示。

（3）风速。

空气相对于地面的水平运动速度称为风速。

在有风的情况下，飞机以航向、空速相对空气运动，同时又被空气携带着以风向、风速相对地面进行漂移运动。这两种运动是同时的，从而形成飞机相对于地面的运动。

对于空中飞行的飞机来说，空速、风速在地面的投影与地速构成"航行速度矢量三角形"。在导航中，利用这种矢量三角形关系，可由其中的两个已知量导出另一个未知量。

2.5.3　机载导航系统制导参数的计算方法

如上所述，机载导航系统输出的制导参数，如待飞距离（DIS）、航路点方位角（BRG）、偏航距（XTK）、期望航迹角（DTK）、航迹角误差（TKE）、待飞时间（ETE）和预计到达时刻（ETA）等，通常都是由系统的导航计算机利用导航传感器输出的基本导航参数，如载体即时位置（POS）、世界时（GMT）、地速（GS）、航迹角（TK）等，结合控制显示器输入的航线中航路点纬度、经度坐标数据，按一定的计算公式计算出来的。

在机载导航系统中，通常都是给出相对于大圆航线——由航行起点（WPT_1）、途中转弯点1（WPT_2）、途中转弯点2（WPT_3）、……、终点（WPT_N）两两航路点所在较短大圆弧段（航段）构成的航程最短航线的航行引导参数信息的。此时，相对于图2-5-2中航线的导航参数，航段、待飞距离（DIS）、偏航距（XTK）不再是平面直线，而是球面弧线（地球表面的两点所在大圆中的较短大圆弧段）；航路点方位角（BRG）、期望航迹角（DTK）等角度参数也不再是平面直线的夹角，而是球面弧线的夹角。

在大圆航线概念下，机载导航系统制导参数的计算方法简要分析如下。

假设地球为理想圆球体，其半径为 R。宇宙空间直角坐标系的原点 O 位于地球中心，XOY 平面与地球赤道平面重合，OX 轴穿过零经度子午线与赤道平面的交点，OZ 轴与地球极轴重合，如图2-5-3所示。此时，地心纬度和地理纬度相等，并规定北纬度值（0°～90°N）和东经度值（0°～180°E）为正值，南纬度值（0°～90°S）和西经（0°～180°W）度值为负值。

1. 待飞距离（DIS）

如图2-5-3所示，设 P_0 为载体即时位置，其纬度、经度坐标分别为 $\varPhi_0$、

λ_0，P_N 为待飞点，其纬度、经度坐标分别为 Φ_N、λ_N，则较短大圆弧段 $\widehat{P_0P_N}$ 即为待飞距离。

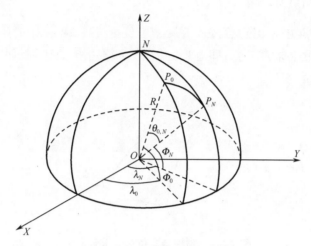

图 2-5-3　待飞距离计算示意图

根据地理坐标系与宇宙空间直角系之间的坐标变换关系，有

$$P_0 \begin{cases} X_0 = R\cos\Phi_0\cos\lambda_0 \\ Y_0 = R\cos\Phi_0\sin\lambda_0 \\ Z_0 = R\sin\Phi_0 \end{cases} \quad (2.5\text{-}2)$$

$$P_N \begin{cases} X_N = R\cos\Phi_N\cos\lambda_N \\ Y_N = R\cos\Phi_N\sin\lambda_N \\ Z_N = R\sin\Phi_N \end{cases} \quad (2.5\text{-}3)$$

则

$$|P_0P_N| = [(X_0-X_N)^2 + (Y_0-Y_N)^2 + (Z_0-Z_N)^2]^{\frac{1}{2}} \quad (2.5\text{-}4)$$

由三角形余弦定理得

$$\cos\theta_{0,N} = \frac{R^2 + R^2 - [(X_0-X_N)^2 + (Y_0-Y_N)^2 + (Z_0-Z_N)^2]}{2R^2} \quad (2.5\text{-}5)$$

将式（2.5-5）代入坐标变换公式，并整理得

$$\cos\theta_{0,N} = \sin\Phi_0\sin\Phi_N + \cos\Phi_0\cos\Phi_N\cos(\lambda_N-\lambda_0) \quad (2.5\text{-}6)$$

则圆弧 $\widehat{P_0P_N}$ 所对应的圆心角 $\theta_{0,N}$（单位为弧度，rad）为

$$\theta_{0,N} = \arccos[\sin\Phi_0\sin\Phi_N + \cos\Phi_0\cos\Phi_N\cos(\lambda_N-\lambda_0)] \quad (2.5\text{-}7)$$

因此，所求待飞距离（圆弧 $\widehat{P_0P_N}$）为

$$\text{DIS} = \widehat{P_0P_N} = R\theta_{0,N} \quad (2.5\text{-}8)$$

在机载导航系统计算中,地球半径 R 通常取值为 6 378.375km。

2. 航路点方位角(BRG)

由航路点方位角定义可知,航路点方位角即图 2-5-4 中的角 NP_0P_N(N 为 OZ 轴与北半球的交点,即地理北极点)。需要指出的是,此时 NP_0P_N 构成的是球面三角形。

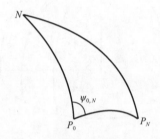

图 2-5-4 航路点方位角计算示意图

在球面三角形中,角和边均以度数表示。由图 2-5-4 可得

$$NP_0 = 90° - \Phi_0$$
$$NP_N = 90° - \Phi_N \quad (2.5\text{-}9)$$
$$N = \lambda_N - \lambda_0$$

根据球面三角形的余切定理

$$\cot NP_N \sin NP_0 = \cos NP_0 \cos N + \sin N \cot \psi_{0,N} \quad (2.5\text{-}10)$$

由此计算得

$$\tan \psi_{0,N} = \frac{\cos \Phi_N \sin(\lambda_N - \lambda_0)}{\sin \Phi_N \cos \Phi_0 - \cos \Phi_N \sin \Phi_0 \cos(\lambda_N - \lambda_0)} \quad (2.5\text{-}11)$$

因此,所求航路点方位角(BRG)为

$$BRG = \Psi_{0,N} = \arctan \frac{\cos \Phi_N \sin(\lambda_N - \lambda_0)}{\sin \Phi_N \cos \Phi_0 - \cos \Phi_N \sin \Phi_0 \cos(\lambda_N - \lambda_0)} \quad (2.5\text{-}12)$$

3. 偏航距(XTK)

如图 2-5-5 所示,飞机由起点 P_1 飞往终点 P_N。假定在由 P_{N-1} 点飞往 P_N 点的航段中,飞机左偏预定航线,飞机即时位置在 P_0 处。此时,P_0P_0' 的距离为偏航距(XTK)。

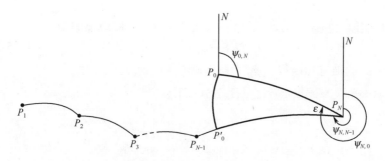

图 2-5-5　偏航距计算示意图

由图 2-5-5 可以看出，在球面直角三角形 $P_0P_0'P_N$ 中，

$$\varepsilon = \psi_{N,0} - \psi_{N,N-1} \quad (2.5\text{-}13)$$

式中，$\psi_{N,0}$ 为航路点 P_N 相对于飞机即时位置 P_0 的方位角；$\psi_{N,N-1}$ 为航路点 P_N 相对于航路点 P_{N-1} 的方位角。

类似于航路点方位角的计算，有

$$\Psi_{N,0} = \arctan\frac{\cos\Phi_0 \sin(\lambda_0 - \lambda_N)}{\sin\Phi_0 \cos\Phi_N - \cos\Phi_0 \sin\Phi_N \cos(\lambda_0 - \lambda_N)} \quad (2.5\text{-}14)$$

$$\Psi_{N,N-1} = \arctan\frac{\cos\Phi_{N-1} \sin(\lambda_{N-1} - \lambda_N)}{\sin\Phi_{N-1} \cos\Phi_N - \cos\Phi_{N-1} \sin\Phi_N \cos(\lambda_{N-1} - \lambda_N)} \quad (2.5\text{-}15)$$

根据球面直角三角形的公式，偏航距 P_0P_0' 所对应的地球大圆的圆心角 θ 满足：

$$\sin\theta = \sin\varepsilon \cdot \sin\theta_{0,N} \quad (2.5\text{-}16)$$

式中，$\theta_{0,N}$ 为待飞距离 P_0P_N 所对应的地球大圆的圆心角。

由式（2.5-16）可得

$$\theta = \arcsin[\sin\varepsilon \cdot \sin\theta_{0,N}] \quad (2.5\text{-}17)$$

因此，所求偏航距（XTK）为

$$\text{XTK} = P_0P_0' = R \cdot \theta \quad (2.5\text{-}18)$$

4．期望航迹角（DTK）和航迹角误差（TKE）

根据期望航迹角的定义可知，期望航迹角（DTK）为图 2-5-6 中的 ψ_D。

飞机在空中运动时正常情况下偏航距不会太大，因而期望航迹角（DTK）满足：

$$\text{DTK} = \psi_D = \psi_{0,N} - \varepsilon\cos\theta_{0,N} \quad (2.5\text{-}19)$$

式中，$\theta_{0,N}$ 为待飞距离 P_0P_N 所对应的地球大圆的圆心角。

根据航迹角误差的定义可知，航迹角误差（TKE）满足：

$$\text{TKE} = \psi_e = \psi_D - \psi_G \tag{2-5-20}$$

式中，ψ_e 为航迹角误差；ψ_D 为期望航迹角；ψ_G 为航迹角。

航迹角误差计算示意图如图 2-5-7 所示。

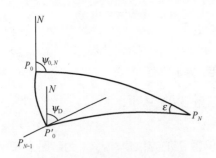

图 2-5-6　期望航迹角计算示意图　　　图 2-5-7　航迹角误差计算示意图

5. 待飞时间（ETE）

根据待飞时间定义，待飞时间（ETE）满足：

$$\text{ETE} = \frac{\widehat{P_0 P_N}}{V_G} \tag{2-5-21}$$

式中，$\widehat{P_0 P_N}$ 为待飞距离；V_G 为地速。

2.6　无线电导航系统技术性能指标

当设计或衡量一个无线电导航系统时，其精度、覆盖范围（作用距离）及工作容量是首先需要考虑的。它们是反映导航系统所能提供的导航信息准确性、可服务区域、用户数量方面的技术性能指标；而其他的技术性能指标，如连续性、可用性、可靠性、系统完好性、数据更新率等，对导航用户也是很重要的，尤其对航空用户来说，是保障飞行安全、高效所必不可少的。

1. 精度

导航系统（设备）的精确度（简称精度），是指在指定的使用条件下，导航参数的误差（真实值与测量值之间的差值）不超过给定值的能力。

在导航信号电参数（如振幅、频率、相位、传播时间等）的测量过程中，不可避免地存在着由导航设备和传播条件所引起的误差，而信号的电参数和导航参数（方位、距离、速度等）之间存在一定的对应关系，因此电参数的测量误差将引起对应的导航参数误差。另外，由于无线电导航系统在定位过程中至少需要测量两条位置线，定位误差不仅与每条位置线本身的误差有关，而且与两条（或几条）定位线的交角有关。

导航参数误差就其性质来说有系统误差和随机误差之分。系统误差是有规律、可测出并可加以修正的，而随机误差则是一个或正或负、时大时小的误差。但随机误差整体上往往服从某种统计规律（如正态分布规律）。随机误差的大小与它出现的可能性有关。因此，在讨论精确度时，一定要将误差大小与它出现的可能性（概率）联系起来。

对于服从正态分布规律的随机误差，可用下述特征量来描述。

（1）均方误差（标准偏差，中误差）σ：随机误差落在$\pm\sigma$以内的概率为68.27%。

（2）准最大误差（二倍标准差）2σ：随机误差落在$\pm 2\sigma$以内的概率为95.45%。

（3）最大误差（三倍标准差）3σ：随机误差落在$\pm 3\sigma$以内的概率为99.73%。

（4）概率误差$\varGamma$：随机误差落在$\pm\varGamma$以内的概率为50%。

对于定位误差，在只考虑其数值而不考虑其不同方向上的概率分布时，表示定位误差的方法称为定位误差的标量表示法。常见的定位误差的标量表示法如下。

（1）均方根（Root Mean Square，RMS）误差：表示测得位置落在以真实位置为中心，以σ为半径的圆内的概率为68.27%。

（2）圆概率误差（Circular Error Probable，CEP）：以真实位置为圆心，以误差值为半径画一个圆，定位值落在圆内的概率为50%。

（3）球概率误差（Spherical Error Probable，SEP）：以真实位置为球心，以误差值为半径画一个球，定位值落在球内的概率为50%。

（4）误差圆半径：以真实位置为中心画一个圆，若定位值落在圆内的概率为95%，则该圆的半径即为误差圆半径。

上述四种定位误差的标量表示法中，球概率误差是对三维导航定位而言的，其余均是对二维导航定位而言的。

2. 覆盖范围和作用距离

导航系统的覆盖范围指的是导航台发出的导航信号能够使导航用户以给定的精度定出载体位置的面积或立体空间。载体（单个或多个）一旦进入导航台站的覆盖范围，它的导航设备便能输出可用的导航信息。

导航系统的覆盖范围通常是由多个导航台的共同作用产生的，其形状并不规则。发射信号的功率电平、接收机的灵敏度、大气噪声条件、地理地形分布及其他影响信号使用的因素，都会影响覆盖范围的大小和形状。有些导航台站本身是运动的，其覆盖范围也在同步移动。

需要说明的是，当载体与导航台之间的相对几何关系（距离、方位）变化时，许多无线电导航系统的导航精度便有所不同。因此对于给定的精度要求，导航系统的覆盖范围会随其系统几何配置因子（GDOP）的变化而变化。

导航系统的作用距离是指在保证导航精度的前提下导航系统的最大工作距离。

3. 工作容量

导航系统的工作容量是指在导航系统的覆盖范围内，导航系统同时可提供服务的用户数量。希望在一定的空间内导航系统能为更多的载体提供导航服务，或者要求能在其覆盖范围内同时为所有有导航需求的用户提供服务。

导航系统的工作容量大小首先取决于导航系统的工作方式。采用无源工作方式的导航系统，由于载体只接收导航台的信号，因此无论多少用户都没有关系，理论上可以为无限多的用户提供导航服务；而采用有源工作方式的导航系统，其工作容量则会受到限制，与导航系统本身的结构体系、通道数量、数据处理能力等性能密切相关。但是，在实现相同导航功能的前提下，无源工作方式需要导航台提供更加复杂的信号，或需要更多的导航台（站）同时工作才能实现。

4. 连续性、可用性和可靠性

连续性是指载体在某特定的运行阶段，导航系统能够提供规定的导航引导功能而不发生中断的能力，表明了系统可连续提供导航服务的性能。

可用性是指当导航系统正常工作时，导航系统为载体提供可用的导航服务时间与该航行阶段时间的百分比。它是设计、选用导航系统时的技术性能指标之一。航空用户对可用性的要求极高，如在飞机某些飞行阶段可用性会达到99.99%的要求。另外，还有导航信号可用性的提法。导航信号可用性是指从导航台发射的导航信号可以使用的时间百分比，与发射台性能、相互距离及电磁波传播环境等因素有关。

可靠性是与可用性相关联的技术性能指标。它是指导航系统在给定的使用条件下,在规定的时间内完成规定功能的能力。它标志的是导航系统发生故障的频度。最常用的衡量系统可靠性指标是平均故障间隔时间(Mean Time Between Failure,MTBF)。MTBF是导航系统在长期工作中,所有两次相邻故障间隔的平均时间,近似等于导航系统的工作时间与此段时间内系统发生的故障数之比。MTBF越大,导航系统的可靠性越高。

上面说的可靠性是对导航系统质量衡量的一个重要指标。一个导航系统要完成规定的功能,除导航系统硬件可靠外,还应考虑导航信号可靠性。信号可靠性是指在规定时间内和实际使用的条件下,导航信号能进行导航服务的概率。造成导航信号不可靠的因素很多,如大气噪声干扰、闪电现象、甚低频传播中的猝发电离层干扰及人为制造的干扰等。当然,这些因素十分复杂,不便由一个技术性能指标进行概括。导航信号可靠性是用户在选择导航系统时必须要考虑的。

可靠性是导航系统的一项重要技术性能指标。导航系统若可靠性高,则将为飞机提供可依赖的导航数据。

5. 完好性

完好性又称完善性、完整性、完备性等,是指当导航系统发生故障或误差变化超出了允许的范围、不能提供可用的导航服务时,导航系统能够及时向用户发出告警的能力。它对保障载体安全、可靠地使用导航信息提出了要求。例如,在引导飞机进近、着陆的阶段中,如果着陆引导系统发生故障或误差超出允许的范围而未及时报警,驾驶员继续按着陆仪表的指示引导飞机下滑着陆,便有可能使飞机偏离甚至滑出跑道,酿成重大安全事故。

6. 导航数据更新率

导航数据更新率是指导航系统在单位时间内可为载体提供定位或其他导航数据的次数。一般来说,对导航数据更新率的要求与载体本身的航行速度及所执行的任务有关。相对而言,航空航天用户和军事应用对导航数据更新率的要求更高。例如,对着陆飞行阶段的飞机而言,需要提供每秒数十次的高精度定位信息。

导航系统必须给出运动中的载体的实时位置信息才能引导载体航行。对飞机等高动态用户而言,由于飞行速度很快,如果导航系统的导航数据更新率不够快,在两次为载体提供定位信息之间的时间内,飞机的当前位置与上一次的指示位置有可能已相差很远。这样,即使导航系统定位精度再高,也会使导航系统导航服务的实际精度大打折扣,难以满足对飞机实时导航引导的要求,严重时还会影响到飞机的飞行安全。因此,导航数据更新率是要有较高要求的。

7. 其他

在导航系统具体应用时,还要求其设备尺寸小、质量小、抗震动和抗冲击性好,以及使用和维护、维修方便等。

复习题

(1)结合无线电波波段划分规律,分析现用主要航空无线电导航系统工作频率所属的频段名称。

(2)无线电波主要有哪几种传播方式?并简述其各自的应用特点。

(3)电离层通常由哪几层组成?其中每层随昼夜、季节等有何变化规律?

(4)无线电收发机有哪些主要性能指标?并简述其基本含义。

(5)导航中用于标定载体位置的坐标系主要有哪三种?分别适用于哪类无线电导航系统?

(6)在地理坐标系中,地心纬度、地理纬度有什么区别?

(7)试说明地理坐标系与宇宙空间直角坐标系之间的坐标变换公式——式(2.3-3)与式(2.3-4)中每个参数的含义。

(8)在无线电导航中,经常采用的位置线相交定位有哪几种方式?试画图表示之。

(9)试简要说明导航系统的推算定位原理。

(10)结合机载导航系统功能组成及机上交联关系,说明机载导航系统与外部交联设备之间的信息输入、输出关系。

(11)试画出1条由4个航路点(WPT)构成的航线,并图解出飞机即时位置(POS)、地速(GS)、航迹角(TK)、期望航迹角(DTK)、航迹角误差(TKE)、航路点方位角(BRG)、偏航距(XTK)、待飞距离(DIS)、待飞时间(ETE)和预计到达时刻(ETA)等参数。

(12)什么是电台相对方位角、电台方位角、飞机磁航向角?试画图表示之。

（13）试推导机载导航系统待飞距离（DIS）、航路点方位角（BRG）的计算公式。

（14）无线电导航系统的主要技术性能指标有哪些？

（15）设 GPS 的二维定位精度为 25m（CEP），试说明其含义。

（16）设无方向性信标—无线电罗盘测角系统的测向误差为 3°（2σ），试说明其含义。

第3章

无方向性信标—无线电罗盘测角系统

3.1 概述

无方向性信标—无线电罗盘（NDB—ADF）测角系统又称中波导航台（归航台）—无线电罗盘导航系统，简称中波导航系统，是一种陆基（地基）、中、长波（中、低频）近程无线电测向（测角）系统，用于测出载体（如飞机）纵轴方向相对于地面信标台（电台）的方位角度（习惯称为"电台相对方位角"）。该系统工作于中、长波波段，工作频率通常为 100～1 800kHz（对应工作波长为 167～3 000m）；无线电波通过地波传播方式（为主要传播方式）和天波传播方式进行传播；系统作用距离与地面信标台发射功率、机上无线电罗盘接收机灵敏度等因素有关，一般在 500km 之内，典型值为 250～350km（对于民航应用的航路导航台，系统作用距离在白天要求至少为 150km）。

该系统出现于 20 世纪初期，是最早用于对载体进行测向、进而通过测向-测向（θ-θ）几何定位方式对载体实施定位的无线电导航系统。1912 年，世界上研制出的第一个无线电导航设备，就是振幅式无线电测向仪（人工手动无线电罗盘）。它由人工转动的具有方向特性的环形天线、测角器、接线箱、接收指示器和扬声器等构成，并根据陆上发射台及船舶发射机发射的无线电信号来测定电波的传播方向，从而确定海上船只到地面发射台的方位或到某船舶的相对方位。

该系统在第一次世界大战期间开始广泛应用。此后至第二次世界大战前，该系统主要通过无线电测向系统引导载体（此时期主要是海上船只）出航、归航和按预定航线航行，使近海航海和发达地区的航空有了较为可靠和精确的导航保障。

1940年，中波导航系统的机载型自动定向仪即无线电罗盘投入正式使用。

无方向性信标—无线电罗盘测角系统目前仍广泛用于军、民用飞机出航、归航和航路飞行引导，且无线电罗盘是飞机上必备的、最基本的无线电导航设备。

3.1.1 系统组成及简要工作原理

1．系统基本组成

无方向性信标—无线电罗盘测角系统由无方向性信标和无线电罗盘两部分组成，如图3-1-1所示。

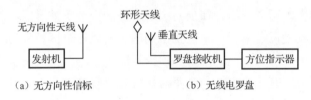

图 3-1-1　无方向性信标—无线电罗盘测角系统组成

1）无方向性信标（NDB）

无方向性信标又称全向信标或归航台或导航台，通常安装在机场跑道中心延长线、离跑道端头特定距离的已知位置，或沿航路设置。无方向性信标都具有准确的已知地理坐标（通常用经、纬度表示）。无方向性信标若设置在机场跑道中心延长线上，则称为归航台（通常有远、近两个台，分别称为无方向性信标机场远台、近台，最佳安装距离分别是距机场跑道入口约为 6 000m、1 000m 处），用于引导飞机归航。无方向性信标若设置在航路上的转弯点、检查点或空中走廊口，则称为导航台，用于引导飞机沿航路航行。

地面的无方向性信标为中、长波发射机，工作波长（对于 150～800kHz 的无方向性信标工作频率范围，对应波长为 2 000～375m）属于长波（波长范围为 10 000～1 000m）、中波（波长范围为 1 000～100m）波段。不同无方向性信标以该波段内某个指定频率发射信号。无方向性信标可工作于等幅报、调幅报（音频报）、调幅话等状态，采用无方向性天线（全向天线）向空中全向发射垂直极化波（电场为垂直分量，磁场为水平分量）信号。为了能有效发射信号，无方向性信标采用数十米高的各种形状全向天线，如 T 形、笼形、伞形、米字形等。其中，T形全向天线用得最多。全向天线在水平面内的方向性图是一个圆，在垂直面内的方向性图如图 3-1-2 所示。

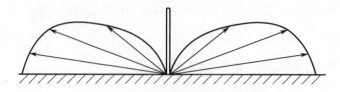

图 3-1-2　全向天线在垂直面内的方向性图

注：在美国，规定 190～415kHz 及 510～535kHz 无方向性信标工作频段用于航空领域，285～325kHz 无方向性信标工作频段用于航海领域。

由图 3-1-2 可以看出，在全向天线上方的一个倒锥形区域内，由于信号非常小而不能保证无线电罗盘正常测向，所以这个区域称为顶空盲区，又形象地称为寂静顶锥或无声锥。顶空盲区大小与全向天线有效高度、罗盘接收机灵敏度等因素有关。当罗盘接收机灵敏度增高时，可使顶空盲区缩小。

无方向性信标发射中波无线电导航信号，包括测向信号、台站识别码或话音信号。无方向性信标通常有以下三种工作方式（种类）。

（1）调幅报（音频报）方式：发射键控音频调幅报信号，用于测向和台站识别。

（2）等幅报方式：发射键控等幅报信号，用于测向和台站识别。

（3）调幅话方式：发射调幅话音信号，用于地对空单向通话联络。

由无方向性信标主机上的工作种类开关实现不同工作方式之间的转换。

无方向性信标的组成如图 3-1-3 所示。其中，音频振荡器在调幅报方式下产生特定频率（如 1 020Hz）音频调制信号；话音放大器在调幅话方式下产生话音调制信号；等幅波在等幅报方式下直接输出到高频信号发生器，然后通过幅度调制加到高频载波上，并由放大器产生大功率信号，通过全向天线发射到空间。

台站识别码通常包括 1～3 个英文字母，每个字母由莫尔斯码的"点"（·）"画"（-）构成（如字母 A 为"·-"，字母 B 为"-···"）。莫尔斯码的"点"宽度为 125ms，"画"宽度为 375ms，字母间隔为 250ms，码组间隔为 625ms，时间误差应不超过 10%。无方向性信标一般每分钟至少发射两次台站识别码，而每次通常发一遍或两遍台站识别码。

第3章 无方向性信标—无线电罗盘测角系统

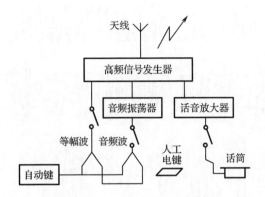

图 3-1-3 无方向性信标的组成

当无方向性信标工作在调幅报（音频报）方式时，自动键的电码控制音频振荡器，按电码组合规律产生音频信号。在自动键产生台站识别码期间，无方向性信标发射音频调幅信号，其余时间（两次产生的台站识别码中间）仍发射等幅波信号，以保证飞机上的无线电罗盘能够连续测向。

当无方向性信标工作在等幅报方式时，自动键的电码直接控制高频信号发生器，在产生台站识别码期间有输出信号，而其他时间则没有输出信号，因此测向会有中断，无线电罗盘的方位指示器指针会发生抖动现象。目前，新型地面中波导航机已无等幅报工作方式。

无方向性信标除主要为无线电罗盘提供测向信号和台站识别码以外，还可作为中波通信机使用，用于实施单向的地对空话音指挥通信。在调幅话方式进行地对空通话时，将话筒接入，地面话音信号即可自动地对高频信号进行幅度调制，产生调幅话信号并经全向天线发射出去。

无方向性信标输出的等幅报、调幅报（音频报）、调幅话信号波形图如图 3-1-4 所示。

无方向性信标的发射功率通常为 500W（大台）或 200W（小台）。

2）无线电罗盘（ADF）

无线电罗盘又称自动定向仪或自动定向机。当无线电罗盘接收地面的无方向性信标发射的无线电测向信号后，罗盘接收机依据接收信号的幅度与信标台方位角度之间的对应关系，测出电台相对方位角信息，并通过方位指示器指示出来。

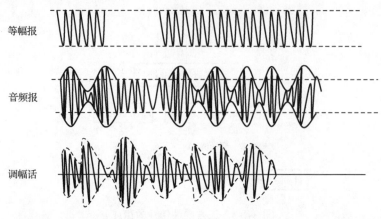

图 3-1-4　无方向性信标输出的等幅报、音频报、调幅话信号波形图

2. 系统简要测向原理

如图 3-1-1 所示,在无方向性信标—无线电罗盘测角系统中,地面的无方向性信标采用全向天线向空中全向发射无线电测向信号及台站识别码。机载的无线电罗盘利用由两个天线(一个为环形结构方向性天线,即环形天线;另一个为无方向性天线,即垂直天线)组成的组合方向性天线接收该信号。罗盘接收机依据环形天线所接收信号的幅度与信标台(电台)方位角度之间的对应关系,采用最小值法自动测出飞机纵轴方向相对于信标台(电台)的方位信息——通常称为"电台相对方位角"(RBRG)。

在飞机上,通常无线电罗盘的方位指示器与磁罗盘的航向位置指示器(指示飞机磁航向角)组合应用,此时无线电磁指示器(Radio Magnetic Indicator,RMI)或水平位置指示器(Horizontal Situation Indicator,HSI)、航向位置指示器还可指示出电台方位角(BRG)信息,进而利用两个地理位置坐标确定已知的信标台位置,用 θ-θ 几何定位方式对飞机定位。

无线电罗盘测出的电台相对方位角(RBRG)、电台方位角(BRG)、磁航向角(HDG)之间的角度关系及无线电磁指示器的指示如图 3-1-5 所示。电台方位角(BRG)、磁航向角(HDG)和电台相对方位角(RBRG)在角度数值关系上满足:

$$BRG=HDG+RBRG \qquad (3.1-1)$$

当磁航向角(HDG)与电台相对方位角(RBRG)之和大于 360° 时,由式(3.1-1)算出的电台方位角(BRG)应减去 360°。

第 3 章 无方向性信标—无线电罗盘测角系统

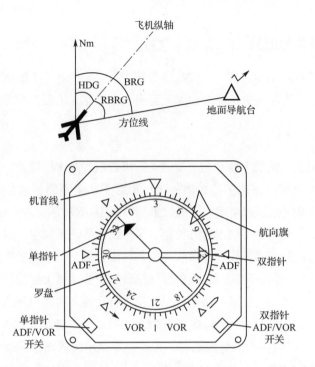

图 3-1-5 电台相对方位角（RBRG）、电台方位角（BRG）、磁航向角（HDG）之间的角度关系及无线电磁指示器的指示

3.1.2 系统导航功能

在飞机上，利用无线电罗盘测出的电台相对方位角和电台方位角信息，可实现以下导航功能。

1. 引导飞机归航飞行

利用设在着陆机场跑道中心延长线上的归航台，采用"向台飞行"方法，可引导飞机飞向着陆机场。在飞机飞行过程中，保持无线电罗盘指示 0° 的电台相对方位角，且磁罗盘给出的磁航向角等于着陆机场跑道磁方位角（无侧风影响时），使飞机对准着陆机场跑道中心线飞向着陆机场。

2. 引导飞机出航飞行

在飞机出航飞行过程中，采用"背台飞行"方法，保持无线电罗盘指示 180° 的电台相对方位角，引导飞机飞离机场。飞机在离开机场之后，要在磁罗盘的配合下进入预定航线或在空中转弯。

3. 引导飞机沿航路（航线）飞行

利用设在航路（航线）上的航路导航台，保持相对于所选电台特定的相对方位角度，引导飞机从一个台站飞至另一个台站，实现沿预定航线飞行。

4. 机上定位

在飞机上，无线电罗盘与磁罗盘（给出磁航向角）相配合，通过航向位置指示器或无线电磁指示器给出的飞机相对于两个不同导航台的电台方位角，采用 $\theta\text{-}\theta$ 定位方式可定出飞机位置，如图 3-1-6 所示。为了使定位准确，最好能同时定出两个不同电台方位角。这对装有两部无线电罗盘的飞机是不难的，但对只有一部无线电罗盘的飞机，只能先对一个导航台定向，然后马上改对另一个导航台定向。当飞机在导航台较少的区域上空飞行时，也可以利用位置坐标已知的中波广播电台对飞机进行定位。需要说明的是，利用无线电罗盘进行定位精度不高，这是因为无线电罗盘本身测向误差较大（1°～3°），而当飞机距离导航台较远时，无线电罗盘不大的测向误差也会产生较大的位置误差。

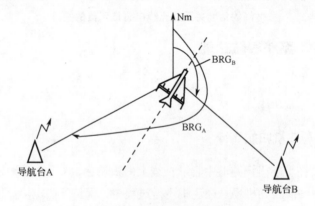

图 3-1-6　无线电罗盘实现定位示意图

3.2　无线电罗盘

3.2.1　无线电罗盘天线方向特性分析

天线在无线电测向系统中是一个很重要的部件。如果地面的信标（如无方向性信标）采用无方向性天线发射无线电测向信号，那么在无线电测向设备（如无线电罗盘）中，可以采用方向性天线（如环形天线），使其方向性图沿一定轨迹（如圆形轨迹）转动而使其接收信号的幅度随相对于信标的方位角度变化而变化。因此，无线电测向设备可利用方向性天线，通过对其接收信号幅度的测量而实现测向。

无线电测向设备方向性天线性能的好坏必然对方位角度测量产生影响。一个性能良好的方向性天线，应具备以下特征。

（1）方向性要稳定。

为完成测向任务，方向性天线应具有一定的（所需要的）、稳定的方向性图。方向性天线的方向性图形状在测向工作过程中应严格地保持不变。方向性天线周围空气介质的变化及周围物体的变化等，不应引起其方向性图的变化。无线电测向设备通常都工作在较宽的工作频率范围（如无线电罗盘的工作频率范围为 100～1 800kHz）内。方向性天线的方向性图应不受接收信号工作频率变化的影响。

（2）灵敏度要高。

为了保证方位角度测量的准确性，方向性天线灵敏度要高、不灵敏区间要小。一般要对方向性天线的方向性图在信号测量处的幅度变化率提出一定要求。

（3）结构要简单。

方向性天线结构要简单，加工制作起来不应太复杂，并且要坚固、轻便，体积应尽可能小，适合在高速飞机上安装使用。

1. 环形天线结构和方向特性分析

如前所述，无线电罗盘采用由两个天线（一个为环形结构方向性天线，即环形天线；一个为无方向性天线，即垂直天线）构成的组合方向性天线，接收地面无方向性信标发射的信号，采用最小值法测出电台相对方位角信息。

环形天线是一种最适用于无线电测向设备的方向性天线。这种天线主要应用于中、长波段信号的接收，并可利用其几何尺寸（水平边长度）比无线电波波长小得多的特点得到横"8"字形的方向性图。由于环形天线是无线电测向系统中最常用的方向性天线，所以有必要对它的方向特性进行分析。

环形天线通常采用矩形结构形式，如图 3-2-1 所示。

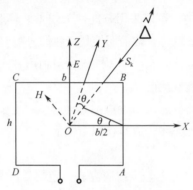

图 3-2-1 单匝环形天线结构

设单匝矩形结构环形天线 ABCD 的高度为 h、宽度为 b，放置在一个与地球水平面垂直的平面内，并处于无方向性信标发射的垂直极化无线电波的极化场内。对于机载无线电罗盘的环形天线，典型数据尺寸通常是：h 为几厘米，b 为十几厘米。所以，相对于工作于中、长波波段无线电罗盘的工作波长 λ 为 3 000~167m（对应工作频率为 100~1 800kHz）的数值来说，环形天线宽度 b 的数值很小，且满足 $\frac{b}{\lambda} \ll 1$。

选择一个参考直角坐标系，使环形天线中心位于坐标系原点 O 处，环形天线平面与 XOZ 平面相重合，环形天线平面的法线方向与 Y 轴方向一致。

设环形天线平面的法线方向（Y 轴方向）与从无方向性信标发射出、沿地球表面传播（地波传播方式下）过来的无线电波 S_k 之间的夹角为 θ，根据电磁场理论，该无线电波中的电场分量（E）和磁场分量（H）均与 S_k 方向垂直。设无方向性信标发射的是等幅波，坐标原点 O 处的电场强度 e_0 为 $E_0 \sin \omega t$，根据天线理论，环形天线的感应电动势 e 取决于环形天线各边的感应电动势之和。由于无方向性信标发射的是垂直极化波（电场分量垂直，磁场分量水平），所以环形天线水平边 BC、AD 与该无线电波的磁场强度矢量方向平行，其感应电动势为零。因此，整个环形天线的感应电动势 e 为 AB 和 CD 边（与该无线电波的磁场强度矢量方向垂直）内的感应电动势之差，即

$$e = e_{AB} - e_{CD}$$

而且有

$$e_{AB} = E_0 h \sin\left(\omega t + \frac{2\pi}{\lambda} \cdot \frac{b \sin \theta}{2}\right) = E_0 h \sin\left(\omega t + \frac{\pi b \sin \theta}{\lambda}\right) \quad (3.2\text{-}1)$$

$$e_{CD} = E_0 h \sin\left(\omega t - \frac{\pi b \sin\theta}{\lambda}\right)$$

所以，有

$$e = 2E_0 h \sin\left(\frac{\pi b \sin\theta}{\lambda}\right) \cdot \cos\omega t \qquad (3.2\text{-}2)$$

式中，E_0 为环形天线中心处电场强度的幅度；λ、ω 分别为无方向性信标发射无线电波的工作波长和角频率；b、h 分别为环形天线水平边、垂直边的长度。

由于 $\dfrac{b}{\lambda} \ll 1$，有

$$\sin\left(\frac{\pi b \sin\theta}{\lambda}\right) \approx \frac{\pi b \sin\theta}{\lambda}$$

所以，近似有

$$e = \frac{2\pi b h E_0 \sin\theta}{\lambda} \cdot \cos\omega t$$

在无线电罗盘中，为增大感应电动势，实际应用的环形天线通常由多匝矩形结构环形线圈串联组成，并在其中插入铁芯。设环形线圈匝数为 N，铁芯磁导系数为 μ，则整个环形天线感应的电动势为

$$e_{环} = \frac{2\pi \mu N b h}{\lambda} E_0 \sin\theta \cos\omega t = h_{环} E_0 \sin\theta \cos\omega t$$

式中，$h_{环}$ 为环形天线的有效高度。

定义 $\dfrac{2\pi \mu N b h E_0}{\lambda} \sin\theta$ 为环形天线感应电动势的幅度 E_m，则环形天线总的感应电动势为

$$e_{环} = E_m \cos\omega t \qquad (3.2\text{-}3)$$

E_m 表达式可写为

$$E_m = E_{m\max} \sin\theta \qquad (3.2\text{-}4)$$

式中，$E_{m\max} = \dfrac{2\pi \mu N b h}{\lambda} E_0$，为固定值。

式（3.2-4）反映了环形天线感应电动势的大小与环形天线平面的法线方向和无线电波入射方向之间的夹角 θ 的关系。

以环形天线中心 O 为原点、环形天线平面的法线方向为极轴、θ 为极角、E_m 为极径，绘出该环形天线在水平面上的极坐标图，就得到如图 3-2-2 所示的横"8"字形方向性图。该方向性图为两个对称于原点、直径为 $E_{m\max}$ 的圆。

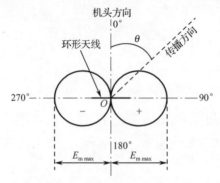

图 3-2-2 环形天线的横"8"字形方向性图

当 $\theta=0°$ 或 $180°$（无线电波从环形天线正前方或正后方入射）时，$E_m=0$；当 $\theta=90°$（无线电波从环形天线正右方入射）时，$E_m=E_{m\max}$；当 $\theta=270°$（无线电波从环形天线正左方入射）时，$E_m=-E_{m\max}$。

从图 3-2-2 中还可以看出，当 θ 为 $0°\sim 180°$（来波偏右）时，环形天线感应电动势为正值；当 θ 为 $180°\sim 360°$（来波偏左）时，环形天线感应电动势为负值。

为了表述方便，通常将天线的方向性图表示成 $F(\theta)$ 的函数形式，如环形天线的横"8"字形方向性图可表示成 $F(\theta)=\sin\theta$ 的形式。

环形天线的横"8"字形方向性图有最小值（θ 为 $0°$ 或 $180°$）。无线电罗盘就是利用环形天线的横"8"字形方向性图，采用最小值法进行测向的。在这个测向过程中，要随时使环形天线的横"8"字形方向性图旋转，使其最小值对准信标台的来波方向。

最小值法测向的灵敏度较高，但易受外来干扰的影响。最小值法测向精度取决于外来干扰的程度。

2. 组合天线 M 型测向信号的形成

从上面对环形天线横"8"字形方向性图的分析可以看出，无线电罗盘如果仅采用环形天线进行测向，将存在多值性问题，可能产生 $180°$ 的测向误差。在实际应用中，无线电罗盘通常还采用垂直天线来辅助环形天线判断无线电波的来向，以消除多值性问题，完成自动测向任务。

由两个天线组成的无线电罗盘组合天线系统的原理框图如图 3-2-3 所示。其中，一个天线为无方向性天线，即垂直天线；另一个天线为 $F(\theta)=\sin\theta$ 的矩形结构环形天线。将两个天线的输出信号处理后进行叠加输出。

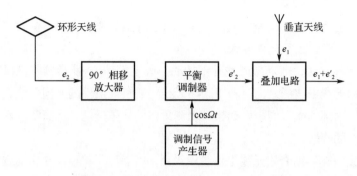

图 3-2-3　由两个天线组成的无线电罗盘组合天线系统的原理框图

设无方向性信标发射的信号是等幅波，则无方向性垂直天线接收的信号仍为等幅波，其表达式为

$$e_1 = E_{1m} \sin \omega t \qquad (3.2\text{-}5)$$

环形天线接收的信号（分析见前）可表示为

$$e_2 = E_{2m\max} \sin \theta \cos \omega t \qquad (3.2\text{-}6)$$

可以看出，环形天线接收的信号与垂直天线接收的信号在相位上相差 90°。

对环形天线的输出信号进行放大、移相 90°、平衡调制处理，可得

$$e_2' = E_{2m\max} \sin \theta \cos \Omega t \sin \omega t \qquad (3.2\text{-}7)$$

叠加电路的输出信号为调幅波，其表达式为

$$e_1 + e_2' = E_{1m}\left(1 + \frac{E_{2m\max}}{E_{1m}} \sin \theta \cos \Omega t\right)\sin \omega t = E_{1m}[1 + m(\theta) \cos \Omega t]\sin \omega t \qquad (3.2\text{-}8)$$

式中，$m(\theta) = \dfrac{E_{2m\max}}{E_{1m}} \sin \theta$ 为调制系数（调制度）。此时，就得到了 M 型（调制度型）测向信号，其特点是：调幅波载波分量的幅值不随方位角度 θ 变化，但调制系数 m 随方位角度 θ 的变化而变化；在来波偏右（θ 为 0°～180°）和来波偏左（θ 为 180°～360°）时，调幅波包络的相位相反。M 型测向信号通常称为高频调幅偏差信号。

3．固环天线—测角器组件结构和方向特性分析

在无线电罗盘实现测向的过程中，使环形天线横"8"字形方向性图的旋转是个关键。为使这个方向性图能够旋转，一般有以下两种方法。

一为直接法，即罗盘接收机根据信标台发射的无线电波的来向，控制其外部的伺服电动机直接拖动环形天线转动，从而使环形天线的方向性图随之

旋转。由于受高空气流等影响，此操作对于高空高速飞行的飞机而言比较费力，也不科学，且测向误差大。

二为间接法，即环形天线并不转动（固定不动），罗盘接收机根据信标台发射的无线电波的来向，利用固环天线—测角器组件的方向特性，控制罗盘接收机内部的微型伺服电动机带动测角器的转子转动，从而实现环形天线方向性图的旋转。

直接法在早期老式无线电罗盘中采用，目前已不见。现在，无线电罗盘测向通常采用间接法。下面就对无线电罗盘中的固环天线—测角器组件的结构和方向特性进行简要分析。

如图 3-2-4 所示，在飞机上安装两个相互垂直放置且固定不动的环形天线。这两个环形天线分别与飞机纵轴平行和垂直。此种结构的两个环形天线称为固定式环形天线（简称固环天线）。两个环形天线同时接收地面信标台的信号。固环天线的两组纵、横环形线圈通常绕制在同一个矩形结构的胶木板（中间插有铁淦氧磁芯）上。

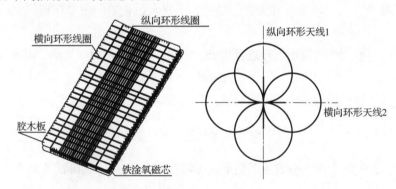

图 3-2-4　无线电罗盘固定式环形天线的内部结构及方向性图

在罗盘接收机的测角器内，放置有两个相互垂直的固定线圈（称为定子或场线圈），分别与飞机上两个环形天线的线圈相连；另外，还有一个可在定子中绕自己的轴自由转动的活动线圈，称为搜索线圈或转子，如图 3-2-5 所示。

两个相互垂直放置的环形天线接收到地面信标台发射的无线电波后，得到的感应电动势（设环形天线中心处的场强 $e_0 = E_0 \sin \omega t$）在方位空间上相互垂直，其幅度分别与 $\cos \theta$、$\sin \theta$ 成正比，即

纵向环形天线 1：

$$e_1 = E_{1m\max} \cos\theta \cos\omega t \qquad (3.2\text{-}9)$$

横向环形天线 2：

$$e_2 = E_{2m\max} \sin\theta \cos\omega t \qquad (3.2\text{-}10)$$

式中，θ 为横向环形天线 2 所在平面的法线方向与由信标台入射的无线电波方向的夹角，即电台相对方位角，如图 3-2-5 所示。

由于测角器内两个相互垂直的定子（定子 1、定子 2）分别与外部两个环形天线相连，所以这两个环形天线的感应电动势将分别加在测角器的两个定子上，并在测角器内产生相互垂直的两个感应磁场，即

$$h_1 = H_1 \cos\theta \cos\omega t \qquad (3.2\text{-}11)$$

$$h_2 = H_2 \sin\theta \cos\omega t \qquad (3.2\text{-}12)$$

这两个感应磁场在测角器中将形成一个合成磁场，即

$$h = \sqrt{h_1^2 + h_2^2} = \sqrt{H_1^2 \cos^2\theta + H_2^2 \sin^2\theta} \cos\omega t \qquad (3.2\text{-}13)$$

由于测角器内两个定子的参数是按相同比例设计的，即满足：

$$\frac{E_{1m\max}}{E_{2m\max}} = \frac{H_1}{H_2} \qquad (3.2\text{-}14)$$

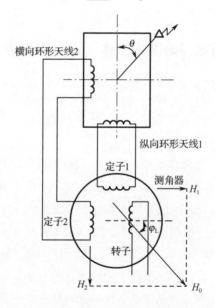

图 3-2-5　固环天线—测角器组件的工作原理

测角器内的转子（搜索线圈）在合成磁场的作用下将产生感应电动势。设搜索线圈平面与合成磁场方向之间的夹角为 φ_L，则搜索线圈在合成磁场作

用下，所产生的感应电动势为

$$e = E_{m\max} \sin \varphi_L \cos \omega t \quad (3.2\text{-}15)$$

可以看出，e 为 $\sin \varphi_L$ 的函数，具有横"8"字形方向性图的性质。比较式（3.2-15）与式（3.2-10）可知，测角器搜索线圈的感应电动势与固环天线中的横向环形线圈感应电动势的变化规律完全相同（φ_L 对应 θ）。

测角器搜索线圈通过同步发送器与方位指示器相连。伺服电动机带动搜索线圈转动，并通过同步发送器带动方位指示器指针也同步转动。伺服电动机依据来波方向带动搜索线圈转动，使搜索线圈平面与合成磁场方向平行，即使 $\varphi_L = 0°$，搜索线圈感应电势消失，相当于环形天线横"8"字形方向性图的零值点对准了地面信标台。此时，方位指示器指针所指示的角度即搜索线圈转过的角度，也就是所测信标台的相对方位角。这样，就通过罗盘接收机内测角器搜索线圈的转动代替了外部环形天线的转动，从而实现了环形天线不动而其方向性图旋转的目的。

在无线电罗盘中，有时将上述固环天线—测角器组件称为测角系统。上述无线电罗盘的测角系统具有与单个横向环形天线相同的横"8"字形方向性图。

3.2.2　无线电罗盘基本工作原理、机件组成与工作方式

1. 基本工作原理

采用固环天线—测角器组件的无线电罗盘的工作原理框图如图 3-2-6 所示。由上面内容的讨论可知，两个相互垂直放置、固定不动环形天线和测角器组成的固环天线—测角器组件，用来接收地面无方向性信标发射的信号，并具有与单个横向环形天线完全一样的横"8"字形方向性图。为使测角器的输出信号（u_1）与无方向性垂直天线的接收信号（u_5）同相叠加，先将测角器的输出信号（u_1）移相 90°并放大后（u_2）加给平衡调制器，平衡调制器在 135Hz 低频信号（u_3）控制下工作，得到平衡调幅波信号（u_4）——见式（3.2-7），然后与垂直天线接收来的载频信号（u_5）进行相加，得到一个调制度是无线电波入射角 θ 函数的调幅波信号（u_6）——见式（3.2-8）。

该调幅波信号在超外差接收机中经过混频、中放、检波等处理环节，得到具有方位偏差信息的低频信号（u_7），再经 135Hz 选频放大电路（简称选放），将 135Hz 信号从低频信号（u_7）中分离出来并放大，然后将其作为控

制信号（u_8）加到伺服电动机的控制绕组上。同时，在伺服电动机的激磁绕组中，还加有从 135Hz 振荡器直接输出的 135Hz 基准信号（u_3）。

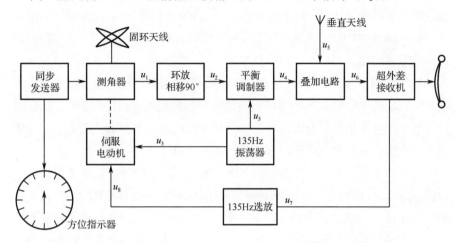

图 3-2-6　采用固环天线—测角器组件的无线电罗盘的工作原理框图

在这两个信号（u_8 和 u_3）的共同作用下，伺服电动机转动（其转动方向取决于这个两信号的相位关系），带动测角器的搜索线圈（转子）、同步发送器转子及方位指示器指针同步转动。当测角器搜索线圈的转动角度与无线电波入射角度 θ 相同（相当于单个横向环形天线转到使其方向性图最小值对准信标台）时，搜索线圈的感应电动势为零，伺服电动机控制绕组上控制信号消失，伺服电动机停止转动，方位指示器指针就指示出所测信标台的相对方位角。在整个测向过程中，伺服电动机、测角器的搜索线圈、同步发送器转子和方位指示器指针都在同步转动。

下面对环形天线机上安装与伺服电动机转动控制问题进行简要说明。

横"8"字形方向性图有两个零值点，且两者相差 180°。在实践中，生产厂家在制作环形天线时，采取措施使一个零值点稳定，另一个零值点不稳定，并将稳定的零值点做上标记（如在环形天线外部某端标上"前方"字样），以供用户辨认。

因此，在飞机上安装固环天线时，要求将稳定的零值点朝向机头方向，横"8"字形方向性图的纵轴（固环天线的电气中心线）与飞机纵轴方向应严格保持一致。其具体机上调整方法是：使无线电波由机头沿机身轴线方向射入，调整固环天线的电气中心线与飞机纵轴的相对位置，使方位指示器指示 0°。

伺服电动机有激磁绕组和控制绕组。其中，前者加基准信号，后者加控制信号。伺服电动机的转动由这两个信号的相对相位控制。当控制信号的相位超前基准信号 90° 时，伺服电动机正转（顺时针转动）；当控制信号的相位滞后基准信号 90° 时，伺服电动机反转（逆时针转动）；当控制信号消失时，伺服电动机停转。

在无线电罗盘中，135Hz 的振荡信号加到伺服电动机激磁绕组，其相位固定；罗盘接收机输出的 135Hz 包络信号加到伺服电动机控制绕组。该包络信号是一个可变相位信号。该相位信号在无线电波从机头右方射入（来波偏右）和从机头左方射入（来波偏左）时相差 180°。

无线电波在飞机机头右方射入（来波偏右），经 135Hz 选放输出后，相位前移 90°，这就使伺服电动机控制信号相位超前基准信号相位 90°，伺服电动机带动测角器的搜索线圈向右正转（顺时针转动），从而使搜索线圈的感应电动势逐渐减小至零为止。同理，也可以分析无线电波在飞机机头左方射入的情况。

2．机件组成与工作方式

目前，飞机上装载的无线电罗盘通常由以下四部分机件组成。

1）组合天线系统

组合天线系统又称复合天线系统，包括垂直天线、固环天线和测角器等。由固环天线和测角器（测角系统）产生的具有与单个横向环形天线相同的横 "8" 字形方向性图的感应电动势输入罗盘接收机中，与垂直天线的接收信号复合形成 M 型测向信号。

2）罗盘接收机

罗盘接收机为普通的超外差式报话两用接收机，具有很好的接收选择性和灵敏度，用于将接收的高频信号进行放大、变频、检波等处理而变换为含有方位信息的低频信号，并将其输出到自动定向控制电路中，以实现自动测向功能。

罗盘接收机还可单独与垂直天线连接，接收信标台发出的音频调制台站识别码及其他信息，并选择音频以供飞行员监听，或接收中波无线电广播信号等。

3）控制盒

控制盒由各种旋钮、开关组成，用来控制无线电罗盘各种工作方式状态

第3章 无方向性信标——无线电罗盘测角系统

的转换、波段转换和调谐,进行波道预选、频率选择和远、近台的转换控制等。

4)方位角度指示器

方位角度指示器通过同步发送器与罗盘接收机的测角器相连,用指针指示出所测电台相对方位角的数值。

需要注意的是,机载无线电罗盘所指示的电台相对方位角是以飞机纵轴为基准,顺时针量到飞机与信标台连线(方位线)所形成的夹角。要获得飞机相对于信标台的磁方位角,还必须知道飞机的磁航向角,此时就要与磁罗盘的航向指示器相结合。另外,为了获取读数的方便,飞机上常把磁罗盘与无线电罗盘的指示部分组合在一起,称为无线电磁指示器(RMI)。

无线电罗盘有以下几种工作方式(工作状态)。

(1)自动定向:由垂直天线和环形天线同时接收信号,可自动测出电台相对方位角,这是无线电罗盘的主要工作方式。

(2)接收机:只由垂直天线接收信号(环形天线信号通道断开),可作为普通超外差接收机使用,收听中波广播电台信号。另外,当飞机上超短波或短波通信失效时,在接收机工作方式下,无线电罗盘可作为备用通信设备与地面信标台进行通信,单向收听地面信标台(处于调幅话方式)的指挥话音信号。

(3)自检:按下自检按钮时,无线电罗盘进入自检工作方式,若无线电罗盘工作正常,则无线电罗盘方位指示器上应指示规定的自检方位角度值(如135°)。

(4)人工定向:只由环形天线接收信号(垂直天线信号断开),经人工操纵无线电罗盘控制盒才能测出电台相对方位角,这是无线电罗盘的辅助工作方式。

如果无线电罗盘上设有人工定向工作方式,那么作为无线电罗盘的辅助工作方式,当无线电罗盘自动定向电路发生故障无法实现自动定向时,可进入人工定向工作方式,即利用控制盒上手动定向开关扳动环形天线转动,通过耳机中听到的最小信号来确定信标台方位。无线电罗盘在人工定向工作方式时,可能出现180°定向误差,要配合其他仪表设备加以判别。如果无线电罗盘上设有自检工作方式,则可利用该工作方式对无线电罗盘进行检测,判断无线电罗盘工作是否正常。

3.3 系统应用特性分析

3.3.1 系统简单评价

无方向性信标—无线电罗盘测角系统是一种陆基、振幅式近程无线电测向（定向）系统。在无方向性信标—无线电罗盘测角系统中，地面的无方向性信标采用无方向性天线，全向地向空中发射垂直极化方式的无线电测向信号及台站识别码），而机载无线电罗盘采用组合方向性天线系统（环形天线、测角器和垂直天线）接收该信号，并通过最小值法自动测出飞机相对于信标台（电台）的角度信息——电台相对方位角和电台方位角，进而通过两个地面地理位置坐标确定已知的信标台位置，利用 θ-θ 定位方式对飞机实施导航。该系统工作于中、长波波段（典型工作频率为 100～1 800kHz，对应工作波长为 3 000～167m）。无线电波通过地波和天波传播方式进行传播，其作用距离（一般在 500km 之内，典型值为 250～350km）由地面信标台发射功率及罗盘接收机灵敏度决定。该系统可用于引导飞机归航飞行、出航飞行和沿航路（航线）飞行。

无方向性信标—无线电罗盘测角系统具有如下很多优点。

（1）无线电罗盘可以连续、自动地测出电台方位角，使飞行员直接掌握自己所处的方位而处于主动地位。

（2）该系统在测向时机上设备只接收信号、不发射信号，便于隐蔽活动。一个地面无方向性信标理论上可供无数架飞机同时定向，工作容量不受限制。

（3）无线电罗盘设备简单，当地面信标台受到袭击或其他紧急情况下有故障时，可以利用遍布各地的中波广播电台进行测向。

无方向性信标—无线电罗盘测角系统鉴于以上优点，获得了广泛应用。无线电罗盘被装备在各种类型的飞机上。许多国家都建立了很多地面信标台。

无方向性信标—无线电罗盘测角系统也存在如下一些比较明显的缺点。

（1）该系统测向精度不高，一般有 1°～3°（2σ）的测向误差。无线电波在传播条件恶劣的环境中的传播误差会更大些。

（2）该系统采用最小值法定向，易受干扰影响，加上夜间效应、山地效应等情况，使其应用受到限制。

（3）对于用伺服电动机带动测角器（或环形天线）转动实现测向的无线

电罗盘，由于它的惯性较大，且飞机机头方向总是不断变化的，所以其方位指示器指针在正常情况下有轻微摆动。

另外，在这种导航方式中，地面指挥员不了解空中飞机位置，不能随时掌握空中情况；信标台有被敌人利用或假冒的危险；当该系统进行着陆引导应用时，无线电罗盘定向有误差。所以，该系统只能用于飞机非精密进近、着陆引导。

几十年来，无线电罗盘的应用性能不断改进。例如，无线电罗盘可预调地面多个信标台频率；其方位角度信号输出形式多样，便于与飞机上其他设备进行交联；两个互相垂直的环形天线感应信号被直接进行正交调制处理，避免了测角器（或环形天线）的转动；具备自检功能；灵敏度被提高；导航距离可达数百千米；其体积、质量、功耗大大减小等。但无线电罗盘在定向精度方面提高不大。

无方向性信标—无线电罗盘测角系统及其导航方式还将被继续使用下去。

3.3.2　系统定向误差分析

在使用无线电罗盘定向时，将会出现一定的定向误差（有时还相当大），其原因是多种多样的。有的定向误差是无线电罗盘本身造成的，如电路结构不合要求或调试不当等，经过认真校准可使其减至最小甚至完全消除。有的定向误差是地面信标台发射的无线电波在传播过程中受传播介质的影响而发生畸变造成的。还有的定向误差是干扰造成的。下面就对定向误差进行简要分析。

1. 极化误差

1）产生原因

无方向性信标发射的正常平面极化波在经过电离层反射后，到达接收点时可能变为椭圆长轴为任意倾斜的椭圆极化波。这个椭圆长轴的倾斜角度将随电离层状态的变化而变化，当接收点存在经电离层反射后的天波时，环形天线的方向性图会发生变化，从而使系统在测向产生误差。这种由于接收非正常极化波而产生的误差称为极化误差。

白天，一般中波波段天波全部被电离层 D 层吸收，这时只存在地波，不存在极化误差；夜间，D 层消失，中波波段的天波被电离层 E 层反射，出现极化误差。所以,极化误差又称夜间效应或夜间误差。

当飞机与信标台的距离较小时,无线电罗盘的环形天线接收的主要是地波,极化误差可以忽略不计。随着该距离的增大,环形天线接收的天波逐渐增强,地波则逐渐减弱,极化误差逐渐加大。由于电离层不稳定,特别是黄昏和拂晓时电离层变化激烈,产生的极化误差也激烈变化,造成方向指示器指针摆动,有时可使方向指示器指针摆动达±90°。当该距离继续增大时,极化误差反而减小。这是因为在该距离很大,接近一次反射的最大传输距离(约为2 000km)时,环形天线接收的只有天波,极化误差也接近于零。

需要指出的是,如果系统应用短波测向,极化误差无论在白天或夜间都将出现。

2)消除极化误差的途径

(1)利用超短波波段。当无方向性信标发射的是超短波时,电离层对此波无反射,但系统作用距离会变短。

(2)系统在测向时只利用地波,并设法分离天波与地波,而不利用天波。系统可以利用地波和天波的传播时间不同而加以区分。

(3)采用无极化误差的天线。经理论分析可知,无线电波在传播时,电场水平分量的存在将引起极化误差。从产生的原因来看,电场水平分量可以由发射天线产生,也可以由无线电波在传播途径中经电离层反射使极化平面发生转动而产生。在一般情况下,上述两个因素总是存在的,特别是在系统远距测向时。因此,为了有效防止极化误差,可以采用无极化误差的天线。

2. 天线效应

环形天线可以从中间分成两个对称的部分。这两部分的参数应完全相同。如果这种对称性被破坏,则在环形天线中,除了产生带有方向性的基本电动势外,还将附加一个无方向性电动势,这将使环形天线的方向性图发生畸变,从而使系统在测向时产生误差,这种现象称为天线效应。环形天线的两个垂直边与地不对称(或与飞机的机身不对称),使它们对地的分布电容不相等或环形天线与高频放大器的连接不对称,这都可产生天线效应。在这种情况下,当环形天线对准信标台时,环形天线输出信号不再为零。

将环形天线因上述不对称的情况而产生的信号分解成两个分量:一个分量与环形天线基本电动势同相,另一个分量与环形天线基本电动势相差90°。

可见,前者使环形天线的方向性图最小值偏移;后者使环形天线的方向性图最小值模糊。

为了减少天线效应的影响,应使罗盘接收机前端对称,并将环形天线中心点接地。

3. 二次辐射

当无线电罗盘装上飞机后,金属机体及无线电罗盘周围金属物体会产生二次辐射电波。在这个二次辐射电波的作用下,环形天线接收的从信标台发射的无线电波会发生畸变,从而造成无线电罗盘定向误差,该误差称为无线电罗差。分析表明,无线电罗差的变化规律为四次曲线,如图 3-3-1 所示,即当飞机绕信标台转 360° 时,无线电罗差将出现 4 次零值、2 次正的最大值和 2 次负的最大值。无线电罗差在使用前都经过严格校验,要么对其进行补偿,要么通过制成的专门罗差曲线对其进行修正。

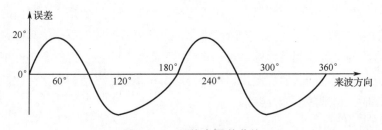

图 3-3-1　无线电罗差曲线

4. 山地效应

信标台由于工作频率低,所以其发射的无线电波波长较长、绕过障碍的能力比较强,一般的地形起伏对此无线电波传播的影响不大。但高大山峰或山峦对此无线电波传播将产生影响,从而使无线电罗盘产生定向误差或方向指示器指针摆动,这种影响称为山地效应。当无线电波只从山顶绕射过去时,对无线电罗盘定向几乎不产生影响。但无线电波从山的一侧或两侧绕过去时,无线电罗盘将产生绕射定向误差,如曾产生过 8° 的绕射定向误差。当信标台工作频率一定时,山的范围越大、高度越高,无线电罗盘产生的定向误差就越大。但当飞机高度超过山顶一定距离以后,绕射定向误差将消失。

山峰对无线电波的反射是无线电罗盘产生定向误差和方向指示器指针摆动的主要原因。无线电波在遇到山峰将产生反射,改变传播方向。无线电罗盘如果同时收到直射无线电波和反射无线电波,则无线电罗盘测出的方向可能介于只接收直射无线电波时所测出的方向和只接收反射无线电波时所测出的方向之间。无线电罗盘如果接收的反射无线电波不是一条，而是不同方向的几条，则将产生更大的定向误差。由于飞机不断运动，反射无线电波的条件不断变化，方向指示器指针将出现摆动。

山地效应的强弱与多种因素有关：当信标台工作频率越高时，山地效应越强；当山峰越高、山势越陡峭时，山地效应越强；当地下有金属矿物时，山地效应越强，对无线电罗盘定向影响更为复杂；当飞机穿行于山谷时，山地效应越强；而当飞机高出山顶（2~3）λ 时，山地效应几乎消失。例如，某机场 150km 外便是高达 1 700m 的山地，当飞机以 3 000m 高度飞行时，在平原地区，方向指示器指针有±3°的摆动（属于允许范围）；当飞机飞至山区边缘时，方向指示器指针摆动范围增大为±10°；当飞机在山区上空飞行时，方向指示器指针的摆动范围又缩减为±5°。上述情况说明，山区边缘地带山地效应最明显。

当飞机在山区低空飞行时，如果忽视山地影响，只依据一次测出的方位确定航向，就可能危及飞行安全。为此，应参考其他导航数据推算位置以进行检查，并尽可能利用地标。对于某些重要地区，可在良好气象条件下，将不同方位上的定向误差测出来，作为导航资料备查。当信标台选择较低的工作频率时，山地效应明显减弱。

5．夜间效应

在信标台的工作频率范围内，由于电离层对无线电波的吸收在白天比在夜间要强，天波信号受到很大衰减，所以白天在 370km 距离以内无线电罗盘仅接收到地波信号。由于无线电波在电离层的损耗在夜间比在白天小，从电离层反射下来的天波分量较强，因此系统在做远距离测向时，将产生两个不良影响：第一，无线电罗盘同时接收地波和天波使测向信号产生衰减，从而使寻找最小感应点的位置很困难；第二，接收天波给测向带来定向误差，一般为 4°左右，在最不利的情况下可能高达 90°。上述影响有时单独出现，有时同时出现。这种夜间测向出现的定向误差使导航距离缩短的现象，称为夜间效应。

一般来讲，天波越强，无线电罗盘产生的定向误差越大。由于电离层本身不稳定，它反射的天波的强弱和极化方向是随时变化的，这就使得方向指示器指针摆动以至于旋转。一般电离层对天波的反射在日落和日出时刻最强,因此天波最不稳定,夜间效应最为显著。通常,夜间效应使无线电罗盘产生的定向误差为 10°～15°,而在日落、日出时刻该定向误差为 30°～40°。

夜间效应与距离有关。当飞机距信标台较近时,地波很强,天波不存在或相对较弱,这时无线电罗盘定向正常。当飞机距信标台较远(对于 50W 信标台来说,超过 100～150km)时,地波减弱,而天波相对增强,无线电罗盘产生的定向误差加大,有效导航距离缩小。其实,白天也会出现夜间效应,当飞机离信标台很远时,信标台发射的低仰角信号进入电离层较浅,被电离层吸收得少,也可返回地面,而地波也很弱,因此无线电罗盘产生定向误差。在高纬度地区,太阳照射弱,电离层吸收小,夜间效应较为显著。

要克服夜间效应是困难的。例如,可以采用不接收平面极化波的天线,但要使这种天线达到环形天线同样的接收能力,就要使这种天线具有较大的尺寸,从而使机上无法安装这种天线;加大信标台的发射功率,固然可以增强地波,但天波也会增强,因此这并不能改善无线电罗盘定向效果。一般应选用距离飞机较近的信标台,或者选用较低的信标台工作频率(电离层对频率较低的无线电波吸收较大,使天波减弱),以便削弱夜间效应的不利影响。

6. 干扰

无线电罗盘工作在中、长波时,各种干扰比较严重,加上无线电罗盘本身对干扰非常敏感,因此干扰对无线电罗盘定向影响很大。干扰按来源可分为电台干扰、天电干扰和工业干扰。

在中频范围内,会有专业信标台及其他专业电台,尤其是广播电台(数量多且功率大)。这些信标台或电台都可对无线电罗盘定向形成干扰,并可造成几十度的定向误差。当干扰很强时,无线电罗盘可能指向干扰台。夜间,电离层对中波吸收小,很远的干扰信号都可到达飞机,从而使夜间的干扰比白天的干扰对飞机的影响更为严重。例如,在距 150kW 广播电台 3～4km 处,场强约为 1 000mV/m,而 500W 信标台在同样距离上的场强仅有几十 mV/m,相差近 20 倍。这时,要使无线电罗盘定向正常,必须使信标台工作频率与广播电台工作频率相差 30kHz 以上。另外,相邻信标台在工作频率间隔过小时,也会互相干扰。这时,无线电罗盘应确切分辨信标台的识别信号,以免发生定向判读错误。

天电干扰包含雷电干扰和静电干扰。雷电干扰在耳机中能形成较大的"喀喀"声,也会使无线电罗盘产生很大定向误差和方向指示器指针摆动。雷电干扰具有时间短暂的特点,通常不难被识别。

当飞机在云中高速飞行时,飞机蒙皮会因与云层摩擦而带电,且在放电时会形成静电干扰。另外,带电云层之间的中和放电也会形成静电干扰。静电干扰将使无线电罗盘产生定向误差和方向指示器指针摆动。合理的飞机结构设计可使静电干扰减弱,但使其全部消除是困难的。如有可能,飞机最好避开在带电云层飞行,或者不用无线电罗盘而要求地面定向台定向,这是因为天电干扰对超短波影响很小。

工业干扰主要是电动机、发电机、内燃机点火系统、电气机车、电焊机、电疗仪等电气设备的火花放电造成的。它们发射的多是垂直极化波,易对无线电罗盘形成干扰。但这种干扰只在干扰源附近(如城市工业区)才能造成明显定向误差。机场附近高压电气设备开、关时形成的干扰对飞机的空中飞行影响不大,但会引起着陆飞机上的无线电罗盘产生定向误差。为了克服工业干扰,首先在机场附近尤其在跑道中心延长线上要严格控制高压电气设备的敷设和安装;其次对那些已证明会严重影响无线电罗盘定向的电气设备要加以屏蔽。

此外,信标台工作频率和识别信号是容易被敌人掌握的。当飞机在国境线附近飞行时,应特别警惕敌人假冒的可能性。

复习题

(1)简述无方向性信标(NDB)的安装位置、工作频率范围、三种工作方式、垂直面内方向性图特点等应用特性。

(2)试分析说明无方向性信标—无线电罗盘测角系统的导航功能。为什么说该系统可用于机上定位?

(3)当飞机飞向、飞临和飞离无方向性信标(NDB)时,机载无线电罗盘的方向指示器指针分别将如何指示?试简要分析说明之。

(4)试说明电台方位角、电台相对方位角的含义,并画图图解之。

(5)试推导环形天线感应电动势表达式:

$$e_{环} = E_m \cos\omega t = E_{m\max} \sin\theta \cos\omega t = \frac{2\pi\mu Nbh}{\lambda} E_0 \sin\theta \cos\omega t$$

并说明该公式中每个符号的含义。

(6)写出环形天线的方向性表达式,画出环形天线在极坐标系中的方向性图,并简要说明其含义。

(7)设垂直天线位于环形天线中心轴线位置,试用矢量分析法图解无线电波右来、左来时环形天线和垂直天线感应电动势间的相位关系。

(8)对照图 3-2-3,写出无线电罗盘中环形天线输出信号 e_2、垂直天线输出信号 e_1 及叠加电路输出信号 e_1+e_2 的表达式。设无线电罗盘天线附近的信号电动势为 $e_0 = E_m \cos \omega t$。

(9)简述无线电罗盘固环天线—测角器组件(测角系统)的结构组成,并对比该组件搜索线圈输出信号与单个横向环形天线输出信号的表达式,说明该组件的作用。

(10)结合无线电罗盘的原理组成框图,试分析其自动定向工作原理。

(11)机载无线电罗盘有哪几种主要工作方式?

第4章

无线电高度表测高系统

4.1 概述

4.1.1 无线电高度表功用与分类

1. 无线电高度表功用

无线电高度表（Radio Altimeter，RA）是飞机上必备的一种无线电导航设备，是一种自主式（自备式）、频率调制或脉冲调制的无线电测高（测距）系统，用于测量并指示出飞机距离地面或水面的垂直高度（距离），也就是飞机相对于地面（水面）的高度（Above Ground Level，AGL），通常称为真实高度，如图 4-1-1 所示。

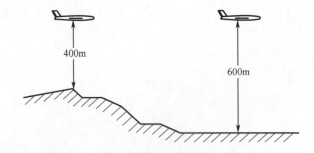

图 4-1-1 无线电高度表测高示意图

无线电高度表与气压高度表不同，主要用于飞机在低空飞行中的真实高度测量和预置警告高度（决断高度，Decision Height，DH）声音和灯光告警。无线电高度表测量高度是以在空气中传输的无线电波为媒介的，且不受大气

第 4 章 无线电高度表测高系统

条件变化的影响,测量精度高,对于保证飞机的飞行安全至关重要。无线电高度表与仪表着陆系统相配合,对于飞机进近、着陆阶段的高度控制十分重要,并应用于飞机的精密进近和下滑过程。

无线电高度表的发射信号载频通常为 400~5 000MHz,采用频率调制或脉冲调制两种不同的信号调制方式。对于采用频率调制的无线电高度表,最小测量高度小,可达 0.5m,因此多用于飞机靠近地面或水面的低空(如 600m 以下高度)飞行引导,特别是用于飞机在进近、着陆飞行阶段的飞行引导。对于采用脉冲调制的无线电高度表,最小测量高度由调制脉冲宽度确定,例如,当调制脉冲宽度为 30ns 时,最小测量高度可达 4.5m。因此,采用脉冲调制的无线电高度表多用于较高高度的测量。

2.无线电高度表分类

1)按测高范围分类

基于测高范围的不同,无线电高度表分为低空无线电高度表和高空无线电高度表两类。通常,将测量 1 500m 以下高度的无线电高度表称为低空无线电高度表;测量 1 500m 以上高度的无线电高度表称为高空无线电高度表。

一般低空无线电高度表的测高精度优于高空无线电高度表的测高精度。低空无线电高度表对于保证飞机飞行安全至关重要,是飞机起飞、进近、着陆和特殊飞行(如超低空飞行)时的关键导航设备。高空无线电高度表通常安装在军用轰炸机上,对轰炸机完成对目标的轰炸任务具有重要作用。

2)按信号调制方式分类

按信号调制方式,无线电高度表分为频率调制式(调频式)无线电高度表和脉冲调制式无线电高度表。调频式无线电高度表又分为直接调频式无线电高度表和跟踪调频式无线电高度表两类。

4.1.2 无线电高度表机件组成与基本测高原理

1.无线电高度表机件组成

无线电高度表整套机件组成如图 4-1-2 所示。

1)收发机

收发机是无线电高度表的信号处理主机,通常由发射机、接收机、高度信号处理器、电源和机架等功能模块电路组成。

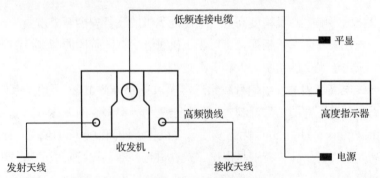

图 4-1-2　无线电高度表机件组成

2）高度指示器和平显

高度指示器和平显是无线电高度表的高度指示和操作控制部件，用于指示飞机的真实飞行高度数据，并控制、操作无线电高度表。根据机型不同，无线电高度表的高度指示和操作控制部件的配置会有所不同。

3）天线

无线电高度表有发射天线、接收天线各1个，通常采用小型化的平板微带结构天线。

4）高频馈线和低频连接电缆

无线电高度表根据装配的机型不同，通常采用不同长度的发射天线、接收天线、高频馈线和不同结构的低频连接电缆。

2. 无线电高度表基本测高原理

无线电高度表之所以能测量飞机真实高度，主要利用了无线电波传播的反射性、直线性和等速性。

当飞机飞行时，通过飞机上的无线电高度表的发射天线向地面（水面）发射频率调制或脉冲调制的无线电波信号，经地面（水面）反射后，被其接收天线接收，如图4-1-3所示。

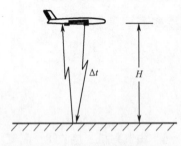

图 4-1-3　无线电高度表基本测高原理

由于无线电波在自由空间中传播的速度等于光速（近似为 3×10^8 m/s），所以无线电波从飞机到地面（水面）、再从地面（水面）到飞机的往返时间 Δt 对应的高度 H 为

$$2H = c\Delta t$$
$$H = \frac{1}{2}c\Delta t$$

从上式可以看出，只要测得无线电波往返时间 Δt，便可计算出高度 H。所以，无论对任何型号的无线电高度表，测高的关键问题就是如何测出无线电波从发射天线发出到接收天线接收之间的时间差（称为无线电波往返时间）Δt。

频率调制式（调频式）无线电高度表和脉冲调制式无线电高度表测量从飞机到地面（水面）、再从地面（水面）到飞机的无线电波往返时间 Δt，进而推算出飞机飞行的真实高度 H 的原理、方法有所不同。

4.2 频率调制式无线电高度表

4.2.1 直接调频式无线电高度表

1. 直接调频式无线电高度表测高原理

直接调频式无线电高度表的测高通常利用调频发射信号与反射信号之间的差拍频率（差频）进行高度（距离）测量。直接调频式无线电高度表的原理框图如图 4-2-1 所示。

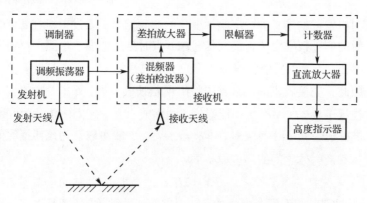

图 4-2-1 直接调频式无线电高度表的原理框图

在图 4-2-1 中，在发射机部分，由调制器产生频率调制信号，并将该信号通过调频振荡器、发射天线向地面（水面）发射调频信号；之后调频振荡器取出部分频率调制信号（直达信号）加到接收机部分的混频器；在混频器中，该直达信号与由接收天线接收到的地面（水面）反射信号（回波信号）

进行混频，得到这两个信号的差频信号，经差拍（差频）放大器、限幅器、计数器和直流放大器对该差频信号进行变换、处理，从而测量、计算出飞机到地面（水面）反射体的真实高度信息，并将其送往高度指示器进行指示。

直接调频式无线电高度表测高原理图解如图 4-2-2 所示。直接调频式无线高度表采用线性调频体制，并设发射机发射的调频信号中心频率为 f_0，调频后的最低和最高频率分别为 f_{01} 和 f_{02}，锯齿波调制信号的周期为 T_m，其中有效调频占用时间为 T_0'。

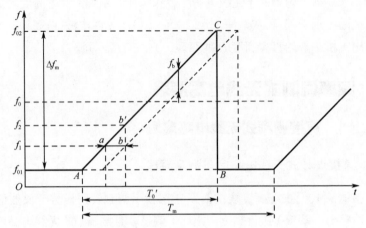

图 4-2-2　直接调频式无线电高度表测高原理图解

发射机发射的信号为频率线性变化的调频信号。设发射机在 a 点时刻向地面发射的信号频率为 f_1，而此信号在 b 点时刻从地面（水面）反射回来；设发射机在 b 点时刻发射的信号频率为 f_2，其直达信号分量与反射信号进行混频；因此，在接收机的混频器中将出现差频 $f_b = f_2 - f_1$。差频的大小与无线电波往返于载体（飞机）和反射体（地面或水面）之间的传播时间（τ，即无线电波往返时间 Δt）有关系，即 $\tau = t_b - t_a$。一般可以认为该传播时间仅取决于载体和反射体之间的高度 H，即

$$\tau = 2H/c \tag{4.2-1}$$

式中，c 为光速。假设不考虑载体运动引起的多普勒效应（忽略多普勒频移），由三角形 $\triangle ABC$ 和 $\triangle abb'$ 之间的相似关系得

$$\frac{f_{02} - f_{01}}{T_0'} = \frac{\Delta f_m}{T_0'} = \frac{f_2 - f_1}{\tau} = \frac{f_b}{\tau} \tag{4.2-2}$$

式中，$\Delta f_m = f_{02} - f_{01}$ 为调频信号的频率范围。由式（4.2-1）和式（4.2-1）可以得到载体与反射体之间的高度为

$$H = \frac{cT_0'}{2\Delta f_{\mathrm{m}}} f_{\mathrm{b}} \quad\quad (4.2\text{-}3)$$

当采用频率差测高时，必须有反射体，因此往往用来测量载体相对地面（水面）的高度。

2. 测高原理数学分析

从原理上来讲，发射机发射调频信号，其调制信号可以是任意周期性的时间波形函数，如正弦波、锯齿波、三角波等。考虑正弦调制应用较为普遍，分析较为方便，故下面采用正弦波调制的调频信号进行分析。

设调制信号为 $V_{\Omega} = V_{\mathrm{m}\Omega} \cos \Omega t$，被调制信号为 $V_{\omega 0} = V_{\mathrm{m}} \cos \omega_0 t$，则获得调频直达信号的表达式为

$$V_1 = V_{1\mathrm{m}} \cos\left(\omega_0 t + \frac{\Delta \omega_{\mathrm{m}}}{\Omega} \sin \Omega t\right) \quad\quad (4.2\text{-}4)$$

从发射天线发射出、经地面（水面）反射回来的信号（反射信号），被接收天线所接收。由于反射信号比直达信号在时间上滞后 $\tau = \dfrac{2H}{c}$，故反射信号的表达式为

$$V_2 = V_{2\mathrm{m}} \cos\left[\omega_0 t - \omega_0 \tau + \frac{\Delta \omega_{\mathrm{m}}}{\Omega} \sin \Omega(t - \tau)\right] \quad\quad (4.2\text{-}5)$$

为方便起见，令

$$\varphi_1 = \frac{\Delta \omega_{\mathrm{m}}}{\Omega} \sin \Omega t \quad\quad (4.2\text{-}6)$$

$$\varphi_2 = -\omega_0 \tau + \frac{\Delta \omega_{\mathrm{m}}}{\Omega} \sin \Omega(t - \tau) \quad\quad (4.2\text{-}7)$$

因此，直达信号与反射信号在接收机的混频器中线性叠加后的合成信号为

$$V = V_1 + V_2 = V_{\mathrm{m}} \cos(\omega_0 t + \varphi) \quad\quad (4.2\text{-}8)$$

其中，合成信号包络表达式为

$$V_{\mathrm{m}} = \sqrt{V_{1\mathrm{m}}^2 + V_{2\mathrm{m}}^2 + 2V_{1\mathrm{m}} V_{2\mathrm{m}} \cos(\varphi_1 - \varphi_2)} \quad\quad (4.2\text{-}9)$$

合成信号的相位为

$$\varphi = -\arctan \frac{V_{1\mathrm{m}} \sin \varphi_1 + V_{2\mathrm{m}} \sin \varphi_2}{V_{1\mathrm{m}} \cos \varphi_1 + V_{2\mathrm{m}} \cos \varphi_2} \quad\quad (4.2\text{-}10)$$

由上可知，合成信号的包络和相位均受反射信号相位 φ_2 的影响，即都隐含有高度信息。获得高度信息比较简单的方法是把合成信号送到接收机的幅

度检波器，利用幅度检波器非线性转换，检测出相应于合成信号的包络波形，从而得到高度信息。现将合成信号包络表达式改写为

$$V_\mathrm{m} = V_\mathrm{1m}\sqrt{1+\frac{V_\mathrm{2m}^2}{V_\mathrm{1m}^2}+2\frac{V_\mathrm{2m}}{V_\mathrm{1m}}\cos(\varphi_1-\varphi_2)} \qquad (4.2\text{-}11)$$

通常，地面（水面）反射信号的强度远远小于直达信号的强度，即 $V_\mathrm{1m} \gg V_\mathrm{2m}$，从而将式（4.2-11）简化为

$$V_\mathrm{m} \approx V_\mathrm{1m}\sqrt{1+2\frac{V_\mathrm{2m}}{V_\mathrm{1m}}\cos(\varphi_1-\varphi_2)} \qquad (4.2\text{-}12)$$

式（4.2-12）幂级数展开式为

$$V_\mathrm{m} = V_\mathrm{1m}\left[1+\frac{V_\mathrm{2m}}{V_\mathrm{1m}}\cos(\varphi_1-\varphi_2)-\frac{1}{2}\left(\frac{V_\mathrm{2m}}{V_\mathrm{1m}}\right)^2\cos^2(\varphi_1-\varphi_2)+\cdots\right]$$

忽略高次项，则

$$V_\mathrm{m} \approx V_\mathrm{1m}+V_\mathrm{2m}\cos(\varphi_1-\varphi_2) \qquad (4.2\text{-}13)$$

将 φ_1、φ_2 的表达式代入式（4.2-13），并运用三角函数和差化积公式，可得

$$V_\mathrm{m} = V_\mathrm{1m}+V_\mathrm{2m}\cos\left\{\omega_0\tau+2\frac{\Delta\omega_\mathrm{m}}{\Omega}\sin\frac{\Omega\tau}{2}\cos\left[\Omega\left(t-\frac{\tau}{2}\right)\right]\right\} \qquad (4.2\text{-}14)$$

令

$$\varphi_0 = \omega_0\tau = 2\pi f_0\tau = 2\pi\frac{c}{\lambda_0}\cdot\frac{2H}{c} = 4\pi\frac{H}{\lambda_0}$$

$$\varphi_\mathrm{m} = 2\frac{\Delta\omega_\mathrm{m}}{\Omega}\sin\frac{\Omega\tau}{2} \approx 2\frac{\Delta\omega_\mathrm{m}}{\Omega}\cdot\frac{\Omega\tau}{2} = \Delta\omega_\mathrm{m}\tau = 4\pi\frac{H}{\lambda_0}\cdot\frac{\Delta f_\mathrm{m}}{f_0} = 4\pi\frac{H}{\lambda_0}\xi \qquad (4.2\text{-}15)$$

式中，λ_0 是与调频信号中心频率 f_0 相对应的波长；$\xi=\Delta f_\mathrm{m}/f_0$，为调频信号最大相对频率偏移（简称最大相对频偏）。

可见，在合成信号包络的初相位 φ_0 和按正弦规律变化的相位分量的幅度 φ_m 中，均含有高度信息。

设 $t' = t-\dfrac{\tau}{2}$，利用式（4.2-14）、式（4.2-15）可重新将合成信号包络表达式整理为

$$V_\mathrm{m} = V_\mathrm{1m}+V_\mathrm{2m}\cos(\varphi_0+\varphi_\mathrm{m}\cos\Omega t') = V_\mathrm{1m}\left[1+\frac{V_\mathrm{2m}}{V_\mathrm{1m}}\cos(\varphi_0+\varphi_\mathrm{m}\cos\Omega t')\right] \qquad (4.2\text{-}16)$$

式中，V_m 为合成信号包络，类似于调幅信号的幅度。因此，可将直达信号与反射信号的合成信号 $V=V_\mathrm{m}\cos(\omega_0 t+\varphi)$ 送入接收机中的差拍检波器，并设检

波系数为 1，则在差波检波器的输出信号为

$$e_2 = V_{2m}\cos(\varphi_0 + \varphi_m \cos\Omega t) = V_{2m}\cos\varphi(t) = V_{2m}\cos\left[4\pi\frac{H}{\lambda_0}(1+\xi\cos\Omega t)\right] \quad (4.2\text{-}17)$$

由式（4.2-17）可见，似乎从 φ_0 中得到高度信息比较方便，但在实际应用中，由于没有基准相位进行比对，很难从 φ_0 中提取高度信息，所以只能从合成信号包络频率中提取高度信息，并以脉冲计数的方式得到高度值。

如果从合成信号包络频率中提取高度信息，则 φ_0 所携带的信息将被剔除，即在高度一定的情况下，合成信号包络频率信号的起伏变化不受 φ_0 的影响，完全由变化的相位 φ_m 引起，如图 4-2-3 所示。

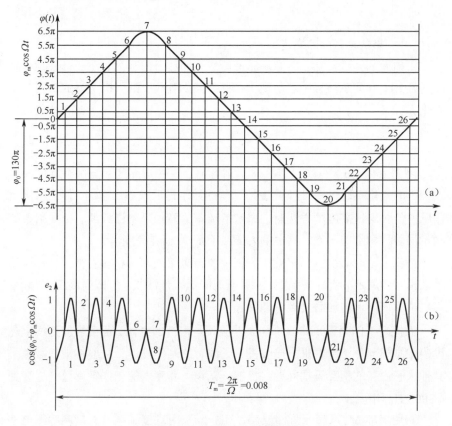

图 4-2-3　φ_0 和 φ_m 的解析图

由图 4-2-3 可见，信号相位起伏的大小取决于高度所影响的 φ_m，即在一个调制周期内相位起伏越大，则差拍检波器输出信号的变化越快，即过零点越多。可以通过脉冲整形或限幅的方法得到标准脉冲，从而将其用于计数。

假设奇数过零点为脉冲的开始,偶数过零点为脉冲的结束,在一个调制周期 T_m 内,φ_m 引起的相位变化范围是 $2\varphi_m$,则得到的脉冲数(已知最大相对频偏 ξ)为

$$N_t = \frac{2\varphi_m}{\pi} = \frac{8H}{\lambda_0}\xi \quad (4.2\text{-}18)$$

每秒钟的平均脉冲数为

$$N = \frac{N_t}{T_m} = \frac{8H}{\lambda_0 T_m}\xi \quad (4.2\text{-}19)$$

由此可以得到

$$H = \frac{N_t \lambda_0}{8\xi} = \frac{N T_m \lambda_0}{8\xi} \quad (4.2\text{-}20)$$

1)阶梯误差与临界高度

由前面的分析可知,高度是通过计量脉冲数目得到的。在一个低频调制周期 T_m 内,在测量过程中若出现一个脉冲量的变化,则飞机飞行的真实高度变化为

$$h_{cr} = \frac{\lambda_0}{8\xi} = \frac{c}{8\Delta f_m} \quad (4.2\text{-}21)$$

由式(4.2-20)可知,若载体(飞机)处在一定高度,当这个高度向上或向下的变化不超过 h_{cr} 时,高度指示器的显示是反映不出来的,即当采用上述脉冲计数测量高度的方法时,高度指示器的显示是阶梯式的。由此引入的测量误差称为阶梯误差,其范围为 $\pm h_{cr}$(h_{cr} 为临界高度)。

依据式(4.2-20),为了减少阶梯误差可以采取两种措施:其一,在保持最大相对频偏 ξ 不变的情况下,尽可能地降低工作波长 λ_0,即提高工作频率;其二,尽可能地增加最大频率偏移 Δf_m。

靠提高工作频率来降低阶梯误差应该是可行的办法,但会增加无线电高度表中高频部分(发射机、接收机、天线)的制作难度,且要考虑与载体上其他电子设备的相互干扰问题。目前,无线电高度表的工作频率已经提高到 4 300MHz 附近。

利用增加 Δf_m 来降低阶梯误差,在一般采用直接调频及间接调频的电路中实现存在相当大的困难,例如,增加 Δf_m 往往与提高调频振荡器的频率稳定度相矛盾,不容易保持线性调频特性,容易出现寄生调幅现象而不能保持输出波形包络恒定的特征。

总之,减小阶梯误差是以使电路复杂化为代价的,并受到各种条件的制

约。这种误差是由高度测量方法引入的原理性误差,只能减小,无法彻底消除。

2) 最小测量高度

由于测量飞机飞行的真实高度的准确度范围不会超过 $\pm h_{cr}$,即在 $0\sim 2h_{cr}$ 的高度范围内,不可能准确地给出飞机飞行的真实高度,因此最小测量高度为 $2h_{cr}$。

3) 最大测量高度

直接调频式无线电高度表存在着测量上限,一般只能用来进行低高度的测量。为了得到最大测量高度,要重新考察可变相位项,即式(4.2-15)。式(4.2-15)是在 $\Omega\tau/2$ 很小的情况下成立的。如果测量的高度很高,那么式(4.2-15)将不再成立,特别是当测量的高度增加到某个数值时,$\sin\dfrac{\Omega\tau}{2}=0$,此时合成信号的相位将不再变化,高度的测量值将变为零,对应的高度称为最大测量高度 $H_{\max}$。这时 $\Omega\tau=2\pi$,由于 $\Omega=2\pi F$,$\tau=2H/c$,因此得出 $H_{\max}$ 的表达式为

$$H_{\max}=\dfrac{c}{2F}=\dfrac{T_m}{2}c \qquad (4.2\text{-}22)$$

此处给出的最大测量高度为理论值,考虑在实际中实现的困难和非线性误差的影响,最大测量高度一般取 $(0.05\sim 0.1)H_{\max}$。

从以上分析可以看出,这种简单的直接调频式无线电高度表,其阶梯误差的降低及测高范围的扩展都受到一些因素的制约,需要改进或寻求新的技术途径加以解决。

4.2.2 跟踪调频式无线电高度表

直接调频式无线电高度表测高原理简单而具有代表性,但其测量方法引入的阶梯误差很难降低到令人满意的程度,极大限制了它的应用。

因此在直接调频方案的基础上,提出了不少改进措施,产生了各种类型的调频式无线电高度表,如具有旋转移相器的调频式高度表、双调频式高度表、调频深度渐增式高度表等。上述改进有其明显的共同点,即首先是从差拍频率的变化中提取高度信息;其次是以提高中心频率、增大相对频率偏移作为降低阶梯误差的主要手段,使这些高度表的工作频率由原来的 400MHz 左右提高到 4300MHz 左右,从而在不同程度上降低阶梯误差,提高测高精度。

但由于没有改变以差频 f_b 作为因变量的模式,因此当测量的高度由 $H_{\min}$ 变化到 $H_{\max}$ 时,f_b 将变化几万或几十万倍,这就要求这些高度表的接收机通

道必须有足够的带宽容许 $f_{b\min}$ 到 $f_{b\max}$ 及其附近的频谱成分通过，这将给在测量较高高度时微弱信号的检测带来很大困难。

因此，重新研究式（4.2-2），探索改变因变量的高度测量方法，即

$$f_b = \frac{\Delta f_m}{T_m}\tau \Rightarrow \frac{f_b T_m}{\Delta f_m} = \tau = \frac{2H}{c} \tag{4.2-23}$$

式中，f_b 为直达信号与反射信号之间的差频；T_m、Δf_m 分别为调频信号的周期和最大频率偏移量。对式（4.2-23）进行分析，考虑是否可以把 H 变化引起的 f_b 变化，转嫁到其他参数的变化上去。例如，保持 f_b 近似不变，进而使 T_m 或 Δf_m 做相应的变化，而高度信息从 T_m 或 Δf_m 中提取。

若高度信息从 Δf_m 中提取，由于 Δf_m 取决于调频信号的幅度，因而应使锯齿波或正弦波的幅度随 H 的变化做相应的改变。这就要求调制器有足够大的动态范围，从而加大了调频振荡器的制作难度，也大大扩展了信号频谱，使测高系统的实现难度及复杂程度明显增加。

若高度信息从 T_m 中提取，即当高度发生变化时，T_m 做相应的变化，而保持 Δf_m 近似不变，则接收机可以采用窄带放大器，以利于提高接收机的灵敏度、抑制外部干扰与内部组合频率的干扰，以及弱信号的检测。

但是，T_m 是发射机中的参数，而高度信息是蕴含在接收机所接收的信号中的，这就必须用接收信号中表征高度信息的参数去控制调制周期 T_m，使其随高度的变化而变化。显然，这就要求整个测高系统必须是一个闭环的跟踪、控制系统。跟踪调频式无线电高度表就是采用此种原理的典型系统。

1. 简要测高原理

跟踪调频式无线电高度表又称恒定差拍（固定差拍）调频式无线电高度表。跟踪调频式无线电高度表测高原理如图 4-2-4 所示。其中，振荡源是一个压控振荡器（Voltage Controlled Oscillator，VCO）。当它收到锯齿形电压的激励后便输出被调频的射频信号并通过发射天线发射出去。在经过时间 τ 之后，此调频信号由地面（水面）反射回来被接收天线所接收。发送信号的瞬时频率与接收信号的瞬时频率是不同的，这两个信号瞬时频率的差值为差拍频率。

$$f_b(t) = f(t) - f(t-\tau) = \tau \frac{df}{dt} \tag{4.2-24}$$

在跟踪调频式无线电高度表中，不管高度如何变化，都要使 f_b 和 Δf_m 一直保持不变，唯一与高度成比例变化的参数是发射信号频率的调频速率，即

调制周期 T_m，有

$$T_m = \tau \frac{\Delta f_m}{f_b} \quad (4.2\text{-}25)$$

如果认为调频信号的频率变化规律是线性的，延迟时间 τ 取决于载体的高度和高频馈线等引入的延迟 τ_i，则有

$$\tau = \tau_i + \frac{2H}{c} \quad (4.2\text{-}26)$$

$$T_m = \frac{2H}{c}\frac{\Delta f_m}{f_b} + T_i \quad (4.2\text{-}27)$$

式中，$T_i = \tau_i \dfrac{\Delta f_m}{f_b}$。可以看出，在 Δf_m、f_b 不变的情况下，调制周期 T_m 直接响应于高度的变化。

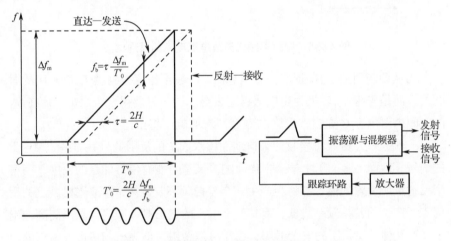

图 4-2-4　跟踪调频式无线电高度表测高原理

2. 跟踪环路结构

整个跟踪调频式无线电高度表可视为一个大的跟踪环路。如图 4-2-5 所示，来自发射部分的直达信号与来自地面（水面）的反射信号在混频器（差拍检波器）混频、检波之后，成为差拍信号，然后送入增益随高度变化而变化的差拍信号放大器，并保证经低通滤波器之后送入跟踪鉴频器的信号幅度基本保持不变。

若送到跟踪鉴频器的信号的差拍频率太高或太低（相应于高度变化的不同），则跟踪鉴频器将产生一个正或负的误差电压，对其积分、放大后，去控制调制器的锯齿波发生器产生锯齿波信号。这个锯齿波信号的斜率受控于

误差电压,即当误差电压变化时,锯齿波信号的 T_m 将发生变化。这样高度的变化最终引起了调制周期 T_m 的变化。

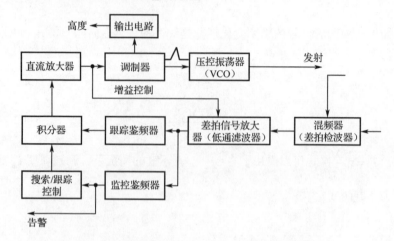

图 4-2-5　跟踪调频式无线电高度表的原理框图

当从调制周期 T_m 中提取高度信息时,一般不是直接测量 T_m 所对应的时间的,而是先将 T_m 转换为电压值再送去显示的。只要用一个恒定电流在 T_m 的时间内对电容 C 充电,最终电容 C 两端的电压将正比于充电时间 T_m。

一般来说,接收机接收的来自地面(水面)的反射信号并非是"单一"的信号。地面(水面)上一个相当大的区域都可能有信号能量的反射,而每个反射点所反射的信号都将会产生一个差拍频率。显然,距离飞机最近的反射点所产生的差拍频率最低,而其他反射点的差拍频率较高。基于测高准确度及对载体(飞机)的安全考虑,通常总是希望知道飞机与最近反射点的距离。为此,特别在差拍信号放大器中加入了低通滤波器,以滤除差拍频谱中不需要的较高频谱分量,尽可能得到飞机与最近反射点的距离。

4.3　脉冲调制式无线电高度表

4.3.1　功能模块组成与工作原理简介

与频率调制(调频)式无线电高度表一样,脉冲调制式无线电高度表也用于测量飞机距离地面(水面)的垂直高度(最近距离)。它是通过测量脉冲信号由发射机发送到地面(水面),再由地面(水面)反射回接收机的传播延迟时间来测定高度的。它的测高原理与普通测距雷达的基本相同。因此,

第 4 章　无线电高度表测高系统

脉冲调制式无线电高度表又称雷达高度表，只是此时的反射体变成了地面（水面），而不再是空中的目标。

脉冲调制式无线电高度表的原理框图如图 4-3-1 所示。它由发射天线、接收天线、发射机、接收机、距离计算器、高度指示器等机件和功能模块构成。

1. 发射天线和接收天线

发射天线用于将发射机产生的射频脉冲信号向地面（水面）发射；接收天线用于接收地面（水面）反射回来的射频脉冲信号。

在一般情况下，脉冲调制式无线电高度表发射天线和接收天线的波束宽度为 $50°×60°$，增益为 10dB，两个天线间距为 0.76m，有 85dB 隔离度。两个天线间距要设置成在低高度测量时隔离度损耗大于地面回波损耗。在低高度测量时，要借助灵敏度距离控制机制来降低测高环路的灵敏度，以使脉冲调制式无线电高度表检测到的是地面（水面）反射波，而不是发射天线的泄露信号。

2. 发射机

发射机用来产生具有一定重复频率和足够功率的射频脉冲，再通过发射天线将其向地面（水面）发射，同时向距离计算器输出作为延迟时间测量基准的 T_0 脉冲。

发射机由脉冲重复频率（Pulse Repetition Frequency，PRF）产生器、调制器、腔体振荡器、时间基准信号（T_0 脉冲）产生器和脉冲宽度转换电路（方波产生器）等功能电路组成。

PRF 产生器产生特定重复频率（如 10kHz）的激励脉冲，以控制调制器产生特定宽度（如 30ns、110ns）的高压调制脉冲去控制腔体振荡器的工作；腔体振荡器产生特定载频（如 4 300MHz）、功率（如 100W）的脉冲包络射频信号，传输给发射天线，再向地面（水面）发射。此射频信号的一部分还经检波器检波后作为时间基准信号（T_0 脉冲），经放大后加到距离计算器。

脉冲宽度转换电路可以随测量高度范围不同自动转换调制脉冲的宽度，如在 300m 以下发射 30ns 的窄脉冲，在 300m 以上发射 110ns 的宽脉冲，以保证在低高度测量时的测量精度和高度测量时有足够的信号能量反射。

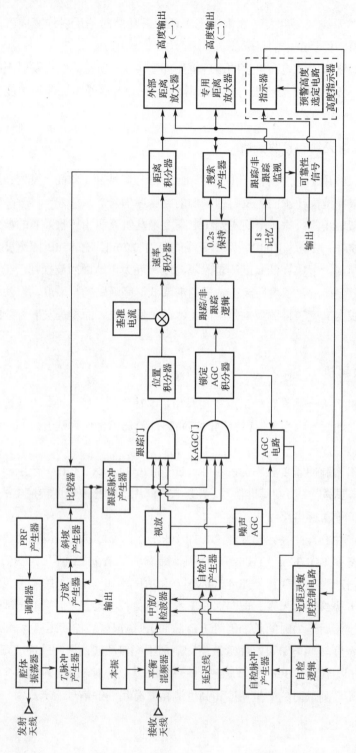

图4-3-1 脉冲调制式无线电高度表的原理框图

在一般情况下,对于脉冲调制式无线电高度表,测量高度范围取决于发射脉冲的重复周期;最小测量高度取决于脉冲宽度;测高精度则由对脉冲前沿的测量精度及设备噪声决定。

3．接收机

接收机用于将接收天线接收的地面(水面)反射回来的射频信号进行变换和放大,处理成回波脉冲信号,输出至距离计算器。

接收机由本地振荡器(简称本振)、平衡混频器、中频放大器(简称中放)、检波器、视频放大器(简称视放)、自动增益控制(Automatic Gain Control,AGC)电路和近距灵敏度控制电路等功能模块组成。

当脉冲调制式无线电高度表工作时,从接收天线接收的地面(水面)反射的射频信号由高频馈线馈送到接收机的平衡混频器,同时由本振产生的特定频率(如 4 300MHz)的连续波信号,也加到平衡混频器中。平衡混频器的带宽通常较大(如 200MHz)。这样大的带宽是为了不降低回波脉冲的前沿陡度。平衡混频器将本振信号与回波信号进行混频,产生的双极性视频回波脉冲信号加到中放先进行放大,再由检波器变为单极性的回波脉冲信号,经视放放大后输出至距离计算器。中放增益受 AGC 电压和近距灵敏度控制电压控制,以保持输出信号幅度的稳定,防止云雨和泄露信号的干扰。

4．距离计算器

距离计算器主要用于接收由发射机输送来的 T_0 脉冲和由接收机输送来的回波脉冲,并测定两个脉冲之间的时间间隔,产生出正比于此时间间隔的直流电压作为高度电压信号,输送至高度指示器。

距离计算器有搜索、跟踪和自检三种工作状态。

在没有接收到回波脉冲时,距离计算器进行搜索扫描,自动调节跟踪脉冲与回波脉冲重合。当连续收到 20 个左右具有一定幅度的回波脉冲时,距离计算器就转到跟踪状态,距离积分器的输出电压就对应着回波脉冲的位置,即高度。若飞机爬升或下降,则跟踪脉冲与回波脉冲重合面积减小,产生的负或正误差信号使跟踪脉冲后移或前移,以增大这个重合面积,直到误差信号为零。

若某些原因使回波脉冲瞬时丢失,则距离计算器在 0.2s 后启动搜索产生器开始搜索,同时使输出的高度信号保持丢失回波脉冲前的大小,记忆时间为1s。在记忆时间内，若回波脉冲又被接收，则距离计算器继续转入跟踪状态，从而使输出的高度信号保持稳定连续。若1s内，无回波脉冲出现，则距离计算器转入搜索状态，同时断开可靠性信号电压。

距离计算器自检方式是为验证脉冲调制式无线高度表工作状态好坏而设置的一种检查手段，如自检正常则表示脉冲调制式无线高度表处于正常工作状态。当由人工将高度指示器上的自检按钮按下时，自检电路工作，产生自检脉冲，经过特定自检高度（如30m）对应的延迟时间后加到平衡混频器，并经中放/检波器、视放后加到距离计算器，相当于接收到了特定自检高度（如30m）的回波脉冲一样。这样，除接收天线、发射天线及其馈线外的其他所有电路都得到了检查。

5．高度指示器

高度指示器主要用于将距离计算器输送来的高度电压信号进行转换、处理，向飞行员提供高度信息，并选定预置警告高度数值。

高度指示器由表头放大器、毫安电流表、光电放大器及预警高度选定电路等组成。当高度电压信号加到高度指示器时，表头放大器将其按比例转换成电流，驱动电流表指示出飞机的飞行高度。当有可靠性信号加到高度指示器时，高度指示器正常工作；一旦此可靠性信号失去，则高度指示器将显示出一个告警小红旗，表示脉冲调制式无线高度表失去了跟踪功能。

预置警告高度的选定是通过在高度指示器正面的一个旋钮和一个预选高度指针来实现的。当飞机飞行高度低于所选定的预置警告高度时，高度指示器内的光电放大器工作，并点亮红色告警信号灯。

高度指示器的刻度盘一般分成几段线性刻度，如 0～150m 和 300～1500m 两段线性刻度。其中，150～300m 段线性刻度为转换区；0～150m 段线性刻度大约要占刻度盘的一半，以提高低空测量时的高度指示能力和读数精度。

4.3.2 纳秒级脉冲调制式无线电高度表特点

从前，脉冲调制式无线电高度表的调制脉冲宽度只能做到微秒（μs）级，从而使该高度表的最小测量高度大。例如，调制脉冲宽度 τ_k 为 0.5μs 时，其最小测量高度为 75m，而 75m 以下高度则无法测知。这个无法测知的 75m 以下高度称为测高盲区。随着电子技术的发展，调制脉冲宽度已经可以达到纳秒（ns）级，这样就降低了最小测量高度，缩小了测高盲区。这种脉冲调制式无线电高度表称为纳秒级脉冲调制无线电高度表。它的测量精度等性能已经接近于调频式无线电高度表。

与普通的微秒级脉冲调制式无线电高度表相比，纳秒级脉冲调制式无线电高度表在调制脉冲宽度、脉冲前沿跟踪、距离灵敏度控制等方面采取了相应措施，因而得到了更好的测高性能和比较广泛的应用。纳秒级脉冲调制式无线电高度表具有的主要特点、功能如下。

（1）采用极窄的纳秒级脉冲调制，消除了脉冲测高（距）盲区，可以从零高度开始测高。

（2）由于脉冲极窄、上升前沿很陡，所以测高精度很高，不存在普通调频式无线电高度表所固有的测高阶梯误差。

（3）采用脉冲前沿跟踪技术，能够跟踪最近回波脉冲的前沿。当飞机在复杂地面（水面）上空飞行时，所测高度为最近点的高度，从而能够更好地保证飞机飞行的安全，克服了调频式无线电高度表采用天线照射面积上的平均高度所造成的测量偏差。

（4）由于采用脉冲调制，所以测量高度范围大，增加测高量程也容易实现。

（5）具有噪声自动增益控制、脉冲自动增益控制和距离灵敏度控制电路，能有效地抗云雨干扰，并能防止其跟踪天线泄露信号及飞机外挂物反射信号的影响。

（6）所设置的锁定 AGC 电路，使测高系统只有连续接收到 20 个左右的回波脉冲时，才进入跟踪状态，从而防止了瞬时大幅度信号的干扰。

复习题

（1）简述无线电高度表的功用和分类。

（2）无线电高度表通常由哪些机件组成？试总结每个机件的作用。

（3）结合图 4-2-1、图 4-2-2，说明直接调频式无线电高度表的测高原理。

（4）结合图 4-2-4、图 4-2-5，试总结跟踪调频式无线电高度表的测高原理。

（5）结合图 4-3-1，归纳脉冲调制式无线电高度表主要功能模块的工作原理。

第5章

塔康系统

5.1 概述

5.1.1 塔康系统组成与功用

1. 塔康系统发展简况

塔康是 TACAN 的音译,而 TACAN 的英文全称为"Tactical Air Navigation"(其意思是"战术空中导航")。塔康系统最大作用距离不超过 500km,是一种标准的军用近程测角-测距(ρ-θ)极坐标定位航空无线电导航系统。

塔康系统的发展与伏尔—地美依(VOR—DME)系统的发展是密不可分、相互促进的。伏尔—地美依系统是一种标准民用近程极坐标定位航空无线电导航系统。

伏尔(VHF Omnidirectional Radio Range,VOR)是"甚高频全向无线电信标"的简称。伏尔系统于1946年首先在美国研制成功并投入航空应用,1949年被国际民航组织(ICAO)采纳为国际标准近程飞机导航系统。自1949年以来,伏尔系统和技术不断完善、改进和发展。目前,伏尔(包括多普勒伏尔)系统仍在民航领域广泛应用。伏尔系统工作在108.00~117.95MHz甚高频频段,由伏尔地面信标和伏尔机载设备两大部分组成。其中,伏尔机载设备接收伏尔地面信标发射的 VHF 调制信号,利用调制包络信号(可变相位信号)与基准相位信号(固定相位信号)的相位差与伏尔方位角之间的一一对应关系,采用相位比较法测得伏尔方位角(θ)。

伏尔系统主要功能如下:

（1）测出伏尔方位角。

（2）人工预选伏尔航线，并给出偏离指示。

（3）给出向台/背台指示。

地美依（Distance Measuring Equipment，DME）是"距离测量设备"（测距器）的简称。地美依系统是在第二次世界大战期间随着雷达的出现而发展起来的。其中，10 频/10 码（10 个工作频率、10 种脉冲编码，提供 1000 个波道）测距系统在 1952 年被国际民航组织采纳，但没有得到广泛应用。1959 年，国际民航组织决定采用塔康系统的测距部分作为地美依的标准系统，这就是现今仍在民航领域广泛应用的地美依（测距器）系统。目前，在微波着陆系统（MLS）中应用的 PDME（或 DME/P），则是随着 MLS 运用而新开发的专用于与 MLS 联合工作，能够精密测量飞机与 PDME 地面台之间斜距的双脉冲、双模式（初始进近模式 IA，最后进近模式 FA）精密测距器。PDME 与地美依兼容。

地美依系统工作在 962～1 213MHz 超高频频段，由地美依地面信标、地美依机载设备两大部分组成，采用二次雷达询问/应答式双程脉冲测距原理进行测距；地美依机载设备发射经射频调制的询问脉冲对信号被地美依地面信标接收后，经过一个固定时间延迟再向地美依机载设备发射经射频调制的应答脉冲对信号；地美依机载设备接收到应答脉冲对信号后，测量出询问脉冲对信号与应答脉冲对信号的时间间隔，通过换算得到飞机与地美依地面信标台之间的斜距信息。

地美依系统主要功能如下。

（1）测出飞机与地美依地面信标台之间的斜距。

（2）测出飞机相对于地美依地面信标台的飞行速率、到台时间等信息。

伏尔系统测出伏尔方位角 θ，是测角系统；地美依系统测出飞机斜距 ρ，是测距系统。这样，在地面同一位置安装伏尔地面信标台和地美依地面信标台，在飞机上装备伏尔和地美依机载设备，就构成了 ρ-θ 极坐标定位系统，可实现 ρ-θ 定位。

伏尔系统工作频率低，伏尔地面信标台体积大、机动性差，伏尔系统测角精度较低。为满足军事应用机动性、高精度等需求，将伏尔系统工作频率提高到超高频频段，与地美依系统工作在同一频段；将伏尔地面信标天线的旋转心脏形方向性图改进为具有 9 个波瓣的旋转心脏形方向性图，并且使伏尔地面信标和地美依地面信标采用同一个天线，两者组合成一体，这样就构成了塔康系统。

塔康系统最初由美国军方主持研制。该系统在试验成功并正式装备美国空军部队后，于1955年夏天解密，并成为北大西洋公约组织（NATO）军用近程导航的标准系统。目前，塔康系统被世界各国军方广泛应用。

2．塔康系统基本组成

塔康系统由塔康信标和塔康机载设备两部分组成。塔康系统基本组成框图如图8-1-1所示。

塔康信标通常安装在机场跑道附近位置（跑道延长线上或跑道一侧）或地理位置坐标已知的某航路位置处，为塔康机载设备提供方位和距离测量信号以及台站识别信号，常被称为塔康地面信标或塔康地面设备。为了某些特殊用途，塔康信标也可安装在大型舰船（如航母、驱逐舰）上，轻型塔康信标还可安装在军用车辆上，它们分别称为舰载塔康信标和车载机动塔康信标。

塔康机载设备是塔康系统安装在飞机上的用户设备部分。塔康机载设备与塔康信标配合进行方位测量和距离测量，从而实现测向-测距（ρ-θ）极坐标定位，为飞行员提供位置数据。

根据以上所述和图5-1-1所示，塔康系统与地美依系统有许多共同之处。在组成上可以这样概略地说，塔康信标就是地美依地面信标加上塔康信标天线系统；塔康机载设备就是地美依机上询问器加上塔康测位装置。从功能上讲，塔康系统就是在保持同地美依系统相同的测距功能基础上，又增加了方位测量功能。

3．塔康系统功用

塔康系统与伏尔—地美依系统类似的导航功能如下。

（1）空/地（A/G）测角（测位）、测距：可同时测出塔康方位角（θ）、飞机与塔康信标台之间的斜距（R），从而实现测向-测距（ρ-θ）定位。

（2）可人工预选塔康航线，并给出偏离指示。

（3）可给出向台/背台飞行指示。

（4）可测出飞机相对于塔康信标台的飞行速率、到台时间。

第 5 章 塔康系统

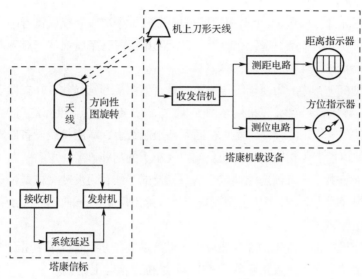

图 5-1-1 塔康系统基本组成框图

下面对塔康系统人工预选塔康航线及偏离指示、向台/背台指示功能做简要说明。

如图 5-1-2 所示，从塔康信标台发出的辐射线称为径线；其中指向磁北的那根径线称为 0° 径线；沿顺时针方向，径线角度从 0° 增大到 360°。

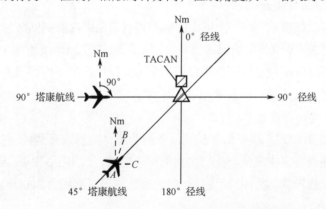

图 5-1-2 塔康航线、径线及偏离指示图解

航线即路径。对塔康系统而言，一条塔康航线包括两根相反的径线及一个航向。塔康航线通常用飞机计划航行的航向角度来表示。例如，90° 塔康航线包括了 270°、90° 两根径线及一个打算航行的 90° 航向角度；45° 塔康航线包括了 225°、45° 两根径线及一个打算航行的 45° 航向角度。

113

按每隔 1° 计算，一个塔康信标可提供 360 条塔康航线，飞行中可根据需要选择其中的 1 条。选定航线后，飞机便可沿着这条航线从一点飞向另一点，而无须进行复杂的领航计算。

在飞机飞行中，为便于飞行员检查是否偏离了预选航线，并在发现偏离（如选择 45° 塔康航线，飞机偏至图 5-1-2 中的 B 点或 C 点）时，能用人工（或自动驾驶仪）修正的方法，使飞机回到预选航线上，塔康机载设备应具有预选航线偏离指示（指明飞机偏向及偏离大小）的功能。

另外，由于一条预选航线包含两根相反的径线，为反映飞机是位于航线的哪一根径线上飞行，塔康机载设备应具有给出反映这一信息的向台/背台飞行指示功能。

塔康机载设备人工预选航线操作和航线偏离指示、向台/背台指示等，通常在机载综合水平位置指示器（HSI）或航位指示器上完成。

空/地（A/G）测角、测距是塔康系统的基本功能，对引导飞机出航、归航和沿线飞行非常有用。此外，塔康系统在发展过程中，其功能又有所扩展，如空/空（A/A）测距、测位等，这对于飞机空中编队、空中加油和空投、救生等战术飞行引导都是十分必要的。

塔康系统工作模式简介如下。

1）正常工作模式

在正常工作模式下，一个塔康信标在其覆盖范围内能够同时为 100 多架飞机提供测距、测位和台站识别信息，以确定飞机相对于塔康信标台的位置。如果一个塔康信标只进行测位和台站识别，则该模式的工作容量无限（一个塔康信标同时服务的飞机数量无限）。

2）空/空距离模式

空/空距离模式扩展了塔康机载设备的功能，除了具有正常工作模式的功能之外，还具有空中飞机与飞机之间的测距功能，适用于空中编队和集结。该模式的工作容量约为 10 架飞机，最大有效作用距离约为 200km。

3）空/空距离+方位模式

空/空距离+方位模式进一步扩展了塔康机载设备的功能，类似于有一个机载的塔康信标，可以为空中飞机提供测距、测位信息，实现多架僚机相对一架长机（装有机载塔康信标）进行定位。这种模式比空/空距离模式更有利于进行空中编队和集结飞行。该模式的工作容量也约为 10 架飞机，最大有效作用距离约为 200km。

4）空/空逆模式

空/空逆模式是倒置（逆式）的空/空距离+方位模式。在这种模式下，塔康机载设备要携带方向性天线。但这个方向性天线不是用于发射方位信号的，而是用于接收信号进行测位的。该种模式也是用于空中飞机与飞机之间的相对定位。

塔康系统工作模式示意图如图 5-1-3 所示。

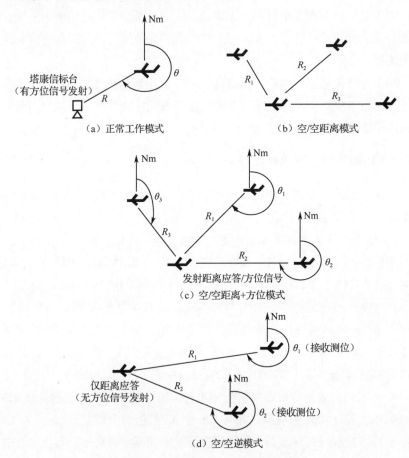

图 5-1-3　塔康系统工作模式示意图

5.1.2　塔康系统应用特点和主要战技指标

1. 塔康系统主要应用特点

塔康系统与其他导航系统相比，具有以下特点。

（1）工作在超高频（962～1 213MHz）频段，受天电干扰小，信号传播损耗小，场地影响弱，信号传播稳定，可保证对飞机全天候飞行引导。

（2）只需一座塔康信标台，且其体积小、机动性好。塔康信标除可固定安装在某处外，还可做成移动式安装在大型舰船等载体上或其他战术位置上。对于塔康信标安装在大型舰船上的塔康系统，对舰载机引导较为有利，当舰船运动时，可随时掌握飞机与舰船的相对位置关系。

（3）方位和距离测量用同一个波道。这不仅减少了所占用的波道数，而且也保证了设备的经济性，用同一个塔康机载设备便可同时获得方位和距离两个信息。

（4）电波传播属于视距传播方式，系统作用距离与飞机飞行高度有关。

（5）塔康信标天线系统采用9瓣心脏形方向性图（普通伏尔地面天线系统采用单瓣心脏形方向性图），方位测量精度高。

2. 塔康系统主要战技指标

下面仅就涉及塔康系统主要性能的工作波道、工作区、工作容量和精度等主要战技指标加以介绍。

1）塔康系统工作频率和工作波道对应关系

塔康系统工作于 L 波段，频率范围为 962～1 213MHz。在整个工作频段中共划分为 252 个工作波道，相邻工作波道的频率间隔为 1MHz。

在 252 个工作波道中，分为两种模式，即 X 模式和 Y 模式（也叫 X 波道和 Y 波道）。这两种模式是以频分和码分相结合的方式加以区别的。早期塔康设备只具有 126 个 X 波道，后来的塔康设备中又扩展了 126 个 Y 波道（美国制定的塔康军用标准 MIL-STD-291 B 中明确规定了 X、Y 波道）。

X 模式的塔康机载设备发射频率（塔康信标接收频率）范围为 1 025～1 150MHz，以 1MHz 为间隔，共有 126 个 X 波道，按序对应波道号为 1X～126X；塔康机载设备接收频率（塔康信标发射频率）则对称分布在其发射频率两边，其中低端（低波段）频率范围为 962～1 024MHz，按序对应波道号为 1X～63X，高端（高波段）频率范围为 1151～1 213MHz，按序对应波道号 64X～126X。塔康机载设备（或塔康信标）同波道号接收、发射频率恒差 63MHz。在 1X～63X 波道范围，相同波道号的塔康机载设备发射频率比其接收频率高 63MHz；在 64X～126X 波道范围，相同波道号的塔康机载设备发射频率比接收频率低 63MHz。X 模式的塔康机载设备发射频率（塔康信标

接收频率）与波道号之间的关系可表示为

$$f_X = N + 1\,024 \tag{5.1-1}$$

式中，N 为波道号，其值为 1,2,3,…,126。

通过式（5.1-1）算出塔康机载设备发射频率（塔康信标接收频率）后，按上述规律即可算出塔康机载设备接收频率（塔康信标发射频率）。

只有 X 模式的塔康机载设备在 1 025～1 150MHz 频段只发射信号不接收信号，而塔康信标在此频段又只接收信号不发射信号，这意味着塔康系统在这个频段没有充分利用。为了扩展塔康系统波道数，提高频段利用率，便产生了 Y 模式。

Y 模式的塔康机载设备发射频率（塔康信标接收频率）范围也为 1 025～1 150MHz，以 1MHz 为间隔，共有 126 个 Y 波道，按序对应波道号为 1Y～126Y；塔康机载设备接收频率（塔康信标发射频率）范围也为 1 025～1 150MHz。其中，对于 1 088～1 150MHz 频率范围，按序对应波道号为 1Y～63Y；对于 1 025～1 087MHz 频率范围，按序对应波道号 64Y～126Y。塔康机载设备（或塔康信标）同波道号接收、发射频率也恒差 63MHz。在 1Y～63Y 波道范围，相同波道号的塔康机载设备发射频率比接收频率低 63MHz；在 64Y～126Y 波道范围，相同波道号的塔康机载设备发射频率比接收频率高 63MHz。Y 模式的塔康机载设备发射频率（塔康信标接收频率）与波道号之间的关系可表示为

$$f_Y = N + 1\,024 \tag{5.1-2}$$

式中，N 为波道号，其值为 1,2,3,…,126。

通过式（5.1-2）算出塔康机载设备发射频率（塔康信标接收频率）后，按上述规律即可算出塔康机载设备接收频率（塔康信标发射频率）。

塔康系统波道号与工作频率之间的对应关系如图 5-1-4 所示。

从以上分析可看出，只要波道号相同，塔康机载设备在 X 模式和 Y 模式下的发射频率就相同。塔康机载设备发射的测距询问（空到地）脉冲对（编码脉冲对）在 X、Y 不同模式下的时间间隔不同：X 模式下的编码脉冲对时间间隔为 12μs；Y 模式下的编码脉冲对时间间隔为 36μs。塔康系统询问、应答脉冲对波形图如图 5-1-5 所示。

需要指出的是，有 X、Y 两种模式的塔康系统波道划分规律与地美依系统的相同。

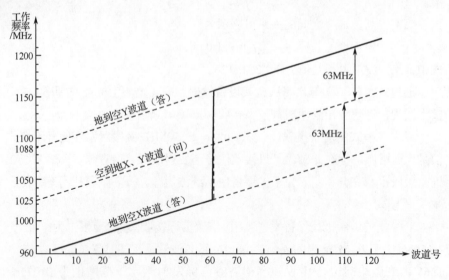

图 5-1-4 塔康系统波道号与工作频率之间的对应关系

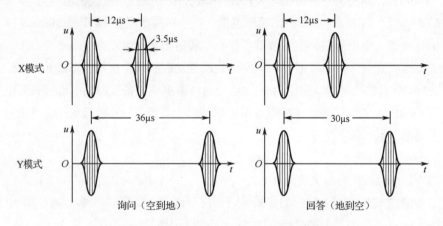

图 5-1-5 塔康系统询问、应答脉冲对波形图

2）塔康系统工作区

塔康系统工作区是指在设备正常工作条件下，塔康系统能可靠提供预定数据（方位、距离等）精度的最大可作用空间。塔康系统工作区的大小要受到电波传播特性和有关设备特性的制约。

L 波段无线电波传播属于视距传播方式。塔康系统有效工作距离 S'（km）与飞机飞行高度 h_2（m）满足：

$$S' \approx 4.12\sqrt{h_2} \tag{5.1-3}$$

从而有

$$h_2 \approx 0.058\,9 S'^2 \quad (5.1\text{-}4)$$

塔康信标天线在垂直面上的方向性图存在"寂静顶锥",即塔康信标天线倒顶锥角区域为方位信号顶空盲区。若飞机在方位信号顶空盲区内飞行,则不能正常测位(但仍可测距)。这个倒顶锥角随塔康信标天线的不同而不同,一般为 90°～120°。

图 5-1-6 为塔康系统工作区,即塔康系统测距/测位工作区。其中,信号死区为塔康信标天线与飞机的连线、地球表面切线的下部阴影区。

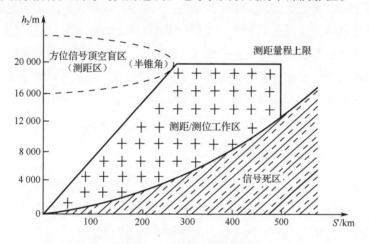

图 5-1-6　塔康系统工作区

初看起来,塔康系统工作区下方有信号死区,塔康系统工作区上方有方位信号顶空盲区,似乎塔康工作区狭窄。其实不然,飞机在出航、返航和沿线飞行过程中,绝大多数时间就是在这 30°～40° 的扇区内活动。常规飞机飞行高度有限,飞行速度快,所以即使通过方位信号顶空盲区,时间也较短暂。

3) 塔康系统工作容量

塔康系统工作容量是指一个塔康信标能够同时容纳与其配合工作的塔康机载设备的最大数量。这个数量是从测距功能角度出发,按照有关设计参数(主要是与测距有关的参数)算出来的。

4) 塔康系统精度

塔康系统精度是指设备在规定的使用条件下,塔康系统所能达到的测距、测位精度。塔康系统精度的具体数值随设备的不同而不同,在现代塔康系统中,一般情况下测距误差范围为±200m(2σ),测位误差范围为±1°(2σ)。

5.2 塔康系统工作原理

塔康系统具有测位（测角）、测距功能。本节主要讨论塔康系统的测位、测距原理。

5.2.1 塔康系统测位原理

塔康系统测位采用的是相位式全向信标原理。具体地说，塔康信标天线发射特定的方位信号（其中包括基准相位信号和调制包络可变相位信号），而塔康机载设备接收此信号，并对其进行处理、变换，测出调制包络可变相位信号和基准相位信号之间的相位差，再予以显示（指针式或数字式）。

通常塔康机载设备测位电路分粗测和精测两部分，而这两部分是紧密联系在一起的。为了便于理解，这里将它们分开来介绍。

1. 塔康系统方位粗测原理

塔康信标天线按在水平面内每秒 15 周顺时针旋转的心脏形方向性图规律，向其周围空间发射方位信号。在其周围任意方位观察点观察信号，而所观察到的信号幅度是随时间（随方向性图旋转）而变化的，也就是说，信号幅度是调制的，而且调制周期就是方向性图旋转周期，如图 5-2-1 所示。

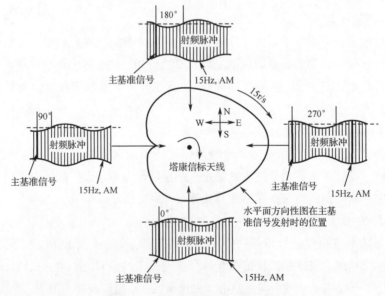

图 5-2-1 塔康系统方位粗测原理

由图 5-2-1 可以看到，在相对塔康信标天线的不同方位上（如图 5-2-1 中的东、南、西、北），同一时间所观察到的调制包络的相位是不同的，即调制包络的相位与塔康信标天线相对观察点的方位有关，这就是所谓可变相位信号。

如果在不同方位观察点观察正弦波的不同相位，就必须有一个共同的基准信号。这个基准信号规定为当旋转的心脏形方向性图的最大值指向地理位置正东方（相对磁北顺时针转 90°）时，塔康信标天线发射的主基准信号，又称主基准脉冲群。这样，电相位的测量就以可变方位信号正弦波的正斜率过零点为包络取样点，测量包络取样点迟后于主基准信号的相位（时间），从而得知在不同方位观察点所观察到的可变相位信号的相位，即得到塔康信标相对该观察点的方位，也就是塔康方位。这种情况可进一步说明如下。

（1）当飞机处在塔康信标台正南方时，塔康方位角为 0°，而在此方位的飞机收到的方位包络信号取样点恰好与主基准信号在时间上重合，即包络信号的电相位为 0°。因此，电相位 0° 就对应地理方位 0°，指示器读数也为 0°。

（2）当飞机处在塔康信标台正西方时，塔康方位角为 90°，而在此方位的飞机收到的主基准信号总是与包络信号的最小值点重合。也就是说，飞机收到的方位包络信号取样点要迟后于主基准信号 90°，即包络信号的电相位为 90°。因此，电相位 90° 就对应地理方位 90°，指示器读数也为 90°。

同理，可以分析处于正北方和正东方飞机的情况，而且可以推广到任意方位，这里不一一赘述了。

这里所说的粗测是相对于下面要讲的精测而言的。上面已经清楚地看到，当心脏形方向性图旋转一周扫掠过 360° 地理方位时，处于某个方位上的飞机所接收到的包络信号的幅度变化，也正好完成了一个周期，即变化了 360°。这就是说，电相位和地理方位呈"1∶1"变换关系，所以电相位测量误差也是"1∶1"地转变为地理方位误差。这种测量实际上精度是不高的，所以称为粗测。但它有一个明显的特点，就是无多值性，即一个确定的电相位值只对应一个确定的地理方位数值。

2．塔康系统方位精测原理

在塔康系统方位粗测中，电相位测量误差按"1∶1"变换关系转变为地理方位误差。人们自然会想到，如果能将电相位测量误差按某个缩小比例转变为地理方位误差，就可以在电相位测量误差一定的情况下（由测量设备决定）提高地理方位测量精度。塔康系统方位精测正是基于这一点。它采用的比例是 9∶1，即用 9° 电相位表示 1° 地理方位。所以从原理上讲，塔康系统方位精测误差是其粗测误差的 1/9。

为了实现上述塔康系统方位精测，塔康信标天线的方向性图在粗测单瓣心脏形的基础上又附加了八瓣调制，构成了九瓣心脏形方向性图，如图 5-2-2 所示。

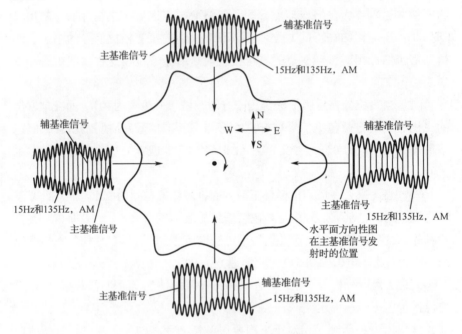

图 5-2-2 塔康系统方位精测原理

由图 5-2-2 可见，当心脏形方向性图旋转一周扫掠某架飞机一次时，九个小瓣也逐个扫掠飞机一次。这时，塔康机载设备接收的信号包络中，不仅含有一个 15Hz 的正弦波，而且还包含着由九个小瓣形成的 9×15=135Hz 的正弦波。塔康系统精测就是测量此 135Hz 包络的相位。由于 360° 电相位对应 40° 地理方位，即 9° 电相位表示 1° 地理方位，所以在相同的电相位测量误差条件下，地理方位测量的精度能被提高。同样，为了测量 135Hz 包络的相位，也需要基准信号。这一基准信号称为辅基准信号，以与主基准信号相区别。当旋转的九瓣心脏形方向性图八瓣（九瓣中的一个小瓣与心脏形单瓣最大值重合，已发主基准信号，没发辅基准信号）中的每瓣最大值指向地理位置正东方时，塔康信标天线必须发射辅基准信号。这样一来，塔康系统精测即是测量135Hz包络取样点（仍为135Hz包络正斜率过零点）迟后于辅基准信号的相位（或时间）。

通过上面讨论，已经清楚了塔康系统精测原理，并知道它的主要优点是精度高，但它也有缺点。如果在上面的分析中稍加注意，便会发现塔康系统精测存在一个突出的缺点，这就是多值性的问题。由于135Hz包络信号的一个周期（360°电相位）对应一个40°地理方位区，而哪一个周期对应哪一个40°地理方位区并没有区别标记，所以同样一个135Hz相位，如180°，可能对应九个不同地理方位，即20°、60°、100°、140°、180°、220°、260°、300°、340°。由此可见，塔康系统精测精度虽高，但存在多值性问题，无法单独使用。若把塔康系统精测的优缺点和塔康系统粗测的优缺点进行比较便可以看出，前者的优点能弥补后者的缺点，而后者的优点又能克服前者的缺点。塔康系统正是这样，把粗测和精测有机地结合起来使用，取长补短，使其测位结果既精度高又单值。这种原理在我们日常生活中屡见不鲜，如钟表的时针和分针，前者类似于我们讲的粗测，在12h的范围内无多值性问题，但不能准确指示"分"时刻，而后者则类似于我们讲的精测，能够准确指示"分"时刻来，但在12h范围内存在多值性问题。例如，分针指示为"20min"，时间可能是"1:20″""2:20″""3:20″"…"12:20″" 12个不同的值，但是分针和时针结合使用以后，在12h范围就能既准确又单值地指示时间了。塔康系统的粗测、精测相结合的测位方式与此极为相似。

5.2.2 塔康系统测距原理

塔康系统采用二次雷达询问/应答式双程脉冲测距原理测量飞机与塔康信标台之间的斜距（R）信息。在塔康系统测距时，由塔康机载设备发出询问信号（射频调制询问脉冲对），并开始计时（询问定时），询问信号经过距离R到达塔康信标天线进入接收机，信号经射频解调、固定时间延迟（T_0，已知量）、编码、射频调制后，作为回答（应答）信号（也是射频调制询问脉冲对）再经发射机发射出去。回答信号又经过距离R（电波传播速度C远远大于飞机飞行速度，T_0数值又很小，数十μs级，故可以认为询问信号、回答信号的传播路程相等）到达塔康机载设备天线进入接收机。这时终止计时，测量出询问信号与回答信号之间的时间间隔（T），进而通过换算得到飞

机与塔康信标台之间的斜距。其测距表达式为

$$R = \frac{1}{2}C(T - T_0) \tag{5.2-1}$$

要测得询问信号与回答信号之间的时间间隔 T，首先要从塔康机载设备接收的众多复杂信号中准确找到对自己询问的回答信号，即从塔康信标每秒约 3600 对回答脉冲中找到大约 100 对自己询问的回答信号，这是一个很复杂的测距捕获过程，称为测距搜索过程；另外，一旦搜索完成之后，由于飞机在运动，回答信号随飞机运动而变化，塔康系统要不断地跟踪回答信号，这称为测距跟踪过程；其次，飞机的机动飞行或瞬间地物遮挡等可能导致短时间（如 10s）内信号满足不了跟踪状态要求，为了保证塔康系统工作的稳定性和连续性，塔康机载设备通常还设计一个特定的记忆环节。

1. 搜索状态

在塔康系统测距时，塔康机载设备不仅收到塔康信标对本机询问的回答信号，而且还会收到塔康信标对其他飞机询问的回答信号及测位基准信号（主基准信号、辅基准信号）等。为了从这样复杂的信号中找出对自己询问的回答信号，测距电路应具有对"自己的"回答信号搜索、截获能力。

在塔康系统开始测距或较长时间丢失回答信号时，测距电路自动搜索并准确截获回答信号的状态叫搜索状态（在搜索状态时，距离指示器显示红色警旗，表示此时斜距读数无效）。搜索是利用询问脉冲重复频率的随机性而实现的。通常，搜索状态时的询问脉冲重复频率为 150Hz 左右。

当搜索开始时，测距电路一方面产生询问脉冲，另一方面产生一个特定宽度的搜索波门（简称搜索门）信号。随着询问脉冲的不断重复，搜索门信号由零距离向最大距离搜索。每重复一次询问脉冲，搜索门信号向前移动一段距离。在有"自己的"回答信号时，该回答信号将在搜索门信号内多次重复出现，当回答信号连续在搜索门信号内出现特定次数（如 10 次）以上时，输出的平均直流电平（输出信号平均值）超过控制电路的开门电平，测距电路停止搜索同时转为跟踪状态（如图 5-2-3 所示）；当搜索门信号内没有自己的回答信号或只在某些询问周期内偶尔出现不是"自己的"回答信号时，输出的平均直流电平低于控制电路的开门电平，测距电路将继续搜索，这时搜索门信号移动到最大距离后将再从零距离开始移动搜索。

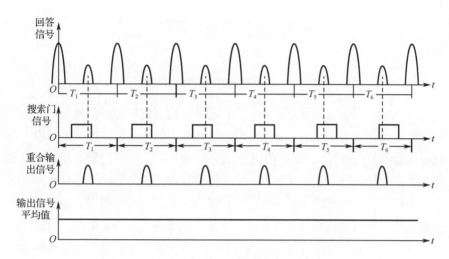

图 5-2-3 有"自己的"回答信号时的搜索情况

从以上分析可看出,塔康系统的测距搜索过程,就是搜索门信号跟随回答信号的移动过程。需要指出的是,搜索门信号的宽度、开门电平必须合理设计、确定。如果搜索门信号太窄,就得降低搜索门信号移动速度,这会加大测距搜索时间,降低整机的性能指标;如果搜索门信号太宽,搜索门信号内可能会同时出现一次以上的回答脉冲,从而影响测距截获的准确性。一般搜索门信号宽度的典型值为 15μs。另外,当开门电平太低时,控制电路会被偶然的干扰脉冲所启动;当开门电平较高时,就会要求有较多的搜索门信号与回答信号的连续重合数。

2. 跟踪状态

在搜索成功之后,测距电路转入跟踪状态。测距电路自动而准确地跟踪回答信号的状态称为跟踪状态。在跟踪状态下,距离指示器能给出飞机与塔康信标台之间的斜距信息指示,并能跟随飞机的运动而相应地改变斜距数据。由搜索状态转为跟踪状态后,回答信号的位置已基本确定(肯定在搜索门信号内),此时回答信号位置的变化完全是由于飞机飞行移动引起的。跟踪状态的关键是使跟踪门信号跟随回答信号而移动。

测距电路的跟踪部分主要由比较器、自动跟踪门等电路组成,是一个闭环自动控制电路,如图 5-2-4 所示。

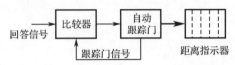

图 5-2-4 测距电路的跟踪部分原理框图

当测距电路的跟踪部分工作时，自动跟踪门受询问脉冲触发，产生跟踪门信号，如图 5-2-5 所示。这个门信号为连体门信号，由等宽度（宽度约为 15μs）的导前门信号和滞后门信号组成。在跟踪时，跟踪门信号与接收机输送来的回答信号一起送入比较器，比较器将跟踪门信号、回答信号这两路信号的相对位置进行比较，比较的结果送入自动跟踪门，控制自动跟踪门输出的跟踪门信号随着回答信号而移动。例如，如图 5-2-5（a）所示，当回答信号与导前门信号的重合部分小于与滞后门信号的重合部分时，比较器输出的信号将控制自动跟踪门输出的跟踪门信号向右移动；如图 5-2-5（c）所示，当回答信号与导前门信号的重合部分大于与滞后门信号的重合部分时，比较器输出的信号将控制自动跟踪门输出的跟踪门信号向左移动；如图 5-2-5（b）所示，当回答信号与导前门信号的重合部分等于与滞后门信号的重合部分时，比较器无输出信号，此时跟踪门信号位置不移动，导前门信号和滞后门信号的中心线与回答信号的中心线正好重合。总之，比较器的输出信号总是控制跟踪门信号朝着能使两重合部分（回答信号分别与导前门信号和滞后门信号的重合部分）相等的方向移动，而使导前门信号和滞后门信号的中心线与回答信号的中心线对准。此时跟踪门信号的位置（导前门信号和滞后门信号的中心线相对询问信号的时间间隔 T）反映了飞机与塔康信标台之间的斜距，而跟踪门信号移动时又带动距离指示器的指示做相应的变化，所以距离指示器指示的数据就是飞机相对于塔康信标台的距离。

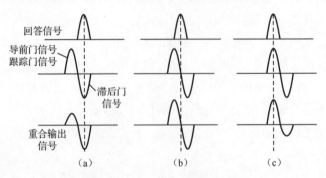

图 5-2-5 测距自动跟踪波形图

可见，测距电路的跟踪部分通过跟踪门信号自动跟随回答信号位置变化而移动，达到测距跟踪之目的。塔康系统的测距跟踪过程，就是跟踪门信号跟随回答信号而移动的过程。

通常，在跟踪状态时，发射机发射的询问信号的重复频率约为 30Hz，比搜索状态时的要低几倍。

3．记忆状态

记忆状态是指塔康系统在测距过程中，瞬间信号质量变差（如丢失信号或信号不满足跟踪判定条件）时所保持的"类跟踪状态"。这种状态既不同于跟踪状态，又不同于搜索状态，是跟踪和搜索之间的过渡状态，在塔康系统中，这个状态的持续时间通常设为 5～15s，称为测距记忆时间（或距离记忆时间）。在距离记忆时间内，塔康系统保持类似跟踪状态的距离指示，同时观察信号的情况，如果信号质量又满足质量要求，则恢复跟踪状态；如果超过了距离记忆时间而信号质量仍不满质量要求，则转入搜索状态，以重新搜索回答信号。这个记忆环节对于保持测距电路在跟踪后免受瞬间信号变化影响是非常必要的。

测距记忆根据其工作原理不同有两种形式：一种称为静态记忆，另一种称为动态记忆。静态记忆是在记忆状态期间，测距电路的跟踪门信号始终停留在开始记忆状态前瞬间（跟踪状态向记忆状态转入的时刻）位置上，且距离指示器在一直指示这个时间的距离值。可见，由于在记忆状态中飞机仍在运动，所以静态记忆时距离指示器指示的距离和实际距离有较大偏差，且静态记忆时间也不宜太长，这是因为在此期间跟踪门信号在固定位置上，回答信号却随飞机飞行而移位，在跟踪门信号总宽一定时，回答信号最大位移只有在跟踪门信号的两外边界之内，才有可能恢复跟踪状态，否则即使回答信号很好也必须重新搜索。静态记忆从原理上讲比较简单，它实际上是一个特定状态保持控制电路。动态记忆是为克服静态记忆的弱点而设计的，它实际上是一个闭环自动控制的二阶环电路。这种电路不仅要跟踪距离变化，还跟踪距离变化率（速度）变化，因而当由跟踪状态转入记忆状态时，该电路不仅记忆当时距离值，还记忆了当时速度值，并根据这两个数值，在记忆状态期间不断推算新距离值并予以显示，即跟踪门信号仍按记忆状态开始之前瞬间的状态继续跟踪（实际上是虚拟式的跟踪），显然动态记忆时距离指示器指示的距离与真实距离更接近，降低了滞后误差。

4. 测距三环节之间的转换关系

搜索、跟踪、记忆三环节是测距电路的三个有机衔接的环节。当塔康机载设备发射机一打开，测距电路就进入搜索状态，一旦搜索成功（按判定准则）便自动转入跟踪状态，距离指示器指示距离值，这时询问信号重复率也自动降到跟踪时的重复率（如 30 次/s 左右）。在跟踪状态期间，若瞬间信号失常而满足不了跟踪条件，则塔康系统转入记忆状态，继续判定信号情况。若在记忆状态期间信号恢复正常，则塔康系统又重新回到跟踪状态。若距离记忆时间已过，信号继续失常，则系统由记忆状态重新转入搜索状态。

由上述测距原理分析可看出，塔康系统测距是由塔康机载设备在塔康信标配合下完成的，测距结果在塔康机载设备上进行显示，塔康信标只起应答作用，并不参与具体测量。

5.2.3 塔康机载设备简介

下面简要介绍 X 模式的塔康机载设备的机件组成和工作原理。

1. 功用与机件组成

塔康机载设备具有空/地（A/G）测位、测距功能，可向飞行员提供相对于所选塔康信标台的方位、斜距和台站识别信息。塔康机载设备在与航向指示系统交联后，还可提供相对方位角、人工预选航线的偏离和向台/背台等信息。该设备具有数字方位、距离信息接口，可与平显仪连接，并在平显仪上显示数字方位、距离信息，具有自检测功能。

塔康机载设备由天线、天线转换开关、收/发信机、控制盒和方位/距离指示器等机件组成，如图 5-2-6 所示。

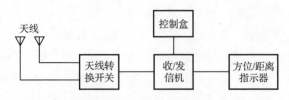

图 5-2-6 塔康机载设备组成

天线用于接收或发射超高频信号。为克服飞行中天线受机身遮挡影响而可能出现丢失信号现象，通常在一架飞机的机背、机腹处各安装一个天线，由天线转换开关自动转接到先有信号的天线上。收/发信机用于放大、变换和处理所接收的塔康信标信号，或者形成所需的询问信号向地面发射；控制盒进行工作状态和工作波道的选择控制。方位/距离指示器用于指示方位和距离等信息。在飞机上，塔康机载设备的方位终端显示采用航向位置指示器；塔康机载设备的距离终端显示采用独立的距离指示器（4位数字显示，精确到0.1km）。

塔康机载设备有"收"、"收/发"和"自检"三种工作状态。在"收"状态，塔康机载设备只进行方位测量（测位）和台站识别；在"收/发"状态，塔康机载设备可同时进行测位、测距和台站识别；在"自检"状态，塔康机载设备自检测。前两种工作状态由控制盒上的工作状态选择开关进行选择控制，最后一种工作状态由控制盒上的自检按钮开关实现。塔康机载设备控制盒的面板如图5-2-7所示。

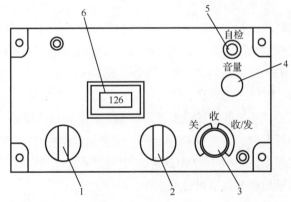

1，2—工作波道选择开关；3—工作状态选择开关；4—音量控制旋钮；

5—自检按钮；6—波道号显示窗口

图 5-2-7 塔康机载设备控制盒的面板

图5-2-7所示各组件的功用如下。

（1）工作波道选择开关：用于选择塔康机载设备的波道号（"1"用于波道号的百位、十位数字选择；"2"用于波道号的个位数字选择）。

（2）工作状态选择开关：选择塔康机载设备的工作状态（"收""收/发"），以及控制塔康机载设备的开机、关机。

（3）音量控制旋钮：控制送往耳机的台站识别音频信号的音量大小。

（4）自检按钮：在按下此按钮并保持按下状态时，塔康机载设备进入

"自检"状态；当松开此按钮时，塔康机载设备则退出"自检"状态。

（5）波道号显示窗口：用于显示塔康机载设备的波道号（1X～126X）。

2. 简要工作原理

塔康机载设备组成方框图如图 5-2-8 所示。

塔康机载设备由双工器、接收机（射频接收器、中放/检波器、D/A 转换器、AGC 电路等）、发射机（频率合成器、激励器、功率放大调制器等）、测位电路（方位信息处理和方位计算电路）、测距电路、视频处理器、电源、接口电路和控制盒等部分组成。其中，电源为收/发信机提供所需的各种电压。

下面，结合塔康机载设备的三种工作状态，简述其工作原理。

1）"收"状态

在"收"状态时，收/发信机只计算方位。塔康机载设备的波道号（有对应的波道信号）由控制盒输入接口电路，再加给接收机的 D/A 转换器和发射机的频率合成器。D/A 转换器译出对应波道号的调谐电压，控制射频接收器调谐到所欲接收信号的频率上；加到频率合成器的波道信号控制频率合成器产生相应频率的信号，后经激励器四倍频形成本振频率信号，送射频接收器。天线接收信号（962～1 024MHz 低频段信号、1 151～1 213MHz 高频段信号）经天线转换开关、双工器输送给射频接收器。在射频接收器内，该信号与本振频率信号进行混频，产生 63MHz 第一中频信号送中放/检波器，在中放/检波器经二次混频，获得 10.7MHz 第二中频信号，再经中放/检波器，产生合成视频信号输出到方位信息处理电路。

在方位信息处理电路，合成视频信号经译码、解调后，便可从中选取下列主要信号。

（1）译码检波包络信号：加给接收机 AGC 电路，用于产生 AGC 控制信号。

（2）译码主、辅基准信号：加给方位计算电路。

（3）15Hz 和 135Hz 可变相位信号：加给方位计算电路，分别用于方位粗测和方位精测。

方位计算电路完成方位测量任务，给出模拟方位（送航位指示器进行模拟方位指示）和数字方位（送平显仪进行数字方位指示）信息。另外，该电路还可输出塔康预选航线的偏离（航偏）等信息。

第5章 塔康系统

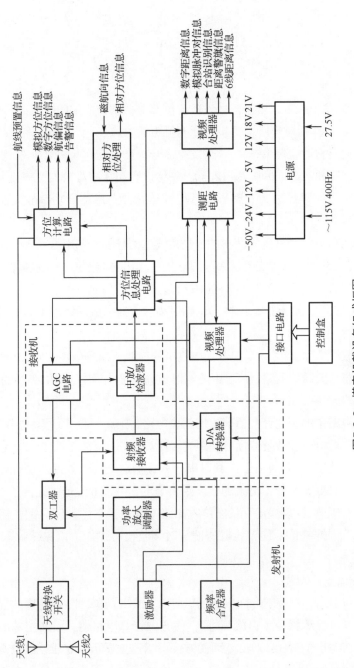

图5-2-8 塔康机载设备组成框图

在"收"状态，双工器把收到的射频信号从天线直接加给接收机，断开发射机和天线的通路。另外，在"收"状态，经控制盒的接口电路加给测距电路的"收"模式信号，使测距电路不输出询问脉冲对给发射机的功率放大调制器，从而发射机不工作。

2）"收/发"状态

在"收/发"状态，塔康机载设备测位部分的工作同"收"状态。此时，收/发信机还计算相对于所选塔康信标的斜距信息。

测距电路接收控制盒来的"收/发"信号，产生询问脉冲对（对 X 模式设备，询问脉冲对时间间隔为 12μs）。先将该询问脉冲对输入功率放大调制器中的调制器，再经放大、整形成近似钟形脉冲对后加到功率放大器去调制射频信号。

所需的射频信号是这样获得的：先将波道信号加给频率合成器，然后频率合成器在 256.25～287.5MHz 频段内产生并输出对应波道的压控振荡频率，经激励器四倍频获得 1 025～1 150MHz 频段所需的射频信号，再输送给功率调制放大器去放大、整形输出钟形调制射频脉冲对，最后经双工器输送给天线向外发射。

在"收/发"状态时，双工器受接收机的射频 AGC 脉冲控制，接通功率调制放大器与天线的通路，并阻止发射信号进入接收通道，提供必要的"收""发"隔离。

测距电路中的距离计数器、状态判决电路、距离伺服环路等利用回答信号计算出飞机相对于塔康信标台的距离和距离速率（仅在飞机向台/背台飞行时等于飞机速度）。塔康斜距数据以串行方式输送给视频处理器进行处理，形成符合 ARINC568 数据格式的数字距离信息，并以 6 线形式输出。

视频处理器在"收/发"状态接收测距电路输送来的封闭脉冲，经处理形成接收机内抑制信号使天线发送信号时接收机不工作，以免"收""发"干扰。

3）"自检"状态

人工自检时，按控制盒面板上的"自检"按钮，这时收/发信机的视频处理器产生方位检测指令（自检信号），使方位计算电路转到检测主基准信号及 15Hz、135Hz 信号上工作，从而使方位指示器上显示 180°±5° 自检方位角度。自检信号也使测距电路产生 0km 距离信息，再经距离伺服电路产生 0km 固定串行数据，使距离指示器显示"000.0km"。

5.3 塔康系统应用分析

5.3.1 塔康系统应用简评

塔康系统的主要优点是可以利用一个射频通道同时获得距离与方位信息，因而简化了塔康机载设备，同时减少了占用的频段。塔康系统可用于飞机出航、归航、圆周飞行和航线飞行的引导。

塔康系统的测向、测距精度较高（测向误差可以只有 0.5°～1°，测距误差可以不超过 200m），机上操作简便，显示直观，飞行员可随时了解自己的位置，非常主动。

由于使用的频率（962～1 213MHz）较高，塔康信标对场地的要求不十分严格，仅用一个地面台即可定位，地面设备机动灵活，可安装在机动车上，特别适用于野战机场。塔康机载设备天线小，便于安装。塔康系统受天电干扰小，有良好的圆形工作区特性。

塔康系统工作容量大，一个地面台可同时供 100 架飞机测距，供任意架飞机测向。

塔康系统由于工作在超高频频率范围，电波为直线传播方式，作用距离受限，且作用距离与飞机飞行高度有关，对于低空飞行的飞机来说，不能很好地发挥作用。塔康系统测位存在顶空盲区。为了覆盖广阔的区域，塔康系统必须设置大量的地面台，这样显然不经济。

综上所述，塔康系统对单个机场或单个空运枢纽来说，是较理想的导航系统，也很适用于军用，但用来覆盖广阔的区域则是不经济或不可能（如开阔水域）的。该系统只宜进行飞机近程导航，难以满足其他方面更高的要求与需要。

5.3.2 塔康系统发展前景

塔康系统经过几十年的使用和发展，技术上取得了很大的进步，功能得到了多方面的开发，是一个较为完备的近程航空无线电导航系统。

1. 塔康系统已经取得的发展

最初，塔康系统只有 X 模式，只利用了 962～1 213MHz 频段的一半频率。后来，研制了具有 X 模式和 Y 模式的塔康系统，使塔康信标频率扩展到全频段，以满足机场布台的需要。

对于塔康机载设备来说，早期只有 X 模式空/地（A/G）测距、测位导航功能，之后开发了空/空（A/A）测距导航功能，为空中多架飞机的编队飞行和空中飞机加油提供了极大方便。后来又研制了同时具有 X 模式和 Y 模式及空/空测距、测位导航功能的机载设备，不过该机载设备所使用的频段依然是 1 025～1 150MHz（发射频率）。

现在，飞机装备的绝大多数塔康机载设备的空/空功能只能进行相互测距。要完成空/空方位测量，塔康机载设备必须具备一副这样的天线：它能产生类似于塔康信标天线产生的扫描心脏形方向性图；无论飞机向任何方向飞行，它在该方向性图的最大值指向正东时刻发射指北主基准信号这条原则始终不能改变。这无疑使机载天线体积庞大且复杂，同时必须有一个提供稳定指北的定向平台。显然，一般歼击机承载不了这样的天线。另外，为了保证心脏形方向性图有较好的包络外形，天线发射的询问脉冲对数必须比空/地导航时大几倍，从而使发射机的功率也必须增大，其功耗、体积、散热等一般歼击机也承受不了。所以，具有空/空测位功能的塔康机载设备只能安装在大型飞机上，为其他飞机提供空/空方位和距离信息。这种空/空塔康机载设备相当于代替了塔康地面信标的作用。

具有空/空方位测量功能的塔康机载设备，天线方向性图只提供"心脏形"的，不具有"九瓣"，所以空/空测位误差增大，一般在±5°以内。

具有空/空导航功能的塔康机载设备有以下三种类型。

（1）只具有空/空测距功能和空/地测距、测位导航功能的塔康机载设备。这种塔康机载设备大量装在歼击机上，一般工作容量为 5～10 架飞机。塔康机载设备空/空测距工作过程：一架飞机（长机，具备对测距询问进行应答的功能）作为信标机，其他飞机（僚机）相对长机进行空/空距离测量，长机测量距长机最近的那架僚机的距离。如果只有两架飞机，则它们互相测量到对方的距离。

（2）同时具有空/空测距、测位功能和空/地测距、测位导航功能的塔康机载设备。这种塔康机载设备通常只装在大型机（如预警机或轰炸机）上，其他飞机可以利用该飞机提供的测位信号完成空/空方位测量，同时可以进行空/空距离测量。

（3）具有逆式塔康功能的塔康机载设备。一架飞机（如长机）装载的塔康机载设备除了给其他飞机提供距离应答脉冲之外，还发射填充脉冲，使每秒钟发射的脉冲总数不少于某个下限值，该塔康机载设备的天线方向性图具有全向性；其他飞机（如僚机）装载的塔康机载设备的天线具有旋转扫描方向性图。僚机利用具有旋转扫描方向性图的天线接收长机全向发射信号，得到一个正弦调制的信号。当僚机天线方向性图最大值与飞机纵轴平行时，僚机就可利用该正弦调制信号测得长机的方位。显然，具有扫描的心脏形方向性图的塔康机载设备能接收地美依地面信标信号，同时可以完成距离和方位测量。

2. 导航和数传功能相结合

美国在20世纪50年代中期研制过导航和数据通信相结合的塔康数传系统，并由美国海军对其进行了鉴定。该系统在保证塔康系统的测距、测位功能不受影响条件下，3s内可传输30余条指令；指令由字—帧组成，每7个码元组成一个字，每个码元由3个脉冲编码组成；传送一个字的时间约为3.6ms。但是，美国并没有将该种塔康数传系统进一步发展，其主要原因是该系统的数传抗干扰性能差、数据传输速率低等。

另一种数传系统是将塔康信道做成专用的数据通信设备，机载设备做成导航和数传两种功能兼备的设备，由控制盒进行导航和数传状态的选择控制。这种系统的地—空上行指令数据量可多些，包括被传送接收指令的飞机梯队批号、指令内容和数据等。该上行指令有校验码，并且在必要时可进行加密处理。该系统的空—地下行指令，因受发射机功率容量的限制，数据量较小。这种系统的改进型是采用检错、纠错和扩频、跳频技术提高系统的抗干扰性能和提供系统的数据信息量的。

利用塔康信道做成导航和数传功能兼备的系统，有以下两种方案。

（1）利用塔康机载设备测位、测距有记忆功能这一特点，地面的塔康信标信号的发送和数传信号的发送可以按时分制工作。这种系统的地面设备可以同时配置塔康发射设备和数传发射设备，用一个定时控制设备控制这两种设备轮流工作，也可以用一套发射机配备塔康信标天线和数传天线，用控制设备按时分制将发射机与这两个天线轮流接通发射。机载设备则是数传和导航两个终端都在守候执行工作，导航和数传功能公用接收和发射通道。这种系统在机载设备采用微处理器以后，利用计算机的强大数据处理功能，在保证导航功能不受影响的条件下，达到满意的数传性能是完全可能的。

（2）数传信号插入塔康随机填充脉冲序列中由塔康天线发射传送。这种方案对测距来说也是按时分制工作的。因此，该方案必须考虑以下要素：一是塔康系统每次可以让出多少时隙来进行数据传送；二是数传信号落在塔康调整包络波谷的那些码元，可能形成多少概率的数据信息丢失，而采用纠错码进行纠错又有多少概率能恢复数据信息。

3. 塔康系统与联合战术信息分布系统兼容

塔康系统从 20 世纪 50 年代投入使用以来，得到了广泛应用和开发，被认为是很好的近程航空无线电导航系统，但是。它只采用了双脉冲编码，抗干扰性能不强，布设地面信标台时，选址也较麻烦。美国从 20 世纪 70 年代开始研制的联合战术信息分发系统（JTIDS），可为陆、海、空三军提供指挥、导航、识别服务。

JTIDS 的特点如下。

（1）该系统采用 960~1 215MHz 工作频段，与塔康系统同处于一个频段。

（2）该系统采用扩频、跳频、检错纠错的伪随机脉冲编码技术，具有很强的抗有源干扰和防窃听功能。

（3）该系统是多节点或无明显控制中心的系统。该系统中所有台站都是用户，共同构成一个通信、导航、识别网，彼此通过保密通信测量时差，在知道网中几个成员的位置之后，可以计算出所有成员各自的位置、航向、速度等，完成相对导航。如果网中一个或几个成员失去功能，其他成员依然照样工作。

（4）该系统按时分多址工作。每个网成员 10~12s 播发一次信息（对机载设备），彼此能够确知相对位置。

一方面，JTIDS 的这些设计，不会影响塔康系统的工作性能；另一方面，塔康系统的发射信号为窄带频谱，JTIDS 的宽带和相关接收机不会受到干扰，而且 JTIDS 在频谱很宽和采用纠错措施后，既使受到干扰也能被消除。这就是说，JTIDS 的设计充分考虑了对塔康系统的兼容性。

将来，塔康系统有可能被 JTIDS 或其他系统所取代。

复习题

（1）试简述塔康系统的导航功能。

（2）试说明塔康机载设备提供的方位角、相对方位角、斜距和塔康航线的含义。

（3）结合图 6-2-10，试说明在水平状态指示器（HSI）上塔康航线选择的操作方法和塔康航线偏离指示的判读方法。

（4）塔康系统由哪几部分组成？有哪些主要工作特点？

（5）简述塔康系统的功能和在航空上的应用。

（6）简述塔康系统的主要战技指标。

（7）塔康系统的工作频段及工作波道是如何划分的？

（8）试计算 10X、10Y 波道塔康机载设备的发射频率和塔康地面信标的应答频率。

（9）简述塔康系统的测位原理。

（10）简述塔康系统的测距原理。为什么说"塔康机载设备的测距跟踪过程，就是跟踪门信号跟随回答信号而移动的过程"？

（11）在塔康系统测距过程中，通常有哪三种工作状态？

（12）塔康机载设备通常有哪些机件组成？

（13）结合图 5-2-8，简述塔康机载设备的简要工作原理。

第 6 章

着陆（舰）引导系统

6.1 概述

6.1.1 着陆引导系统分类

着陆是飞机整个飞行过程中非常重要的一个阶段。在复杂气象条件（低云、大雾、降水、夜间等）下引导飞机安全着陆，是保证飞行安全必不可少的条件。

着陆引导系统（或设备）能向着陆飞行阶段的飞机提供着陆引导信息，从而引导飞机安全着陆。

飞机的着陆引导可分为非精密着陆引导和精密着陆引导两大类。

1. 非精密着陆引导

利用一般的导航系统（或设备）实现的飞机着陆引导称为非精密着陆引导或辅助着陆引导。双信标（设在跑道中心延长线上同一位置的无方向性信标、指点信标）辅助着陆引导、塔康系统着陆引导（塔康信标布设在跑道中心延长线上）就属于非精密着陆引导。非精密着陆引导只能提供水平方向的航向偏离信息和飞机至着陆跑道端头的距离信息，且精度低，着陆引导能力有限。

2. 精密着陆引导

利用专用的飞机着陆引导系统实现的飞机着陆引导称为精密着陆引导。如图 6-1-1 所示，过最佳着陆点（跑道中心线上，依飞机型号不同沿着陆方向离跑道端头特定距离的着陆点）可做出航向面与下滑面，其中航向面过跑道中心线与跑道平面垂直，下滑面与跑道面构成几度（通常为 2°～4°，具体角度由飞机型号决定）的下滑角。航向面与下滑面的交线称为规定下滑线。规定下滑线在地面的投影与跑道中心线及其延长线重合。

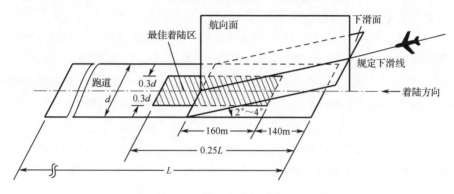

图 6-1-1　精密着陆引导的规定下滑线

　　精密着陆引导系统能向处于着陆过程中的飞机连续不断地提供精密的三维空间着陆引导信息，不仅包括水平方向的航向（方位）偏离信息和飞机至跑道端头的距离信息，还包括垂直方向的下滑（仰角）偏离信息，因此着陆引导能力强。飞行员根据这些信息（或通过自动着陆控制系统），可操纵飞机沿规定下滑线在最佳着陆区内安全着陆。

　　飞机精密着陆引导一般又分以下两种。

　　（1）"地面导出数据"的精密着陆引导：如精密进近雷达（Precision Approach Radar，PAR）等。对于 PAR 这种"地面导出数据"的精密着陆引导系统，其航向天线、下滑天线采用窄波束分别在水平方向、垂直方向快速扫描，精确地测出飞机在空间的位置信息——航向角、下滑角和飞机相对跑道端头的距离；地面着陆领航员在其雷达显示器上通过观察飞机的回波，读取飞机航向角、下滑角相对规定值的偏差值，然后利用对空话音电台将这些偏差值（通常为水平方向偏离航向面的距离值、垂直方向偏离下滑面的距离值，单位为 m，如"偏左 10m，偏上 5m"）用口令传给飞行员，引导飞行员操纵飞机沿规定下滑线下降到离地 30～50m 高度(水平能见度大于 500m 时)上，然后转入目视着陆方式。

　　这种"地面导出数据"的精密进近雷达系统，引导精度较高，机动性好，不需要专用的机载设备，可对各种不同型号的飞机实施着陆引导，所以自 20

世纪 40 年代开始一直沿用至今。它的主要缺点是飞行员完全依靠地面领航员的指挥进行着陆，处于被动的引导状态。

"地面导出数据"的精密着陆引导又称"地面控制进近"（Ground Controlled Approach，GCA）。GCA 不仅供军用，而且在民航机场作为仪表着陆系统的补充引导方式，用于监视飞机的进近和着陆过程。

（2）"空中导出数据"的精密着陆引导：如仪表着陆系统（ILS）、微波着陆系统（MLS）等。"空中导出数据"的精密着陆引导系统通常由地面设备（地面信标发射台）和机载设备（机载接收机）两大部分组成。机载接收机接收地面信标发射台发出的着陆引导信号，经处理后直接获得水平方向的航向（方位）偏离、垂直方向的下滑（仰角）偏离等着陆引导数据，并送机上仪表显示。飞行员根据机上仪表的直观指示，自主地操纵（或通过自动着陆系统控制）飞机进近、着陆。

6.1.2　飞机仪表着陆标准及着陆基本过程

1．飞机仪表着陆标准

在飞机正常飞行时，在巡航高度上飞临目的地后开始下降高度，进行着陆。这时，当机场塔台判断云高超过 800m、水平能见度超过 4.8km 时，允许飞机按照目视飞行规则（Visual Flight Rules，VFR）进行着陆，但在恶劣气候条件下，飞机必须按照仪表飞行规则（Instrument Flight Rules，IFR）进行着陆。国际民航组织（ICAO）对民航飞机借助仪表着陆规定了三类着陆标准，如表 6-1-1 所示。

表 6-1-1　着陆标准

着陆标准类型	决断高度（云滴高度）/m	跑道视距（水平能见度）/m
I	60	800
II	30	400
III$_A$	15	200
III$_B$	0	50
III$_C$	0	0

决断高度（DH）是指飞行员在这一高度上应能看见跑道，否则应当放弃着陆进行复飞。跑道视距由安装在机场的大气透射仪测出。跑道视距反映了水平能见度的好坏。例如，对于 I 类着陆标准，当水平能见度不小于 800m

时,飞行员在跑道上空60m高度上必须能看见跑道,否则应放弃着陆进行复飞。

根据性能,仪表着陆系统可以分为Ⅰ类、Ⅱ类、Ⅲ类(包括Ⅲ$_A$、Ⅲ$_B$、Ⅲ$_C$)三大类。Ⅰ类仪表着陆系统是能从其地面信标覆盖区边沿开始,到航道和下滑道的高度不低于60m的范围内提供引导信息的设备;Ⅱ类仪表着陆系统是能引导飞机到30m高度的设备;Ⅲ$_C$类仪表着陆系统是能引导飞机降落到跑道上的设备,Ⅲ$_C$类仪表着陆系统是真正意义上的"盲降"引导系统。

允许采用Ⅱ类着陆标准的机场,必须有标准的灯光配置,2个大气透射仪,远(外)、中、近(内)指点信标,以及1套校正好的Ⅱ类仪表着陆系统,如图6-1-2所示。

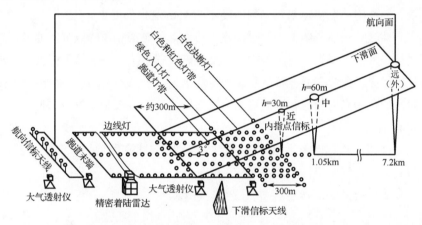

图6-1-2 采用Ⅱ类着陆标准的机场跑道配置图

允许采用Ⅲ类着陆标准的机场,通常应装有高精度的微波着陆系统(MLS)和精密测距器(PDME、DME/P)。

2. 飞机着陆基本过程

在飞机巡航飞行(航线飞行)后、着陆前,一般分三个飞行阶段,即进场、进近、着陆。

1)进场

飞机从脱离航线、下降高度到收到着陆引导信号(起始进近点前)的这一飞行阶段称为进场。在该飞行阶段,飞机沿进场航线飞到跑道中心延长线的着陆方向,到达下滑道入口(以起始进近点为标志)。

2)进近

飞机从起始进近点开始到着陆决断高度点(复飞点)的这一飞行阶段称

为进近。该飞行阶段可分为起始进近、中间进近和最后进近三个分段。对于Ⅱ类仪表着陆系统,当飞机沿着进场航线飞到地面信标覆盖区边沿(如距跑道端头 20n mile[①],即 37.04km)后,进近开始由地面信标产生的无线电波束来引导,一直引导到距跑道端头 300m(机场近指点信标所在地)、高度为 30m 的上空为止。在该飞行阶段,对仪表着陆系统而言,飞机沿规定下滑线做进近飞行。

3)着陆

飞机从着陆决断高度点到着陆点的这一飞行阶段称为着陆。国际民航组织规定,下滑道应在跑道端头上空 15m 高度处经过,而飞机应在离跑道端头 300m 处最佳着陆点着地。当飞行员看到跑道时,要设法使飞机对准跑道中心线,并在跑道端头上空沉降到所要求的 15m 这个高度上。

当飞机接近着陆点时,为减少飞机接地时的碰撞,要降低沉降速度,并要进行一种拉平操纵。对于Ⅰ类、Ⅱ类仪表着陆系统,完全靠飞行员目视进行拉平操纵。在装有微波着陆系统的机场上,由于该系统的拉平台可提供拉平阶段的精确高度信息,因此可用微波着陆系统仪表控制进行拉平操纵。

4)滑行

在飞机主轮着地一定距离后,鼻轮才着地。飞机在跑道界限内找到出口,沿行驶道滑行到停机坪,最终完成着陆。

仪表着陆系统工作示意图如图 6-1-3 所示。

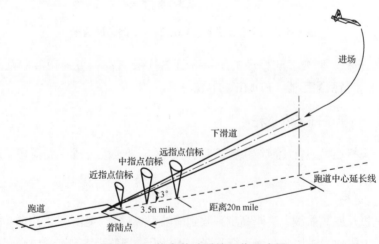

图 6-1-3 仪表着陆系统工作示意图

---

① 1n mile=1 852m。

6.1.3 着陆引导系统技术指标

1. 着陆引导系统的可靠性

着陆引导系统的可靠性是指在所需地点的一段规定时间内，提供符合准确度要求的导航信息的概率，反映了该着陆引导系统引导飞机进近和着陆的可靠程度。具有高可靠性的着陆引导系统，应能随时为着陆飞机提供满意的服务。

根据国际民航组织多年的统计资料分析确定：可靠安全着陆的概率应大于（$1\text{-}10^{-7}$）。对于最后 30s 的飞行阶段来说，要求着陆引导系统的平均故障间隔时间（Mean Time Between Failure，MTBF）不小于 16 700h；对于整个着陆阶段（约 6min），要求 MTBF 为 $10^6 \sim 10^7$h。目前，着陆引导系统实际上的可靠性远未达到此水平，故采用备用设备的办法加以弥补。

2. 着陆引导系统的作用区域

着陆引导系统的作用区域是一个在水平和垂直范围内的确定空间。在这个空间内，着陆引导系统应能提供符合精度要求的导航参数。着陆引导系统的作用区域用水平面角度范围、垂直面角度范围和最大作用距离表示。

着陆引导系统的作用区域大，方便了飞机进近着陆，而这往往要求着陆引导系统天线的方向性图很宽。宽的方向性图会将更多的地物包括在地面信标产生的无线电波束之内。由于地物反射是天线方向性图畸变的基本原因，因此加宽方向性图易降低导航参数的准确度和稳定度。

为获得足够宽的方向性图和可接受的测量准确度，通常采用以下两种方法。

（1）设置宽窄不同的两个方向性图。窄方向性图具有高精度、高稳定度测量导航参量的能力，用来提供飞机的下滑通道；宽方向性图用来指示出窄方向性图在何方向，以帮助飞机尽快进入窄方向性图通道。

（2）采用窄方向性图并使其在一个大的角度范围内扫描。这样，既可获得很宽的方位、仰角覆盖范围，又使导航参数有高的准确度和稳定度。

3. 着陆引导系统的工作容量

着陆引导系统的工作容量是指着陆引导系统允许同时服务的着陆飞机数量。从原理上讲，着陆引导系统的工作容量是无限的。但实际上，由于飞机着陆路径上的滑行时间、离开跑道的速度等因素的限制，在一定时间内可完成着陆的飞机数量是有限的。

当着陆飞机之间距离很近时，飞机引起的二次辐射将造成着陆引导系统的规定下滑线的精度下降，从而给着陆引导系统的工作容量带来某些限制。

4. 着陆引导系统的完好性

着陆引导系统的完好性又称着陆引导系统的完整性或着陆引导系统的完善性，是指着陆引导系统具有检测和显示自身故障的能力。当着陆引导系统不能在其规定的范围内正常工作时，应保证其不再继续使用。用来表达着陆引导系统的完好性的参数是：对失效的检测能力以及从发生失效开始到将这一情况告诉飞行员为止所需时间。要求着陆引导系统具有高的完好性是基于着陆安全考虑的。对于依靠着陆引导系统引导信号进场的飞机，如果当引导信号已超差而飞行员对这些毫无所知时，可能发生事故。在制定着陆阶段飞机对障碍物的间距标准时，必须考虑向飞行员提供超差告警信号所需的延迟时间。

此外，还要求着陆引导系统地面设备的机动性要好，机载设备则要求质量小、体积小、自动化程度高、操作简便；在着陆过程中，地面与飞机应保持畅通的双向无线电通信联络等。

6.2 仪表着陆系统（ILS）

仪表着陆系统（Instrument Landing System，ILS）是为飞机进近、着陆飞行阶段提供精密引导信息，保证飞机安全着陆的专用系统。ILS 因工作在米波波段（甚高频频段），所以又称米波仪表着陆系统。它能向进近、着陆过程中的飞机连续不断地提供水平方向的航向偏离信息、垂直方向的下滑偏离信息和飞机至跑道端头的距离信息，以便飞行员根据这些信息（或通过自动着陆控制系统），操纵飞机沿规定下滑线在最佳着陆区内安全着陆，如图 6-1-1 所示。

ILS 始用于 1939 年，1948 年被国际民航组织确认为国际标准着陆引导系统，同时规定了世界通用的信号格式和飞行规则。ILS 可满足 Ⅰ 类、Ⅱ 类着陆标准的要求。在个别设施完好的机场，ILS 也能提供 Ⅲ$_A$ 类着陆标准的精密进近和着陆引导。

6.2.1 ILS 基本组成

ILS 属于空中导出着陆引导数据的精密进近着陆引导系统，由地面设备

（地面信标）和相应的机载设备（机载接收、指示设备）两大部分组成。

1．地面信标

地面信标由航向信标（航向台）、下滑信标（下滑台）及远（外）、中、近（内）指点信标组成。

地面信标安装配置图如图 6-2-1 所示。

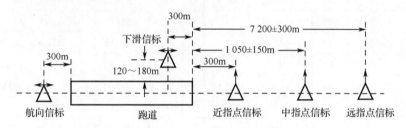

图 6-2-1　地面信标安装配置图

1）航向信标

航向信标（Localizer，简称 LOC）产生引导飞机着陆的航向面。

航向信标是提供航向信号的发射设备，架设在飞机着陆跑道入口相对的另一个端头，其天线阵中心应在跑道中心延长线上。在单向（或单向为主）的着陆跑道，一般只架设一个航向信标即可，如要能实现双向着陆引导，必须分别在跑道两端头各架设一个航向信标，但使用时只能开通一个航向信标（两个航向信标工作频率相同，使用同一个工作波道）。

航向信标工作在甚高频频段，频率范围为 108.10～111.95MHz，共有 40 个工作波道（对应 108.10～111.95MHz 频率范围内小数点后第一位数字为奇数、第二位数字为"0"或"5"的 40 个频率值）。

2）下滑信标

下滑信标（Glide Slope，GS）产生引导飞机着陆的下滑面。

下滑信标是提供下滑信号的发射设备，架设在距着陆跑道入口附近、距跑道一侧 120～180m 处。若要解决双向着陆引导，同样也要架设两个下滑信标，分别架设在跑道两个入口附近。

下滑信标工作在超高频频段，频率范围为 329.15～335.00MHz，共有 40 个工作波道（相邻工作波道频率间隔为 150kHz）。

航向/下滑信标工作波道频率配对表如表 6-2-1 所示。选定了航向信标工作波道频率（简称航向频率），下滑信标工作波道频率（简称下滑频率）也就确定了。

表 6-2-1 航向/下滑信标工作波道频率配对表

波道号	航向频率/MHz	下滑频率/MHz	波道号	航向频率/MHz	下滑频率/MHz	波道号	航向频率/MHz	下滑频率/MHz	波道号	航向频率/MHz	下滑频率/MHz
1	108.10	334.70	11	109.10	331.40	21	110.10	334.40	31	111.10	331.70
2	108.15	334.55	12	109.15	331.25	22	110.15	334.25	32	111.15	331.55
3	108.30	334.10	13	109.30	332.00	23	110.30	335.00	33	111.30	332.30
4	108.35	333.95	14	109.35	331.85	24	110.35	334.85	34	111.35	332.15
5	108.50	329.90	15	109.50	332.60	25	110.50	329.60	35	111.50	332.90
6	108.55	329.75	16	109.55	332.45	26	110.55	329.45	36	111.55	332.75
7	108.70	330.50	17	109.70	333.20	27	110.70	330.20	37	111.70	333.50
8	108.75	330.35	18	109.75	333.05	28	110.75	330.05	38	111.75	333.35
9	108.90	329.30	19	109.90	333.80	29	110.90	330.80	39	111.90	331.10
10	108.95	329.15	20	109.95	333.65	30	110.95	330.65	40	111.95	330.95

航向信标产生的航向面与下滑信标产生的下滑面的交线为规定下滑线。

3) 指点信标

指点（Marker，简称 MK）或（Marker Beacon，MB）信标，是提供定点距离信息的发射设备，架设在跑道中心延长线、距跑道端头距离已知的位置上。通常按距跑道入口端的距离远近分为远（外）、中、近（内）三种指点信标，如图 6-2-1 所示。不同的指点信标载频相同（均为 75MHz），用不同频率的声频信号识别。同样，要实现双向着陆引导，也需要在跑道两端头分别架设一个指点信标。

指点信标工作频率为 75MHz，垂直向上发射一个键控单音频调幅识别信号，向飞机提供指点信标安装位置的距离信息。各指点信标与跑道端头的距离已知，故可将其作为着陆飞机的距离检查点。

2. 机载设备

机载设备是 ILS 地面信标发射信号的接收、指示设备。

航向信标、下滑信标和指点信标是工作在三个不同载波频段的发射设备，所以其相应机载设备实际上是三部接收机，即航向接收机、下滑接收机和指点信标接收机。因为航向信标和下滑信标的工作频率是配对使用的，相应机载设备的指示器也是组合在一起使用的,所以通常把机载设备的主机、控制盒、指示器统一来设计,做成机载航向/下滑组合接收机。另外,指点信标接收机由于电路简单、体积小,所以一般也和航向/下滑接收机组合到一起。

6.2.2 下滑信标和下滑接收机

下滑信标产生的下滑面按等信号法构成,如图 6-2-2 所示。下滑信标天线同时发射 90Hz 和 150Hz 信号。设 θ_0 为规定下滑角,在规定下滑面上,90Hz 和 150Hz 信号的调幅度相等(若用 m_{90} 和 m_{150} 分别表示 90Hz 和 150Hz 信号的调幅度,此时有 $m_{90}=m_{150}$);在规定下滑面上方,90Hz 信号的调幅占优势 ($m_{90}>m_{150}$);在规定下滑面下方,150Hz 信号的调幅占优势 ($m_{150}>m_{90}$)。装在飞机上的下滑接收机,依据所接收信号在调幅度上的差别(调制度差),判定飞机着陆过程中是否偏离了规定下滑面,以及偏离的方向(偏上或偏下)和偏离程度大小。

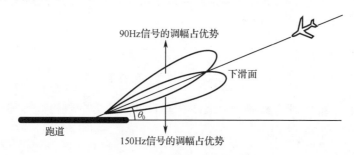

图 6-2-2 等信号法构成下滑面

1. 零基准下滑信标工作原理

下滑信标产生等信号区的方法有很多种。这里介绍一种用于 II 类着陆标准的"零基准下滑信标"。零基准下滑信标的基本组成如图 6-2-3 所示。

载频产生及放大部分产生并输出在 329.15～335.00MHz 范围内符合规定工作波道的载频信号 (f_0)。该信号经调制器 1、调制器 2 后输出被 90Hz 和 150Hz 信号调幅的调幅信号。和差电桥每臂可将高频信号移相 180°,其中 DC 臂多接入一个 $\lambda/2$ 线,比其余三个臂多移相 180°。被 90Hz 信号调幅的调幅信号经 AB 臂向下天线馈电,被 150Hz 信号调幅的调幅信号经 DB 臂也向下天线馈电。这两路调幅信号皆被移相 180°,因此它们对下天线同相馈电(称为"和"信号)。下天线发射信号的分量是 f_0、$f_0\pm90$ 和 $f_0\pm150$。被 90Hz 信号调幅的调幅信号及被 150Hz 信号调幅的调幅信号，分别经 AC 臂和 DC 臂向上天线馈电。由于 DC 臂比 AC 臂多移相 180°，故这两路调幅信号对上天线反相馈电（称为"差"信号），其结果是上天线的信号分量 f_0 被抵消，只存在 4 个边频分量 $f_0 \pm 90$ 和 $f_0 \pm 150$。因为上天线发射信号的 $f_0 \pm 150$ 边频分量比 $f_0 \pm 90$ 边频分量多移相 180°，如果要画出它们的频谱，这两对边频分量应分别位于水平坐标的上、下方。

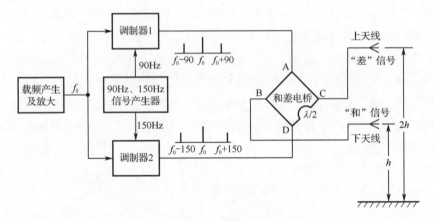

图 6-2-3 零基准下滑信标的基本组成

由于地面反射的影响，上天线在垂直面上的方向性图是多瓣的，如图 6-2-4 所示的实线图形。

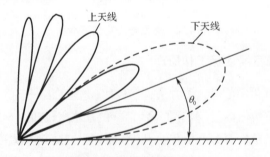

图 6-2-4 零基准下滑信标天线在垂直面上的方向性图

当上天线的架设高度等于下天线架设高度的 2 倍时，可使下天线发射的最大值信号与上天线发射的第一、二波瓣间的零值信号的方向重合，从而构成下滑角 θ_0。现将上天线第一、二波瓣和下天线在垂直面上的方向性图，以及发射信号的频谱画在图 6-2-5（a）中，并通过它来讨论当飞机下滑角为不同值时,零基准下滑信标对机上设备的作用。

在图 6-2-5 中,θ_0 是规定下滑角。当飞机的实际下滑角等于 θ_0 时,上天线发射零值信号,只存在下天线的发射信号,此时 90Hz 和 150Hz 信号的调幅度相等(有 $m_{90}=m_{150}$),调制度差(Difference in Depth Modulation,DDM)等于零,机载设备不输出下滑偏离信号;当飞机的实际下滑角大于 θ_0 时,在接收点处,上天线发射的第二波瓣的 $f_0\pm90$ 边频分量与下天线发射的 $f_0\pm90$ 边频分量同相,叠加后使 90Hz 信号的调幅度增大,而该处上天线发射的第二波瓣 $f_0\pm150$ 边频分量与下天线发射的 $f_0\pm150$ 边频分量反相,叠加后使 150Hz 信号的调幅度减小,出现 90Hz 信号的调幅占优势的情况($m_{90}>m_{150}$),机载设备输出下滑偏离信号;当飞机实际下滑角小于 θ_0 时,根据对上天线发射的第一波瓣的信号及下天线发射的信号的频谱分析可知,150Hz 信号的调幅占优势($m_{150}>m_{90}$),机载设备输出相反极性的下滑偏离信号。

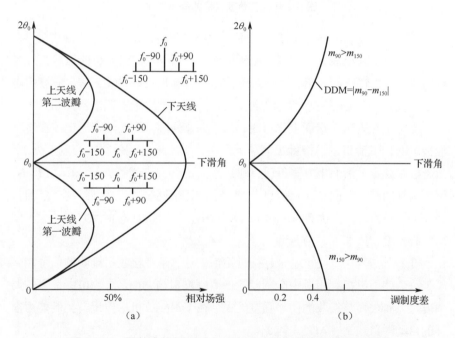

图 6-2-5 零基准信标天线在垂直面上的方向性图及调制度差

对于理想地形,当上天线离地面的高度在 7.37～10.27m 范围调整时,规定下滑角 θ_0 可在 2.5°～3.5° 范围内变化。

2. 下滑接收机

下滑接收机是下滑信标的机载设备。它可以是单独的接收机，也可以与其他接收机（如航向接收机）组合在一起。下滑接收机的基本组成如图 6-2-6 所示。

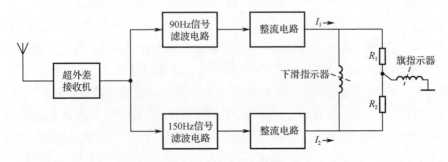

图 6-2-6　下滑接收机的基本组成

下滑信标发射的信号由机上的下滑天线接收后，输往超外差接收机，在超外差接收机，经放大、变频、振幅检波，获得 90Hz 与 150Hz 信号，经各自的滤波电路将它们分离，再通过整流电路，输出反映 90Hz 信号幅度的电流 I_1 和反映 150Hz 信号幅度的电流 I_2。I_1、I_2 反方向流过下滑指示器。

当飞机在规定下滑面上飞行时，由于 $m_{90}=m_{150}$，故 $I_1=I_2$，无电流流过下滑指示器，下滑指示器指针（简称下滑指针）不偏转（停在中心刻度处）；当飞机在规定下滑面上方飞行时，90Hz 信号的调幅占优势（$m_{90}>m_{150}$），$I_1>I_2$，下滑指针向某个方向（下）偏离中心刻度；当飞机在规定下滑面下方飞行时，150Hz 信号的调幅占优势（$m_{150}>m_{90}$），$I_2>I_1$，下滑指针向相反方向（上）偏离中心刻度，如图 6-2-10 所示。

在着陆过程中，飞机越来越接近下滑信标，下滑接收机接收的信号越来越强。为使下滑指针相对中心刻度的偏离程度仅与 90Hz 和 150Hz 信号的调幅度之差有关而与接收的信号强度无关，在下滑接收机中应设有控制能力很强的自动增益控制（AGC）电路。

下滑接收机工作是否正常可从以下两个方面进行监视。

（1）在整流电路的输出端接一个旗指示器，I_1、I_2 同方向流过旗指示器。当下滑接收机工作正常时，I_1、I_2 足够大，并流过旗指示器，下滑警旗从旗指示器面板上消失；若 90Hz 或 150Hz 信号有任意一个消失或载波幅度减小到一定程度，I_1、I_2 之和明显变小，旗便显露在旗指示器面板上。

（2）设置一个测试电路，当按下测试按钮时，一个具有特定调幅度差的调幅信号加到有关电路。此时，若下滑指针的偏转符合要求，则下滑接收机工作正常，否则不正常。

6.2.3 航向信标和航向接收机

1. 航向信标

零基准航向信标也采用"和"信号、"差"信号工作方式。

由图 6-2-7（a）可看出，航向信标的组成与下滑信标的基本相同。航向信标采用直线天线阵。该天线阵由 14 个或 24 个对数周期偶极子组成，其中心线与跑道轴线重合。振子的馈电方式：同相电流（"和"信号）对所有振子馈电，用以产生最大值指向跑道轴线的单瓣方向性图，如图 6-2-7（b）所示的虚线图形；边频信号（"差"信号）以跑道轴线为界馈给两边振子的相位相反，用于形成零值指向跑道轴线的两瓣方向性图，如图 6-2-7（b）所示的实线图形。

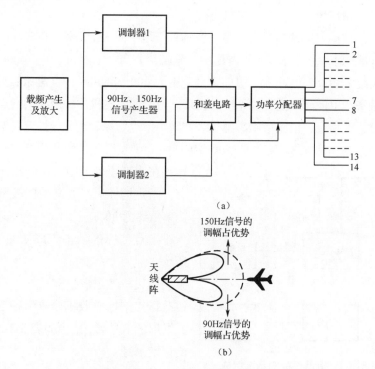

图 6-2-7 零基准航向信标的组成和水平面上方向性

类似于对下滑信标的分析，可得出以下结论：当飞机在航向面上时，$m_{90}=m_{150}$，机载航向接收机输出的 90Hz 和 150Hz 信号的整流电流相等，不产生航向偏离信号；当飞机偏离航向面时，$m_{90} \neq m_{150}$，视飞机航向偏离的方向，或者 90Hz 信号的调幅占优或者 150Hz 信号的调幅占优，从而产生不同极性的航向偏离信号。

2．航向接收机

航向接收机的组成与工作原理与下滑接收机的类似，只是其工作频率在 108.10～111.95MHz 范围，这里不再赘述。

6.2.4 指点信标和指点信标接收机

1．指点信标

指点信标是一个简单的甚高频调幅发射机。远、中、近（或外、中、内）三种指点信标的载频相同（均为 75MHz），但各自采用不同的音频信号频率、键控信号和灯光信号，以供飞机进行识别。

指点信标发射的信号场形是一个垂直于地平面的倒锥形，在离地高度为 50～100m 时，纵向宽度（沿跑道中心延长线方向）范围为 200～400m；在离地高度为 200～400m 时，纵向宽度范围为 400～800m。指点信标的天线是水平振子，由地面向上发射无线电波束。为了能向飞机准确地提供指点信标安装位置的信息，沿跑道中心延长线方向，指点信标天线方向性图较窄（半功率点约为 40°）；为使飞机稍偏离跑道中心延长线时也能收到指点信标信号，在垂直于跑道中心延长线的方向上，指点信标天线方向性图较宽（半功率点约为 80°）。

指点信标的基本组成如图 6-2-8 所示。

当飞机通过各指点信标上空时，机载指点信标接收机接收到各指点信标发射的信号后，给出如表 6-2-2 所示的识别信号。

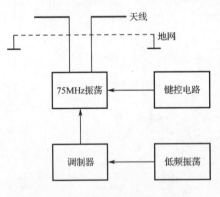

图 6-2-8　指点信标的基本组成

表 6-2-2 指点信标的识别信号

指点信标类型	音频信号频率/Hz	键控信号	"点""画"速率	灯光信号
远（外）	400	连续的"画"	每秒 2 个"画"	蓝色
中	1 300	连续"点""画"交替	每秒 6 个"点"、2 个"画"	淡黄色
近（内）	3 000	连续的"点"	每秒 6 个"点"	白色

2．指点信标接收机

指点信标接收机为指点信标的机载设备，又称信标接收机。指点信标接收机的组成如图 6-2-9 所示。

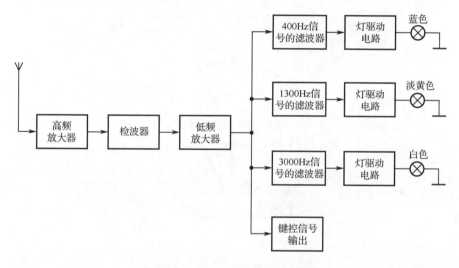

图 6-2-9　指点信标接收机的组成

飞机上的信标天线所接收到的 75MHz 调幅信号，经高频放大、检波和低频放大后，输出指点信标的音频和灯光信号。灯光信号分 3 个通道输出。这 3 个通道分别允许 400Hz、1 300Hz、3 000Hz 中的一个频率信号通过。当飞机依次通过远、中、近指点信标上空时，耳机可听到对应频率的音频信号，同时代表"远""中""近"不同指点信标的相应颜色的信号灯被依次燃亮。

6.2.5　ILS 航向、下滑偏离指示

ILS 的航向和下滑偏离信息通常显示在水平位置指示器（HSI）中。HSI

又称水平状态指示器,是一种能反映飞机水平运动状态信息的综合导航信息指示器(有的国产化的类似综合导航信息指示器简称"航位指示器")。对于无线电导航信息,HSI 除可显示 ILS 航向偏离、下滑偏离信息(或微波着陆系统的方位角偏差、仰角偏差信息)外,还可显示近程导航系统(如塔康系统)对预选航线的偏离、向台/背台以及斜距等信息。

1. HSI 面板

HSI 通常有多种型号,但其面板结构和功能却大致相同。图 6-2-10 给出了一种典型的 HSI 面板。在 HSI 面板中,与无线电导航信息有关的面板元器件名称及其功能如下。

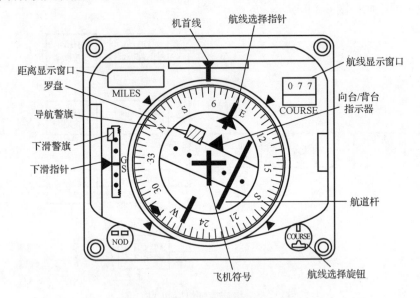

图 6-2-10 HSI 面板

(1)航道杆(横向偏差杆):用于指示飞机相对预选航线或规定着陆航向(方位)的偏离程度。当飞机不偏离预选航线或规定着陆航向(方位)时,航道杆位于中间刻度上(与飞机符号的中心重合)。

(2)航线选择旋钮:用于控制解算器的转子来预选航线。

(3)航线选择指针及航线显示窗口:当转动航线选择旋钮时,航线选择指针随之转动,同时航线显示窗口(用于显示预选航线度数)显示的数字随之变化。

(4)向台/背台指示器:用于指示飞机是位于预选航线的哪条径线上飞行。

（5）导航警旗：监视导航接收机导航信息是否正常。当导航接收机导航信息不正常时，该旗出现在HSI面板上；当导航接收机导航信息正常时，该旗应从HSI面板上消失。

（6）下滑（GS）指针：用于指示飞机相对规定下滑角（仰角）的偏离程度。当飞机不偏离规定下滑角（仰角）时，下滑指针位于中心刻度上。

（7）下滑（GS）警旗：用于ILS（MLS）监视导航接收机的下滑角（仰角）信息是否正常。当导航接收机的下滑角（仰角）不正常时，该旗出现在HSI面板上；当导航接收机的下滑角（仰角）正常时，该旗从HSI面板上消失。

（8）距离显示窗口：用于显示飞机与近程导航系统地面台之间的斜距信息。

当导航系统工作在TACAN（塔康）工作方式时，可通过HSI的航线选择旋钮人工预选塔康航线，所选塔康航线情况通过HSI的航线选择指针及航线显示窗口指示；HSI的向台/背台指示器指示出飞机是向着塔康信标还是背着塔康信标飞行；HSI的航道杆可指示出飞机对塔康预选航线的偏离方向及偏离程度。当导航系统工作在塔康工作方式时，按图6-2-10上HSI（假设此时导航警旗不显示）指示情况，可判读出以下塔康导航信息：

人工预选的塔康航线为77°航线；

飞机左偏塔康预选航线1.5格（每格代表一定角度，如5°）；

飞机正在向着塔康信标飞行。

2. ILS航向、下滑偏离指示

对于图6-2-10所示的HSI面板，当工作在ILS方式时，HSI面板左方的下滑指针及其刻度用来指示下滑偏离信息，中部的航道杆及其刻度用于指示航向偏离信息。

飞机相对规定下滑面的偏离情况与下滑指针指示的关系如图6-2-11所示。在图6-2-11中，假设下滑信标所给出的规定下滑角θ_0为2.75°。当飞机沿规定下滑面下滑时，下滑指针指示在中心刻度上；当飞机向上偏离规定下滑角0.7°时，下滑指针向下偏离中心刻度两个点，指示在下满刻度上；当飞机向下偏离规定下滑角0.7°时，下滑指针向上偏离中心刻度两个点，指示在上满刻度上。如果下滑指针偏离中心刻度一个点，则表示飞机偏离规定下滑角0.35°。当飞机对规定下滑角的偏离超过0.7°后，下滑指针已达满偏转，不能再反映飞机对规定下滑角的偏离程度。

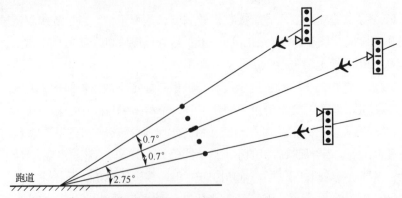

图 6-2-11　飞机相对规定下滑面的偏离情况与下滑指针指示的关系

飞机航向偏离与航道杆指示的关系如图 6-2-12 所示。当飞机在航向面时，航道杆指在中间位置；当飞机向右（或向左）偏离航向面 2°（对于长跑道）或 2.5°（对于短跑道）时，航道杆向左（或向右）偏指两个点。

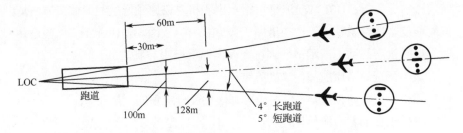

图 6-2-12　飞机航向偏离与航道杆指示的关系

下滑面和航向面相交将空间分为四个区域。只有在这四个区域中的由规定下滑 $\theta_0 \pm 0.7°$ 和规定航向角 ±2°（对于长跑道）所围成的空间范围内，ILS 航向、下滑偏离指示才与飞机的实际偏离量成比例，而超出这个空间范围，ILS 航向、下滑偏离指示与飞机的实际偏离量不成比例。当工作于 ILS 方式时，HSI 下滑和航向的中心刻度可用来代表飞机；下滑指针及航道杆可用来代表规定下滑面或航向面，向着下滑指针或航道杆所示方向修正飞机的下滑角及航向角，即可使下滑指针及航道杆均对准中心刻度，保持飞机沿规定下滑面及航向面下滑。

6.3　微波着陆系统（MLS）

微波着陆系统（Microwave Landing System，MLS）是从 20 世纪 60 年

代中后期开始发展起来的一种工作于微波频段的飞机精密进近、着陆引导系统。它本质上是微波（厘米波）仪表着陆系统。

几十年来，人们做了很多的努力来改进 ILS 的设备和提高其性能，并已取得了较满意的效果，然而这种努力并未从根本上改变 ILS 本身的弱点。

ILS 主要有以下的弱点。

（1）从工作体制上看，它用固定波束形成等信号区的方法来形成下滑线，只能提供单一固定的直线进场道，规定下滑角不能随不同飞机的要求而改变，不适应各种类型飞机（如直升机、短距离起降飞机等）进近、着陆引导的要求。

（2）从工作频率上看，它工作频率低，且其地面信标天线尺寸大，安装调整不方便。其中，航向信标工作于甚高频频段，与调频广播电台的频率靠近，易受调频广播电台干扰影响；下滑信标工作于超高频频段，且其天线要利用地面反射形成所需的方向性图，对地形环境变化很敏感，易受邻近物体和地貌变化的影响，对架设场地要求很严，要求安装场地非常平整并宽阔，而平整场地所要进行的大量作业会大大增加安装成本，从而限制了下滑信标在地形起伏不平和山区机场的应用。

（3）从工作波道数上看，它只有 40 个工作波道，能容纳的用户数量少，这对地理位置密集的机场而言，显得不够用。

通常，ILS 不能作为Ⅲ类进近、着陆引导系统，而只能作为Ⅰ类、Ⅱ类进近、着陆引导系统。随着航空事业的飞速发展和空中交通量的剧增，空中交通状况日益复杂，ILS 的上述弱点对飞机精密进近、着陆引导的限制影响更加明显。需要研制一种性能更加完善的飞机精密进近、着陆引导系统。微波着陆系统便是这样的系统。

自 20 世纪 70 年代以来，国外相继提出了多种微波着陆系统方案，经过对比，1978 年 4 月国际民航组织最终选定美国和澳大利亚的联合方案，即时间基准波束扫描微波着陆系统（Time Reference Scanning Beam MLS，简称 TRSB-MLS）。

6.3.1 MLS **基本组成**

与 ILS 类似，MLS 也属于空中导出着陆引导数据的精密进近、着陆引导系统，并由地面设备（地面制导台）和机载设备（机载接收机）两大部分组成。

1. 地面设备

时间基准波束扫描微波着陆系统通过测量两个角度（方位角、仰角）和一个斜距来确定空中飞机相对于地面跑道着陆点的位置。它的地面设备包括工作于 C 波段 5 031.0～5 090.7MHz 频率范围的方位角制导台（简称方位台，AZ）、仰角制导台（简称仰角台，EL）、反方位角制导台（简称反方位台，BAZ），L 波段 962～1 213MHz 频率范围的精密测距器（PDME 或 DME/P）应答器，Ku 波段 15 400～15 700MHz 频率范围的拉平制导台（简称拉平台，FL）以及远地监测控制设备（简称远地监控设备）等。

MLS 地面设备配置如图 6-3-1 所示。这个配置是一个单向扩展测角测距型配置方式（单向基本测角测距型配置方式无拉平制导台、反方位角制导台，单向基本测角型配置方式无精密测距器、拉平制导台、反方位角制导台）。根据实际着陆引导的需求，地面设备的具体配置可有所变化。

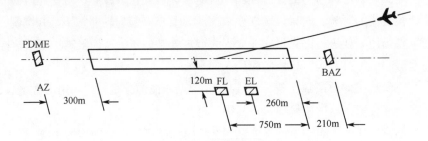

图 6-3-1　MLS 地面设备配置

远地监控设备一般安装在机场塔台机房内。远地监控设备与各种制导台之间采用有线电缆进行连接。远地监控设备向制导台传输控制信号、监测信号和同步信号等。

另外，方位角制导台和仰角制导台一般各有一个外场监测器，置于各自台站天线前方一定角度的位置上，与台站之间用有线电缆连接，用于传输监测信号。

1）方位角制导台（AZ）

方位角制导台相当于 ILS 的航向信标，用于产生水平扫描扇形波束，供机载设备测出着陆飞机相对于跑道中心线的方位角偏离的引导信息。方位角制导台天线通常安装在跑道中心延长线上距跑道端头 300m 左右位置处。它发射一个在水平面上宽度（圆心角）为 2°（或 1°、1.5°、2.5°、3°，波束越窄，测角精度越高）、在垂直面上宽度（圆心角）为 0.9°～30° 的扇形波束。该波束在跑道中心线两侧各 40°（或 60°，分别表示为±40°、±60°，其中±40°为方位角制导台的标准水平覆盖范围，±60°为扩展水平覆盖范围）的水平面上来回扫描。方位角制导台的前向水平作用距离通常为 20n mile（约37.04km）。

2）仰角制导台（EL）

仰角制导台相当于 ILS 的下滑信标，用于产生垂直扫描扇形波束，供机载设备测出着陆飞机相对于规定下滑角的下滑角（或相对于跑道平面的仰角）偏离的引导信息。仰角制导台天线通常安装在跑道入口一侧，在着陆跑道端头与飞机着陆点之间。它发射一个在水平面上宽度（圆心角）为 80°（或 120°）、垂直面上宽度（圆心角）为 1.5°（或 1°、2°）的扇形波束。该波束沿垂直方向一般在 0.9°～15°（或 0.9°～20°）范围内上下扫描。仰角制导台的前向水平作用距离通常与方位角制导台的相同。

方位角制导台和仰角制导台发射的扫描波束如图 6-3-2 所示。

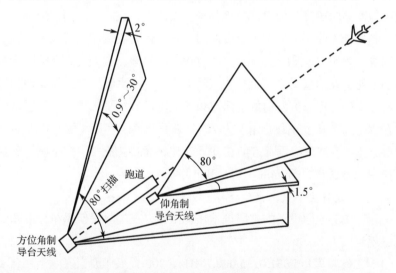

图 6-3-2　方位角制导台和仰角制导台发射的扫描波束

3）反方位角制导台（BAZ）

反方位角制导台用于给起飞飞机或进场失败而复飞的飞机提供水平方向的引导信息。反方位角制导台的扇形方向性图在水平面上的宽度（圆心角）为 3°左右、在垂直面上的宽度（圆心角）为 20°。以跑道中心线为基准，反方位角制导台发射的扇形波束在水平面上的扫描范围通常是±20°。反方位角制导台前向水平作用距离通常为 5n mile（约 9.3km）。

4）精密测距器（PDME）应答器

精密测距器应答器相当于 ILS 的指点信标，用于对精密测距器机载询问器（着陆飞机已装备）的测距询问进行应答，连续测出着陆飞机至精密测距器应答器天线之间的精确斜距信息。精密测距器系统与常规测距器（导航型 DME 或 DME/N）系统工作原理类似（也是采用询问—应答式有源脉冲对测距原理进行测距），并且兼容。它们的主要区别是精密测距器在测距器基础上，引入精密模式（初始进近模式 IA、最后进近模式 FA），测距精度高，其测距误差最小范围为±30m。精密测距器应答器通常与方位角制导台配置在一起。

精密测距器使用新的工作波道，并与 C 波段的 200 个 MLS 工作波道配合使用，是通过增加编码类型（W、Z）增加新的工作波道的。

5）拉平制导台（FL）

拉平制导台通常在Ⅲ类着陆标准的机场才设置，用于在拉平阶段给飞机提供距地面的精确高度信息。拉平制导台天线安装在跑道一侧，沿跑道方向与仰角制导台天线平行配置（一般在仰角制导台天线之后几百米的位置上）。拉平制导台采用 Ku 波段 15 400～15 700MHz 载频，其天线为相控阵天线，尺寸小，便于在跑道一侧飞机接地点附近安装。拉平制导台工作原理和仰角制导台的类似，但它们发射的扇形波束参数不同。拉平制导台天线通常发射一个在水平面上宽度（圆心角）为 20°、在垂直面上宽度（圆心角）为 0.5°的扇形波束。该波束沿垂直方向在 0°～7.5°的范围内扫描。拉平制导台前向水平作用距离通常为 5n mile（约 9.3km）。

6）地面设备主要技术性能指标

关于 MLS 地面设备的主要技术性能指标，在国际民航组织标准和建议措施中规定如下：

（1）工作频率：5 031.0～5 090.7MHz，200 个工作波道。

（2）覆盖范围：方位角范围为±40°，仰角范围为 0.9°～15°。

（3）天线波束宽度：方位角为 2°，仰角为 1.5°。

（4）频率稳定度：50Hz（短期稳定度）。

（5）监视：具有执行监视、维修监视功能。

MLS 地面设备成品主要参数数据如表 6-3-1 所示。

表 6-3-1 MLS 地面设备成品主要参数数据

参　　数		加拿大马可尼 MLS 地面设备		日本东芝 MLS 地面设备	
		方位角制导台（AZ）	仰角制导台（EL）	方位角制导台（AZ）	仰角制导台（EL）
工作频率范围		5 031.0～5 090.7MHz		5 031.0～5 090.7MHz	
发射机输出功率		20W		25W	
波束宽度		2°		1.5°	
波束稳定性		0.02°	0.04°	—	—
制导覆盖区	作用距离	20n mile（约 37.04km）		20n mile（约 37.04km）	
	方位角范围	±60°		±40°	
	仰角范围	0.9°～30°	0.9°～20°	0.9°～30°	0.9°～15°
制导精度		—		0.045°	0.050°
质量/kg		约 681	约 500	—	
平均故障间隔时间（MTBF）		9 500h			

2．机载设备

MLS 机载设备即 MLS 接收机，是 MLS 地面制导台信号的接收、处理设备，用于接收工作于 C 波段（5 031.0～5 090.7MHz）MLS 地面方位角制导台（AZ）和仰角制导台（EL）等向空中发射的扇形波束扫描微波着陆引导信号，经变换、处理，获得着陆飞机相对于跑道中心线的方位偏差角和相对于规定下滑角的仰角偏差角等引导信息。

6.3.2 MLS 测角、测高原理

1．MLS 测角原理

MLS 测量方位偏差角、仰角、反方位角的原理类似。现以方位角制导台为例，说明 MLS 测量方位偏差角的原理。

方位角制导台波束宽度在水平面上为 2°，在垂直面上为 30°。该波束在水平面内从跑道一侧 40°方位开始，以恒速扫描至跑道另一侧 40°方位，停留固定时间 Δt（如 800μs）后，又向相反的方向扫描，如此重复，如图 6-3-3（a）、（b）所示。在方位角制导台波束扫描的空间区域内，若有一架飞机用其机载设备（MLS 接收机）接收该方位角制导台信号，那么当该波束从起始

位置扫描至飞机方位时，经 MLS 接收机处理后能得到一个脉冲，该脉冲称为"去"脉冲（"往"脉冲）；当波束从另一端回扫至飞机方位时，经 MLS 接收机处理后又能得到一个脉冲，该脉冲称为"来"脉冲（"返"脉冲）。"去"脉冲与"来"脉冲的波形如图 6-3-3（c）所示。波束扫描速度很快（MLS 地面制导台天线均采用相控阵天线，以实现高速扫描，波束扫描速率高达 20 000°/s），每次来回扫描所需时间加上波束在两端停留时间 2Δt 不会超过十几毫秒。在这十几毫秒时间内，可认为飞机的方位偏差角未发生变化。在此前提下，飞机相对于跑道中心线的方位偏差角 θ 为

$$\theta = \frac{(T_R - T_0)}{2} \cdot K \quad (6.3\text{-}1)$$

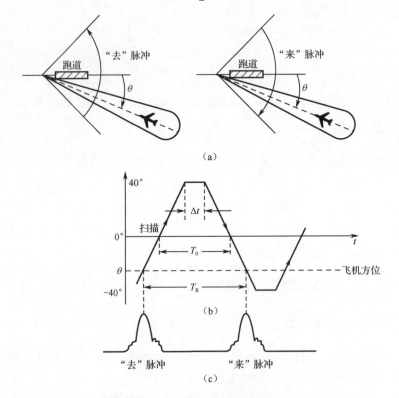

图 6-3-3　MLS 测量方位偏差角原理

式中，T_R 为 MLS 接收机收到的"去""来"脉冲中心点的时间间隔；T_0 为跑道方位（θ=0°）处"去""来"脉冲的时间间隔，是一个确定的已知值（对 ±40° 即 80° 的水平扫描范围，为 80° 的扫描时间加上 Δt，共 4 800μs）；K 是波束扫描速率因子，为已知值，在 MLS 方位角制导台和仰角制导台中，其

值皆为 20 000°/s。式（6.3-1）称为"MLS 测角公式"。

只要 MLS 接收机能测出"去""来"脉冲中心点的时间间隔 T_R，则利用式（6.3-1），即可算出飞机相对于跑道中心线的方位偏差角 θ，从而实现 MLS 方位角测量功能。

2．MLS 测高原理

拉平制导台（FL）用于在拉平阶段给飞机提供距地面的精确高度信息。拉平制导台天线发射一个在水平面上宽度为 20°（对其中心线而言±10°）、在垂直面上宽度为 0.5° 扇形波束。该波束沿垂直方向在 0°～7.5° 的范围内扫描。

拉平制导台的测高原理可在方位角、仰角制导台测角的基础上阐明。拉平制导台扇形波束沿垂直方向扫描，按照前述的测角原理，先测量出飞机相对于地平面的仰角 σ，如图 6-3-4 所示，有

$$h = h_0 + d\tan\sigma \qquad (6.3\text{-}2)$$

式中，h_0 为拉平制导台天线相位中心距地面的高度，为已知值；d 为拉平制导台与跑道中心线的距离，为已知值。根据式（6.3-2）即可求出飞机距地面的精确高度 h，从而实现 MLS 利用拉平制导台向拉平阶段的飞机提供距地面的精确高度信息功能。

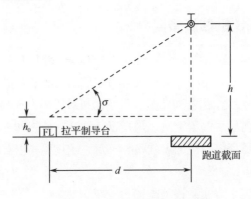

图 6-3-4　拉平制导台测高原理

3．MLS 比例覆盖区

在 MLS 方位角制导台、仰角制导台窄波束扫描的有效空间范围内，即对于方位角制导台，水平方向（相对跑道中心线，下同）角度范围为±40°（或±60°），垂直方向（相对跑道平面，下同）角度范围为 0.9°～30°，水平距离

为 20n mile（约 37.04km）；对于仰角制导台，水平方向角度范围为±40°（或±60°），垂直方向角度范围为 0.9°～15°（或 0.9°～20°），水平距离为 20n mile（约 37.04km），飞机所在点的角坐标与"来""去"脉冲的时间间隔成正比例，这个空间范围称为 MLS 制导覆盖区，又称 MLS 比例覆盖区。方位角制导台、仰角制导台窄波束扫描信号称为比例引导信号，MLS 机载设备接收到这样的信号即可确定飞机相对于跑道的精确方位角和仰角。

为了使 MLS 能对要求着陆的飞机进行全方位引导，MLS 除了要发射比例引导信号外，还要发射其他几种信号。MLS 机载设备接收到这些信号后，便能大致判断飞机处在机场的位置，以便引导飞机进入 MLS 比例覆盖区。这些信号如下。

（1）前向识别信号。

（2）左余隙信号（当方位角比例覆盖区为±10°时）。

（3）右余隙信号（当方位角比例覆盖区为±10°时）。

（4）左覆盖区外指示（左 OCI）信号。

（5）右覆盖区外指示（右 OCI）信号。

（6）后覆盖区外指示（后 OCI）信号。

（7）上覆盖区外指示（上 OCI）信号。

前六种信号都由方位角制导台发射，第七种信号由仰角制导台发射。

6.3.3　MLS 机载设备简介

MLS 机载设备包括两部分：一部分是方位角、仰角和数据机载接收设备（角度引导机载设备），完成飞机方位角和仰角偏差测量及数据的接收处理任务；另一部分是精密测距器（PDME）系统的机载设备（PDME 系统询问器），实现飞机着陆距离信息的精密测量与指示。这两部分工作在不同频段，组合使用共同为飞行员提供直观的着陆引导指示，或直接导出着陆引导数据提供给机载飞行控制系统。

下面仅对角度引导机载设备做简要介绍。

1. 角度引导机载设备工作原理

角度引导机载设备用于接收工作于 C 波段（5 031.0～5 090.7MHz）MLS 地面方位角制导台（AZ）和仰角制导台（EL）向空中发射的特定格式扇形波束高速扫描微波着陆引导信号，经处理后给出着陆飞机相对于跑道中心线的方位偏差角和相对于规定下滑角的仰角偏差角信息。

角度引导机载设备通常由天线、MLS 接收机、控制盒和偏差指示器等机件组成，如图 6-3-5 所示。

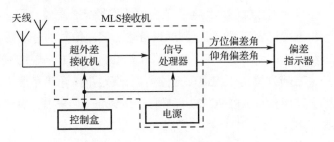

图 6-3-5　角度引导机载设备组成

天线用于接收 MLS 地面制导台发射的波束扫描等着陆引导信号。为了使角度引导机载设备能在 MLS 比例覆盖区内可靠接收信号，通常在飞机机腹蒙皮外的前部、后部位置各安装一个天线，分别称为前向天线、后向天线。

MLS 接收机是角度引导机载设备的主机，在 MLS 工作频率（工作波道）范围内工作（具体的工作频率由控制盒上的波道选择旋钮控制），由超外差接收机、信号处理器、电源等主要单元模块组成。前向天线、后向天线通过射频馈线输送微波着陆引导信号，经 MLS 接收机前端电路中的微波射频开关选择后，送入超外差接收机，再经变频、中放和检波等电路进行处理，输出方位偏差角、仰角对应的"去"（"往"）"来"（"返"）脉冲（视频信号）给信号处理器。

信号处理器是 MLS 接收机的核心模块组件，其主要功能就是完成方位偏差角、仰角对应的"去""来"脉冲中心点的时间间隔 T_R（如图 6-3-3 所示）的测量，并将这个时间间隔换算为方位偏差角和仰角。在信号处理器中，"去""来"脉冲经包络处理（寻找"去""来"脉冲的中心点，通过测定脉冲到达和离去的前、后沿与-3dB 门限电平交叉点的方法获得）、时间闸门脉冲跟踪（测量"去""来"脉冲中心点的时间间隔 T_R，采用钟频脉冲计数器计数的方法测得）、角度计算（计算偏差角度），按照 MLS 测角公式获得方位偏差角和仰角（仰角通常再进一步转换为相对规定下滑角的偏差角度），再经置信度判决（验证信号的可靠性，保证不受噪声、多路径反射等干扰影响）等主要信号处理过程后，产生着陆飞机相对于跑道中心线的方位偏差角（水平方向偏离信息）和相对规定下滑角的仰角偏差角（垂直方向偏离信息）

等信号，最后输出至偏差指示器指示。

需要说明的是，实际应用中的 MLS 接收机输出的信号有模拟信号和数字信号两种。模拟信号除送往外部偏差指示器的模拟方位偏差信号和仰角偏差信号外，还有标志方位偏差信号、下滑偏差信号是否有效、可信的模拟方位告警信号和下滑告警信号（用于判断设备输出偏差信号的有效性、可靠性）等；数字信号通常采用 ARINC429 数据格式标准，内含数字式的方位偏差角、仰角偏差角、着陆方位角（跑道磁方位角）、规定下滑角等角度引导信息，可送往飞机上其他具有 ARINC429 标准接口的设备（如导航计算机或飞行管理计算机等）中。

电源部分是将飞机供电电源变换为 MLS 机载设备所需电源的变换器。

控制盒用于选择工作波道（在 MLS 的 200 个工作波道对应的地面制导台中选择一个欲接收信号的地面制导台）、着陆方位角和着陆下滑角（飞机相对于机场跑道平面的着陆角度）等。着陆方位角、下滑角应在地面方位角制导台、仰角制导台允许的角度值范围内进行选择。控制盒还用来控制 MLS 接收机的开/关机、自检测及台站识别信号的音量大小。

MLS 的偏差指示器的结构和方位偏差、仰角偏差角指示原理，类似于前面讨论过的水平位置指示器（HSI）或航位指示器中的航道杆、下滑指针部分，在此不再赘述。

2．角度引导机载设备主要技术性能指标

角度引导机载设备主要技术性能指标如下。

（1）工作频率范围与工作波道数：5 031.0～5 090.7MHz，200 个工作波道（频率间隔为 300kHz），频率稳定度为±25kHz。

（2）MLS 接收机灵敏度：-104dBm，动态范围为 86dB。

（3）信号捕获时间：小于 1s。

（4）测角范围：测量方位偏差角的范围为±60°（相对跑道中心线），测量仰角偏差角的范围为 1°～20°（相对跑道平面）。

（5）测角精度：测量方位偏差角的精度为 0.017°，测量仰角偏差角的精度为 0.017°，分辨率均为 0.005°。

（6）输出信号形式：模拟量信号为角度偏差信号、告警信号，数字量信号为 ARINC429 格式的，音响信号为音频莫尔斯码。

6.3.4　MLS 应用特性分析

1. MLS 主要应用特点

较 ILS，MLS 具有以下优点。

（1）比例覆盖区大，着陆方位角、下滑角可选择。MLS 的比例覆盖区比 ILS 的大很多。MLS 与 ILS 比例覆盖区的对比如图 6-3-6 所示。在 MLS 比例覆盖区内，可任意选择着陆方位角和下滑角，不同类型的飞机可采用不同的进近、着陆路径（直线进近路径或曲线进近路径等）。MLS 可以使飞机进近、着陆时避开高大建筑物、障碍物和绕过居民点以减小飞机噪声对居民区的影响。

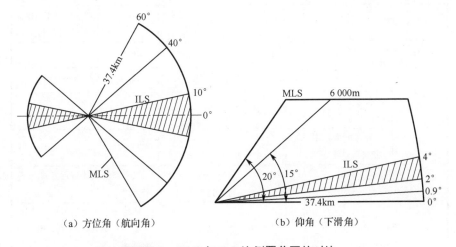

图 6-3-6　MLS 与 ILS 比例覆盖区的对比

（2）测角精度高。MLS 工作于微波波段（C 波段），因此允许用合理的天线尺寸形成窄波束。由于采用窄波束工作，能够减少多路径干扰，提高测角精度。MLS 地面制导台对架设场地的要求也比 ILS 的低。

（3）工作波道数多。MLS 方位角制导台、反方位制导台和仰角制导台在 5 031.0～5 090.7MHz 频率范围内工作，以 300kHz 为工作波道频率间隔，允许有多达 200 个工作波道，能容纳更多的用户。

（4）地面设备配置灵活，适应性强。MLS 可根据机场自然环境条件和着陆引导等级需求而灵活地配置地面设备，例如，可根据实际需求确定是否配置反方位制导台、拉平制导台。另外，MLS 地面设备播发的信号采用时分复用（TDM）多路传输信号体制，方位角、仰角等引导信息和各种数据信息在同一频率上时分播发，不同功能信息占有自己的播发时间，以时间分割的方式顺序向空中播发。一些有助于飞机着陆的数据，如方位偏差刻度因子、最小可选用的下滑角、最大方位角比例覆盖区、各地面制导台的波束宽度等，经 MLS 接收机接收处理后，可用于确定或计算出决断高度。时分复用多路传输信号体制还使 MLS 的组合具有灵活性。允许装有简单或复杂 MLS 机载设备的飞机，使用不同等级的地面设备配置。

MLS 和 ILS 的性能对比如表 6-3-2 所示。

表 6-3-2　MLS 和 ILS 的性能对比

性　　能		MLS	ILS
工作频率范围		5 031.0～5 090.7MHz	航向：108.10～111.95MHz 下滑：329.15～335.00MHz
工作波道数		200 个	40 个
比例覆盖区	水平距离	20n mile（约 37.04km）	20n mile（约 37.04km）
	水平角度范围 （相对跑道中心线）	40°（或 60°）	10°
	垂直角度范围 （相对跑道平面）	0.9°～15° （或 0.9°～20°）	2°～4°
进近方式		直线进近、曲线进近等立体方式（下滑角可选择）	仅单路径直线进近方式（下滑角固定）
适用的着陆标准		可实现Ⅲ类着陆标准	适用于Ⅰ类着陆标准，要达Ⅱ类、Ⅲ类着陆标准较困难、费用高
离跑道端头距离数据的获得		靠 DME/P 可获得精确数据	靠指点信标在 2～3 个点获得数据
离地高度数据的获得		从拉平制导台获得（或从 DME/P 斜距和仰角数据算出）数据	只能从无线电高度表上获得数据
机载接收机通道数		AZ、EL、BAZ 公用 1 个通道	航向和下滑各 1 个通道
对短距和垂直起降 飞机引导能力		有	无
着陆后滑跑引导能力		有	无
平行跑道着陆时的并排最小间隔		900m	1 500m

续表

性　能	MLS	ILS
顺序着陆飞机间隔和跑道起降率	间隔小，起降率高	间隔大，起降率低
最后进近所要求的直线航段和飞行灵活性	短，有灵活性，可回避地形障碍、空中禁区等	长，无灵活性
精度（60m 决断高度上，2σ）	侧向：4.2m 垂直：2.7m	侧向：18.4m 垂直：4.1m
是否受调频台干扰	否	航向信标受干扰
地面信标对场地要求	对场地要求较低，准备费用小	下滑天线的方向性图需要地面的反射来形成，要求场地平坦，准备费用大
受多径干扰的影响	受多径干扰小，可用于山区、海岸等环境差的地方	受环境地形、地物影响极大，多径误差大
跑道附近的关键区和敏感区	小	大，建筑、车辆、飞机必须远离跑道
校正和试飞费用	校正较易，试飞费用小	校正困难，试飞费用大

2．MLS 应用现状及发展前景

作为飞机进近、着陆引导系统，MLS 较 ILS 有许多无法比拟的优点。1987 年，国际民航组织曾正式通过了从 ILS 向 MLS 的过渡计划。按照这个计划，在 1998 年前，在世界范围内 MLS 将完全取代 ILS。在欧洲，由于其特殊的地理环境和航空业自身发展的需要，MLS 取代 ILS 速度较快，进展较为顺利。但在世界其他地区，MLS 取代 ILS 进展却并不顺利。MLS 价格较高，这直接影响了 ILS 向 MLS 的过渡速度。特别是后来由于全球定位系统（GPS）的迅速发展，差分 GPS（DGPS）用于精密进近、着陆的研究、开发工作成绩喜人，使 MLS 取代 ILS 的速度再次缓慢下来。美国联邦航空局（FAA）的 DGPS 进近实验表明，采用 DGPS 能够达到 I 类、II 类精密进近、着陆系统的精度要求。FAA 已进行了 DGPS 作为 III 类精密进近着陆系统的可行性实验。DGPS 作为精密进近、着陆的强大吸引力使国际民航组织重新开始考虑 MLS 作为未来机场着陆导航系统的前景。国际民航组织已取消了所有国际机场必须用 MLS 取代 ILS 的要求。

目前，欧洲比较热心研究同时具有接收 ILS、MLS 和 GPS 多种信号能力的多模式接收机（MMR）。多模式接收机其实早在 1997 年的时候就已经研制出来。多模式接收机是未来飞机精密进近、着陆引导系统机载设备的一个发展方向。

6.4 舰载机着舰引导系统

6.4.1 舰载机着舰基本过程及主要影响因素

1. 舰载机着舰基本过程

以航空母舰（简称航母）或特殊舰只为起落基地的飞机称为舰载机。在舰载机飞行控制中，确保安全着舰是最困难的任务之一。

舰载机着舰分进近（进场）与着舰两个阶段。进近阶段是从航母交通管制中心截获舰载机进场窗口到引导舰载机进入精密跟踪雷达截获窗口为止的阶段。飞机进场开始点（飞机进场窗口）离航母约 32km，进近导引由 ILS 完成。着舰阶段是从飞机进入精密跟踪雷达截获窗口到触舰为止的阶段，航程约为 3.2～6.4km。在着舰阶段，舰载机在自动或人工着舰引导系统的引导下完成最终的着舰过程。舰载机的进场、着舰与复飞如图 6-4-1 所示。

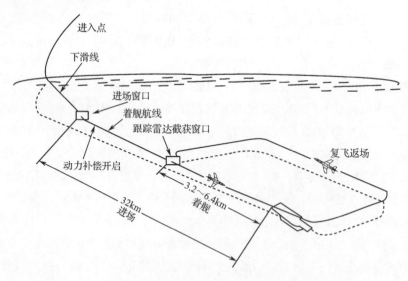

图 6-4-1 舰载机的进场、着舰与复飞

舰载机的着舰环境非常恶劣。现代航母一般采用斜、直两段式甲板。航母甲板配置如图 6-4-2 所示。该航母舰首的直段甲板为起飞甲板，长为 70～

100m；斜段甲板为降落甲板，设在主甲板左侧，与舰体龙骨轴线成 6°～13°夹角，长为 220～270m，宽为 27～30m。在垂直于斜段甲板中心线处，设有4 道拦阻索，每隔 12m 设一道拦阻索，其中第一道拦阻索设在距斜段甲板尾端 55m 处，由弓形弹簧张起，高出飞行甲板 30～50cm。当舰载机着舰时，其尾钩（拦阻钩）应准确地勾住斜段甲板上的拦阻索（理想的着舰点在第 2、第 3 道拦阻索之间靠近斜段甲板中心线附近的位置），使其动能迅速地被缓冲器吸收，从而使其经短距离滑跑后停下。因此，舰载机着舰点必须非常准确，若太靠前，舰载机会脱钩；若太靠后，舰载机则又可能与航母的艉部相撞，酿成大祸。根据着舰引导规范，舰载机着舰点的纵向高度误差应小于 0.3m，前后水平误差小于 12.2m，侧向偏差范围为 ±10m。

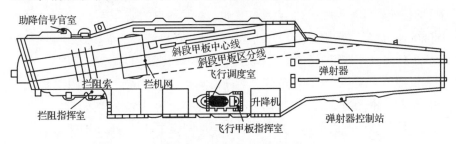

图 6-4-2　航母甲板配置

2．舰载机着舰主要影响因素

影响舰载机精确着舰的主要因素如下。

（1）舰体的运动。航母以一定的速度在水中航行，由于海浪等因素的作用，舰体将做三自由度偏摆及垂直起伏运动，导致舰载机的预期着舰点为三维空间的活动点。

（2）舰尾气流扰动。研究表明，舰尾气流扰动对舰载机着舰的影响很大，若不加以修正，仅稳态尾流一项即可导致几十米的纵向舰载机着舰误差。

（3）气象条件。舰载机着舰操作主要依靠飞行员的直觉，首要的气象条件是能见度的条件。在能见度高的条件下，飞行员可以采取目视方式着舰；而在能见度很低的条件下，或者在夜间降落时，飞行员就要靠仪表进行飞行操作，并采取直接着舰方式。这时，不但对飞行员技能的要求很高，对着舰管制的要求也很高。在严酷的着舰环境下，如何提高着舰精度及安全性是着舰引导所要解决的主要技术问题。

6.4.2 舰载机着舰引导技术

1. 人工着舰引导技术

早期舰载机的飞行速度低,在其进场着舰飞行时,航母一般处于前驶运动中,舰载机与航母的啮合速度较低。这时,舰载机由人工引导着舰,航母上的着舰指挥官用信号旗和信号牌引导飞行员人工目视着舰。这就是早期的"示牌进场"方法,它对飞行员和着舰指挥官的技术水平和熟练程度要求较高。这种人工目视飞行规则(Visual Flight Rules,VFR)降落操作的典型着舰模式要求气象能见度要高。

第二次世界大战后的喷气式舰载机进场速度已达 200km/h。当着舰飞行时,即使航母处于前驶运动中,喷气式舰载机与航母的啮合速度也可为 150~180km/h,此时"示牌进场"方法已无法满足精确着舰的需要。20 世纪 50 年代(1952 年),英国设计出了早期的光学助降装置(助降镜)。它是一面大曲率反射镜。设在航母舰尾的灯光射向助降镜的镜面再反射到空中,给飞行员提供一个用光指示的下降坡面(与海平面夹角为 3.5°~4°)。飞行员操纵舰载机沿着这个坡面下降,并以舰载机在助降镜中的位置修正航道误差,直到安全降落。

20 世纪 60 年代,英国又发明了更先进的菲涅耳透镜光学助降系统(FLOLS),为飞行员提供着舰下滑航迹的基准光束,保证飞行员精确完成着舰。菲涅耳透镜光学助降系统能发出直线性极好的柱形光束。在空间,只有在某个特定的角度才能见到该光束。因此,该光束能为舰载机指示更精确的下滑航迹。

2. 自动着舰引导技术

人工着舰方式的缺点是易受气象等因素的影响。为了适应全天候飞行,提高喷气式舰载机着舰安全性,20 世纪 60 年代后,美国最先研制开发了自动着舰系统(Automatic Carrier Landing System,ACLS),并在 20 世纪 80 年代运用于 F/A-18F 飞机。ACLS 具备了全天候着舰引导的功能。ACLS 由舰载设备和机载设备两大部分组成。ACLS 原理结构如图 6-4-3 所示。

机载设备由数据链接收/译码装置、飞控耦合器、自动飞控系统(AFCS)、自动油门控制器、雷达增强器等组成;舰载设备包括跟踪雷达、计算机、稳定平台、显示控制台、数据编码/发射机和数据链监视器等组成。舰载设备和机载设备通过无线电数据链进行指令传送。

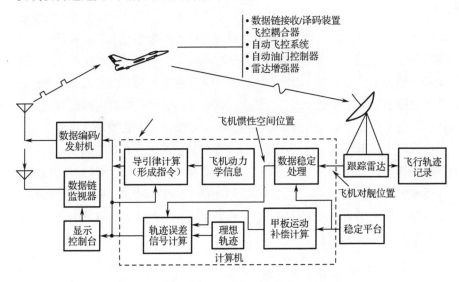

图 6-4-3　ALCS 原理结构

当舰载机进场，进入舰载跟踪雷达截获窗口时，ACLS 进入工作状态，舰载跟踪雷达一直跟踪舰载机直到着舰前 1～2s 进入盲区后为止。ACLS 在工作状态下，通过舰载跟踪雷达测量舰载机相对于航母的位置信息（方位角、仰角和斜距），再根据航母甲板的实时运动状态，通过计算机求出舰载机正确降落所要求的惯性位置信息，然后通过数据链发射到舰载机上，经译码转换后与机载惯性导航系统提供的实际位置信息，在着舰飞行指令计算机中产生水平、垂直方向位置误差信号，供舰载机的飞控系统自动地修正着舰飞行航迹，以保证舰载机按设定的理想轨迹降落。

ACLS 无论采用何种方式对舰载机进行着舰引导，均要按照严格的程序操作：放下尾钩、断开武器开关、放下减速板、放下起落架、着舰检查等。在舰载机正常降落前，航母首先要转向，朝向逆风航向全速航行。

3. 着舰引导的工作模式

全天候着舰系统（All-Weather Carrier Landing System，AWCLS）有Ⅰ、Ⅰ$_A$、Ⅱ、Ⅲ四种工作模式。

工作模式Ⅰ为 ACLS 方式，实现舰载机从进入跟踪雷达截获窗口到安全着舰的全自动飞行控制。工作模式Ⅰ$_A$ 类似于工作模式Ⅰ，只是舰载机在以工作模式Ⅰ飞行到离舰 800m 处转为通过菲涅耳透镜光学助降系统人工目视着舰状态。工作模式Ⅱ属于 ILS 方式，与工作模式Ⅰ不同的是引导误差信息不与飞控系统耦合，只通过仪表显示供飞行员沿理想轨迹人工操纵下降，当飞行员能看到航母（通常离舰 1 000～2 000m）时，再通过菲涅耳透镜光学助降系统人工目视着舰。因此，工作模式Ⅱ又称半自动着舰模式。工作模式Ⅲ为口令引导人工着舰方式，由舰上控制台的操纵员观察精密跟踪雷达显示器，获得飞机方位角与仰角偏差角度后，以语音通信方式指示飞行员操纵舰载机着舰，直至转为通过菲涅耳透镜光学助降系统人工目视着舰状态。

舰载机在着舰时，常以前两种工作模式为主，后两种工作模式作为备份。上述全天候着舰系统的四种工作模式中的后三种工作模式，最终均通过菲涅耳透镜光学助降系统人工目视着舰。因此，研究与改善人工着舰引导系统中的光学助降系统有着重要的意义。

4. 可视激光着舰引导系统

常规菲涅耳透镜光学助降系统是一种近距着舰引导系统，作用距离不超过 5.5km。它的最大缺点是飞行员对进场着舰做出的反应较晚，有时来不及将飞机充分调整到正确下滑道上和对准降落甲板中心线，进而产生较大的航迹偏差。

随着光电技术的发展，20 世纪 80 年代后期，美、法等国开始研究采用激光、红外、电视等着舰引导系统，其作用距离显著增加，并与菲涅耳透镜光学助降系统组成新型的人工着舰系统。该系统在抗电磁干扰和不利气象条件下，工作性能显著提高。20 世纪 90 年代，美国成功研制一种可视激光着舰引导系统（激光中线定位仪，1994 年装备"星座"号航母），用于长距离精确着舰引导，帮助飞行员提早建立正确的着舰航线。在晴朗的天气，飞行员在离着舰还有 11min 时就能精确辨认出降落甲板中心线，尽早建立正确的航迹，这显著提高了着舰的安全性。

可视激光着舰引导系统利用激光高度准直的特性，使激光用于长距离精确对准降落甲板中心线的导航。在这种系统的引导下，飞行员在 16km 之外就可使舰载机对准降落甲板中心线。通过可视激光着舰引导系统，飞行员不仅知道是否在航线上，而且还知道偏离航线的方向和程度，以便及时校正纵向、侧向航线。当舰载机约离航母 800m 时，飞行员视野里激光束被阻挡，看到常规菲涅耳透镜光学助降系统的导引光束，并在该光束的引导下安全着舰。

5. 激光扫描飞机姿态监视系统

1992年,美国研制成功一种激光扫描飞机姿态监视系统(Scanning Laser Aircraft Scout System,SLASS)。它用两束扫描红外激光,从航母滑行台下方扫出进场通道。其中,一束激光通过柱面透镜后变成竖窄条,并在水平方向扫描;另一束激光变成横窄条,并在上升方向扫描。装在舰载机起落架和尾钩上的反射器,将反射信号反射回舰上接收机。通过反射信号间的时间分辨该系统提供的六个自由度信息:距离、方位、高度、偏航、纵摇(俯仰角)和横摇(倾斜角)。该系统利用逐次扫描,确定舰载机进场速度、下滑率和对中变化率。垂直装在起落架上的一列分隔开的反射器可以提供舰载机类型的判断信号。

激光回波信号产生的速度要比扫描装置的扫描信号产生的速度快,因此激光回波信号可以用于确定舰载机的姿态和位置参数。如图6-4-4所示,由上升扫描激光回波信号,可确定舰载机的仰角;由水平扫描激光回波信号,可以确定方位角、偏航角和距离数据。一旦判定了舰载机类型,那么两个起落架之间的距离就确定了。由激光束从一个主起落架到另一个主起落架所用的扫描时间以及速率,可确定舰载机到航母的距离;由激光束从尾钩反射器到机头起落架反射器的扫描时间,可确定偏航角;由激光束从两个主起落架返回的信号差,可确定舰载机的横滚角;由激光束从机头起落架与尾钩返回的信号差,可确定俯仰角。

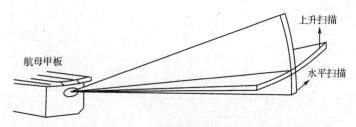

图6-4-4 激光扫描飞机姿态监视系统激光扫描示意图

激光扫描飞机姿态监视系统在离航母约9km开始监视已在航路上的舰载机,借助于舰载机起落架和尾钩上的特制激光反射镜(反射器),用两束激光进行扫描,从而测出舰载机的位置、姿态和类型(不同类型舰载机选择连接阻拦索的液压汽缸的压力也不同)。此外,它能十分准确地确认舰载机的起落架与尾钩是否放下。

6.4.3 舰载机自动着舰系统简介

下面介绍美军 F/A-18 舰载机自动着舰系统（ACLS）。

1．系统组成与功用

F/A-18 舰载机 ACLS 由机载设备和舰面设备两部分组成，如图 6-4-5 所示。

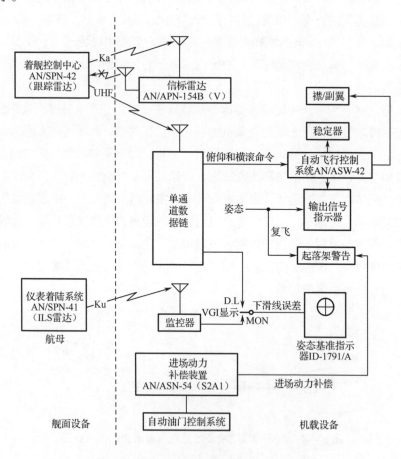

图 6-4-5 F/A-18 舰载机 ACLS 的结构

1）舰面设备

（1）中央着舰控制系统（LCCS）AN/SPN-42。

LCCS 将 Ka 波段的信号从航母传到舰载机上。LCCS 使用一个圆锥形扫描天线，利用雷达跟踪舰载机，并将舰载机位置与期望的下滑线进行比较。此系统包含以下五个舰载子系统。

① 跟踪雷达（Ka 波段）。

此雷达在舰载机进入跟踪范围时将舰载机锁定，并一直跟踪舰载机的斜距、方位角和仰角等实时位置信息，直至舰载机降落或复飞。

② 甲板调整稳定系统。

将跟踪雷达获取的着舰舰载机实时位置信息传给以舰载机在甲板上的着陆点为参考点的甲板调整稳定系统。

③ 计算机。

此计算机是一个多用途的计算机，用于稳定、过滤从跟踪雷达获取的着舰舰载机实时位置信息，并进行飞行控制所需要的计算。

④ 数据链监控器。

数据链监控器不断检查信息传输的误差。如果检查出信息是不正确的，数据链监控器会将 ACLS 转换至工作模式Ⅱ或工作模式Ⅲ，或者发出复飞信号。

⑤ 控制台。

监控 ACLS 的不同功能状态。

（2）仪表着陆系统 AN/SPN-41。

该系统将舰载机下滑线脉冲编码的 Ku 波段（15.4～15.7MHz）的信号从航母传送到舰载机上。该系统有方位、下滑（仰角）两个天线，分别传送方位和下滑信号。这两个信号由舰载机上的接收—译码组进行处理。

2）机载设备

（1）信标雷达 AN/APN-154B（V）。

它用于接收从跟踪雷达发出的 Ka 波段询问信号，然后向航母发出 X 波段的应答信号以提供舰载机的位置信息。

（2）数字信号通信系统（DDCS）AN/ASW-25B。

DDCS 接收的数据链信号经滤波处理后，传给自动飞行控制系统。

（3）自动飞行控制系统（AFCS）AN/ASW-42。

AFCS 为飞行控制系统与数据链的连接提供了接口。飞行员利用它来选择 ACLS 的工作状态。AFCS 具有工作模式转换、信号处理、逻辑连接、指令信号限定和触发、故障保护装置。故障保护装置对于数据链信号与 AFCS 纵向与侧向通道的连接是必需的。在所有通道上都有自动同步装置。

（4）接收—译码组 AN/ARA-63。

接收—译码组根据航母上跟踪雷达所提供的信息计算下滑线误差，并为轨迹误差指示器提供模拟式指示信息。接收—译码组用于工作模式Ⅰ和工作模式Ⅱ进场过程的空中监测。

（5）姿态基准指示器（VGI）ID-1791/A。

VGI 用于显示监控器在十字指针上的舰载机下滑线误差，还能确定并显示倾斜角、横滚角、侧滑角和转弯速度。

（6）进场动力补偿装置（APC，又称油门自动控制装置）AN/ASN-54（S2A1）。

APC 自动调整推力以保持攻角，这样就保持了舰载机降落过程中的速度。它可以用于所有工作模式的降落过程，而且对于工作模式Ⅰ的进场过程是必需的，对于工作模式Ⅱ和工作模式Ⅲ的进场过程是可选的。攻角传感器、常态加速度计和安定面装置的位置数据都被用于控制与发动机燃油控制系统相连接的机电伺服机构。

（7）输出信号指示器。

它用于显示舰载机的九个位置状态指示信号。

（8）告警仪表板。

它上面有三个警告灯"APC STBY"、"AFCS OUT"和"WAVE OFF"，分别通知飞行员进场动力补偿装置、AFCS 的状态和是否必须复飞。当 APC 可用时，"APC STBY"灯亮；当自动驾驶系统错误运行时，"AFCS OUT"灯亮；"WAVE OFF"灯亮则表示必须开始复飞。在工作模式Ⅰ的进场过程中，如果"APC STBY"灯或"WAVE OFF"灯亮，飞行员必须立即转入人工驾驶。

（9）进场分度器。

它提供一个飞行员视线内的附加攻角，用于工作模式Ⅱ进场过程中飞过指示或工作模式Ⅲ进场过程中的监控显示。

2．着舰步骤

当舰载机到达航母交通管制中心控制的进入点时，舰载机便开始着舰，整个过程分为两个阶段：进近（进场）和着舰。从舰载机到达进入点到进入跟踪雷达捕获窗口为进场阶段；从舰载机进入跟踪雷达捕获窗口到触舰为着舰阶段。从进场阶段到着舰阶段必须尽量少进行转换操作以减少飞行员的任务量。

工作模式Ⅰ的着舰过程如图6-4-6所示。首先根据舰载机的燃油和安全状况决定降落优先权，这里假设舰载机有数据链通道来进行自动着舰。当允许着舰指示器亮时，飞行员驾驶舰载机进场而开始降落程序。飞行员在准备降落时，必须确保APC处于自动状态，其他所有的子系统都打开并处于工作状态。

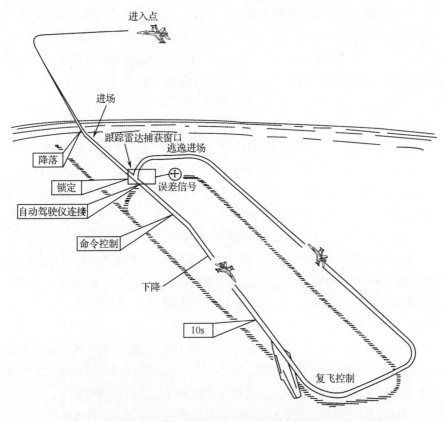

图6-4-6　工作模式Ⅰ的着舰过程

当舰载机进入并通过跟踪雷达捕获窗口时，跟踪雷达捕获舰载机，自动着陆准备就绪指示灯亮。当跟踪雷达捕获窗口大约位于航母后方6.4km处，自动着陆准备就绪指示灯亮时，航母交通管制中心开始发射代表舰载机进场航线实际位移的水平和垂直方向误差信号。这些信号反映舰载机相对进场航线的实际偏差，经过数模转换后为VGI提供显示信息。

飞行员需要选择工作模式Ⅰ进行全自动着陆。LCCS发射交联离散信号至机载设备。此信号表示了纵向、侧向指令可以与自动驾驶仪交联。此时，飞行员确保 APC 处于工作状态，降落、复翼、刹车装置都正常，并且舰载机保持进场速度。当自动驾驶仪被打开并处于自动工作状态时，飞行员就将"ACL/OFF/PCD"开关转换至"ACL"位置，将数据链与自动驾驶仪耦合。飞行员必须随即用语音向舰上指挥官通报确认自动驾驶仪开始工作。

地面控制中心随后向舰载机发送倾斜和航向指令信号。随着舰载机沿着进场航线继续下降高度，在触舰前大约 12.5s，"10s"信号将会被发射出去。此信号提示飞行员舰载机下滑命令中已加入甲板运动补偿命令。补偿就是根据航母的运动而对舰载机的状态进行微小的调整。在舰载机触舰前 1.5s 时，降落系统中止倾斜和航向命令，自动驾驶仪保持舰载机姿态直至触舰。

3. 安全措施

ACLS 有许多装置来保护飞行员和飞机免受人为错误和设备故障的影响。使用 ILS AN/SPN-41 独立检查舰载机的实际着舰航迹，以供飞行员了解是否按理想下滑航线着舰。当舰载机越过了工作模式 I 的控制航线，ACLS 停止发射双联信号，这时指示灯会熄灭，而且断开自动驾驶仪并转回至增稳（STAB AUG）模式。舰载机可以继续飞行接近航母，但是飞行员必须以工作模式 II 或工作模式 III 飞行。如果航线误差增至必须通过进行规定程序中的"大机动"来修正航线，甲板控制中心就会发出复飞命令。复飞命令是完全脱离于降落引导系统的。当"WAVE OFF"灯连续闪烁时，飞行员可自定复飞路径。

在工作模式 I 下，飞行员如果使用纵向 10lb[①]或横向 7lb 的力猛拉驾驶杆，则会断开 ACLS 并使自动驾驶仪自动进入 STAB AUG 模式。飞行员可在工作模式 II、工作模式 III 下，人工操纵飞机继续进场或者直接复飞。

如果在接收到下滑线误差数据 2s 内数据链中存储的信息没有被更新，一个 TILT 离散信号则会在显示器上显示，使自动驾驶仪与 ACLS 断开，进入 STAB AUG 模式。自动驾驶仪与 ACLS 一旦断开，"AFCS OUT"灯便会亮 20s，然后熄灭。

当飞行员通过 VGI 十字指针监控下滑线误差时，如果出现 TILT 显示信

---

① 1lb=0.453 592 37kg。

第 6 章 着陆（舰）引导系统

息或者"WAVE OFF"灯亮，此十字指针则会消失。如果在使用监控器，上述信号对这个十字指针没有影响。如果监控器正在用于显示下滑线误差，并且 RF 信号丢失，这个十字指针则会指示到向上或者向右的状态，从而提醒飞行员采取修正措施来进行纠正。如果切断监控或者关闭总电源，这个十字指针也会消失。当信标雷达被询问并在 ACLS 方式下发射应答信号，信标雷达波束灯会亮，以告知飞行员信标雷达工作正常。当 VGI 的激励信号转移或中断，警告旗会立即弹出。所有这些功能都预防了可能危及飞行员和舰载机的任何系统故障的发生。

舰载精密跟踪雷达捕获并跟踪舰载机，将所测得的舰载机相对空间位置信息送入计算机。与此同时，甲板调整稳定系统所测出的航母运动（起伏、倾斜、俯仰和偏航）信息经补偿处理后也不断送入计算机，经甲板调整稳定系统补偿后的舰载机惯性空间位置与存放在计算机中的理想着舰轨迹进行比较，得出的误差信息按设计的导引律计算控制指令，以数据链形式发送至舰载机，由自动飞行控制系统和自动油门控制系统不断纠正飞行轨迹，以使舰载机按设置的理想轨迹着舰。

复习题

（1）现行仪表进近着陆引导系统的着陆标准分哪几类？各类的参数数据范围是多少？

（2）试说明仪表着陆系统（ILS）地面设备的组成及基本配置情况。

（3）画出 ILS 下滑接收机的组成框图，并简述其基本工作原理。

（4）简述 ILS 信标接收机的工作原理。

（5）一种水平状态指示器（HSI）面板如图 6-2-10 所示，试说明其航向偏离和下滑偏离指示原理。

（6）简述微波着陆系统（MLS）地面设备的基本组成及每部分的作用。

（7）试简要分析 MLS 的仰角测量原理。

（8）与 ILS 相比，MLS 有哪些应用特点？

（9）结合图 6-3-5，简述 MLS 机载设备基本工作原理。

（10）结合图 6-4-1、图 6-4-2，简述舰载机的基本着舰过程。

（11）舰载机着舰引导有哪四种工作模式？并简要对比其应用特点。

（12）结合图 6-4-3，简述舰载机自动着舰系统的基本工作原理。

第7章

卫星导航系统

7.1 概述

7.1.1 卫星导航系统概念与发展简况

1. 卫星导航系统概念

卫星导航是指利用人造地球卫星确定载体（飞机、导弹、舰船、车辆等）的位置、时间及其他航行参数，从而引导载体沿预定航线航行。

卫星导航技术是现代空间科学技术、电子技术发展的产物，是传统无线电导航技术与现代空间技术相结合而产生的一种新的导航技术。

传统陆基（地基）无线电导航系统，如罗兰—C系统，由设置在地面、已知精确地理位置坐标的3～5个固定发射台组成的罗兰—C台链和机（舰）载罗兰—C接收机组成。其中，机（舰）载罗兰—C接收机利用地面罗兰—C台链发射台发射的脉冲调制低频导航信号，采用双曲线几何定位原理，确定出载体的二维（经度、纬度）位置坐标值。罗兰—C台链布设在地面，覆盖范围小，作用距离较近，有效作用距离一般在2 000km内，不具备全球覆盖能力。罗兰—C系统的定位精度通常为500m（2RMS）。

现代空间科学技术发展产物——人造地球卫星，沿预定轨道有规律地（其运行规律符合开普勒定律）围绕地球运行，按其运行轨道参数可计算出任意时刻卫星在地心空间直角坐标系中的精确位置坐标。因为卫星的运行轨道离地高度高，所以从卫星上发射无线电导航信号，覆盖范围大，作用距离远。

将传统陆基无线电导航系统中布设在地面、地理位置坐标精确已知的地面固定导航台"搬到"卫星上，使其成为位置坐标可按卫星运行轨道参数精确计算出的空间移动导航台，就构成了卫星导航系统。这里，将搭载着导航台、播发无线电导航信号，用于实现高精度三维定位（经度、纬度、海拔高度）和授时、导航等功能的空间轨道上的人造地球卫星称为导航卫星。导航卫星的运行轨道高度高，播发的无线电导航信号覆盖范围大，作用距离远。

卫星导航系统是一种采用空间导航卫星对地面、海面、空中和空间载体用户进行高精度定位、导航和授时（Positioning、Navigation、Timing，PNT）的"星基无线电导航系统"。

卫星导航定位技术代表着无线电导航定位技术的发展趋势，对传统的导航技术与理论产生了深远的影响。

2. 卫星导航系统发展简况

1957年10月4日，苏联将世界上第一颗人造地球卫星Sputnik成功送入了太空轨道。它的发射成功，使空间科学技术（航天技术）的发展迅速跨入了一个崭新时代，也开启了卫星导航定位的新纪元。

人造地球卫星的入轨运行，引起了世界各国的极大关注。美国约翰·霍普金斯大学（Jnhns Hopkins University）应用物理试验室（Applied Physics Lab）的Guier W.H.博士和Weiffenback G.C.博士在跟踪、观测苏联卫星发射的无线电信号时发现，多普勒频移与卫星运动轨迹之间存在着十分密切的关系，于是产生了从已知地理位置坐标的地面站精密测量卫星信号多普勒频移，进而用它解算出卫星轨道参数，由此确定卫星位置的方法，并取得了巨大成功。这两位科学家在地面已知坐标的点位上，用自行研制的测量设备跟踪和捕获到了苏联卫星发射的无线电信号，并测得它的多普勒频移，进而用它解算出了苏联卫星的轨道参数。同在该实验室工作的Meclure F.T.博士和Kershner R.B.博士等学者根据这个实验结果提出设想，将上述步骤颠倒过来也应当成立，即如果已知在轨道动态运行卫星的精确轨道参数值，那么地面上的观测者通过测得卫星发送信号的多普勒频移，便可以计算出观测者所在点位的地理位置坐标。卫星导航定位的概念就这样提出来了。

从美国对苏联1957年10月4日发射的第一颗人造地球卫星进行跟踪、观测，从而发明卫星导航技术，1958年12月正式提出研制卫星导航系统至今，历经第一代卫星导航系统、第二代卫星导航系统和北斗卫星导航系统、伽利略卫星导航系统等发展历程，卫星导航系统现已广泛用于海、陆、空高精度定位、授时、导航及测地、搜救等应用领域。

1）第一代卫星导航系统

第一代卫星导航系统有两种：美国的子午仪（Transit）卫星导航系统和苏联的奇卡达（Tsikada）卫星导航系统。

（1）子午仪卫星导航系统。

美国的子午仪卫星导航系统又称海军导航卫星系统（Navy Navigation Satellite System，NNSS），于1958年12月由美国海军提出研制，1964年1月完成研制工作并投入运行，开始时仅供美国军方（如美海军舰艇、水面舰艇）使用，后于1967年7月29日由当时的美国副总统宣布对世界民用用户开放，主要用于海上民用船舶定位、石油勘探等。子午仪卫星导航系统的构成体系决定了其只能进行全天候、全球范围断续（一次定位需十几分钟，平均定位间隔时间为1~2h）的二维（只能给出经、纬度坐标，不能定高度、测速和测时）定位，不适用于航空、航天领域的高动态用户应用。从系统构成上看，子午仪卫星导航系统由地面支援系统、空间卫星系统和用户接收设备三部分构成。卫星导航系统通常都是由这三部分构成的。

（2）奇卡达卫星导航系统。

苏联的奇卡达卫星导航系统始建于1965年，20世纪70年代开始投入使用，仅限于苏联军方使用。奇卡达卫星导航系统其他信息相关的公开出版资料甚少。

第一代卫星导航系统发展、应用情况如表7-1-1所示。

表7-1-1 第一代卫星导航系统发展、应用情况

研制国别	美国	苏联
系统名称	子午仪卫星导航系统	奇卡达卫星导航系统
始研时间	1958年12月	1965年
建成时间	1964年1月	20世纪70年代
应用范围	军用、民用	军用
管理部门	海军航空兵司令部	—
系统组成及服务数据	地面支援系统 4个跟踪站 海军天文台 计算中心 2个信息注入站 空间卫星系统（6颗导航卫星） 近圆轨道高度为1 080km 运行周期为1h48min 载频为399.968/149.988MHz 用户接收设备	—

第 7 章　卫星导航系统

续表

应用特点	全天候、全球范围应用断续的二维定位（一次定位十几分钟，平均定位间隔时间为 1~2h，不能定高度、测速、测时)，适于海上舰船定位、石油勘探等，不适用高动态同户，定位精度为 40~500m	—

第一代卫星导航系统应用的局限性和所显示出来的巨大应用潜力，促使美国、苏联开始研制第二代卫星导航系统。

2）第二代卫星导航系统

第二代卫星导航系统为美国的导航星全球定位系统（NAVSTAR GPS）和苏联/俄罗斯的全球导航卫星系统（GLONASS）。

（1）导航星全球定位系统。

导航星全球定位系统的英文缩写为 NAVSTAR GPS（Navigation Satellite Timing and Ranging Global Positioning System），其意思是用导航卫星来定时和测距的全球定位系统，简称全球定位系统（GPS）。

GPS 是美国国防部在第一代卫星导航系统——子午仪卫星导航系统基础上，为满足其陆、海、空三军武装部队及民用用户对导航越来越高的要求而从 20 世纪 70 年代中期开始研制的第二代卫星导航系统。该系统历经 21 年（1973—1994 年），耗资数百多亿美元，成为继阿波罗登月和航天飞机之后美国的第三大空间工程。

GPS 从研制开始到系统最终完成分为以下三个阶段。

第一阶段（1973 年 12 月—1977 年）为方案论证设计阶段。在此阶段，对空间部分的 GPS 卫星、地面控制部分的控制设备和用户部分的 GPS 接收机进行了研制，提出了预研模型。

第二阶段（1978 年 2 月—1988 年）为全规模工程研制和试验阶段。在此阶段，对 GPS 卫星进行了研制、生产和发射（1978 年 2 月 22 日—1984 年 9 月，共发射 11 颗 Block Ⅰ 型试验样星，以支持当时进行的广泛测试计划，其中的 10 颗成功进入试验星座），对地面控制设备进行了进一步研制和试运行，试制出用户接收设备样机，并开始将其投入生产。

第三阶段（1989 年 2 月—1994 年 3 月）为系统最终完成阶段。在此阶段，研制、生产、发射了 Block Ⅱ 型工作卫星（1989 年 2 月 14 日—1990 年 10 月 1 日，共发射 9 颗该型卫星，均正常工作），又研制、发射了 Block Ⅱ A

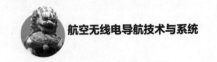

提高型（Advanced）工作卫星（1990年11月26日—1994年3月10日，共发射15颗该型卫星，均进入预定轨道正常工作），进一步完善地面控制设备，并开始将其投入运行，进入用户设备全面生产阶段（1992年开始进入全速生产阶段）。

1994年3月10日，第24颗工作卫星（BlockⅡA型）PRN-06进入GPS实用星座C轨道最后一个空位C1位，并随之于同年3月28日正常发射信号，标志着GPS已开始进入"全实用阶段"。有人将GPS的全实用阶段称为GPS计划的第四阶段。

GPS发展到现在，已先后发射了GPS BlockⅠ、BlockⅡ、BlockⅡA、BlockⅡR、BlockⅡR-M、BlockⅡF和BlockⅢA（GPSⅢ）等三代、7个型号的导航卫星。GPS进入全实用阶段以后，又先后发射了4颗BlockⅡA(1996年3月28日—1997年11月6日)、12颗BlockⅡR（1997年12月23日—2004年11月6日）、8颗BlockⅡR-M（2005年9月26日—2009年8月17日）、12颗BlockⅡF（2010年5月28日—2016年2月5日，如表7-2-3、表7-2-4所示）和5颗BlockⅢA（2018年12月23日—2021月6月17日）卫星，以陆续取代失效的GPS卫星，并支持GPS现代化计划。

（2）全球导航卫星系统。

全球导航卫星系统（Global Navigation Satellite System，简称GLONASS）为苏联/俄罗斯在奇卡达卫星导航系统基础上，于1978年开始研制、1996年1月18日开始全面投入运行的第二代卫星导航系统。与美国GPS类似，GLONASS也是军方控制卫星导航系统，对民用部门应用无法律性保证。1988年5月，苏联向国际民航组织提出申请登记，愿向国际民间用户提供GLONASS应用服务,并公布了该系统的民用粗测/捕获（C/A）码和GLONASS卫星资料。从1982年10月12日发射第一颗GLONASS试验卫星，至1995年12月14日，13年间发射27次73颗卫星，除发射2次6颗卫星失败外，先后有67颗卫星（包括2颗测地卫星）入轨运行，其中有40颗卫星由于出现故障退出服务。1996年1月18日，24颗导航卫星组成的GLONASS实用星座开始投入全球性的导航定位服务，为全球卫星导航的广泛应用注入了新的活力。

GPS和GLONASS均具有全天候、全球覆盖能力，可在全球及近地空间（平均海平面高度9 000km内）范围内提供连续、高精度的三维位置、速度和时间等导航信息，从根本上解决了人类在地球上的导航和定位问题，可满足各种不同用户的需要。GPS 和 GLONASS 是目前整个世界范围内得到广泛应用的现用卫星导航系统。

第二代卫星导航系统发展、应用情况如表 7-1-2 所示。

表 7-1-2 第二代卫星导航系统发展、应用情况

研制国别	美　　国	苏联/俄罗斯
系统名称	导航星全球定位系统（GPS）	全球导航卫星系统（GLONASS）
始研时间	1973 年	1978 年
卫星首发时间	1978 年 2 月 22 日	1982 年 10 月 12 日
建成时间	1994 年 3 月 28 日	1996 年 1 月 18 日
应用范围	军用、民用	军用、民用
管理部门	国防部	俄罗斯空间部队
系统组成	地面控制部分 { 1个主控台 / 4个数据注入站 / 12个监视站 } 空间部分——24 颗 GPS 卫星 用户部分——GPS 接收机	地面监测和控制子系统 { 系统控制中心 / 控制跟踪站网 } 空间卫星子系统——24 颗 GLONASS 卫星 用户部分——GLONASS 接收机
应用特点及服务数据	全天候、全球范围连续覆盖 实时三维定位、测速、测时 适用海、陆、空不同用户使用 民用定位精度为 10m（2RMS） 测速精度为 20cm/s（2RMS） 授时精度为 20ns（2RMS）	全天候、全球范围连续覆盖 实时三维定位、测速、测时 适用海、陆、空不同用户使用 民用定位精度为 10m（2RMS） 测速精度为 20cm/s（2RMS） 授时精度为 40ns（2RMS）

3）北斗卫星导航系统（BDS）

20 世纪 80 年代初期以来，我国开始探索适合中国国情的卫星导航系统，即北斗卫星导航系统（BeiDou Satellite Navigation System，简称 BDS）。1983 年，我国"两弹一星"功勋奖章获得者、卫星测控专家陈芳允院士提出利用 2 颗地球同步轨道卫星实现中国及周边区域导航定位和数据通信的设想，并指出建立 2 颗地球静止轨道卫星导航系统的基本技术路线。1994 年 1 月，北斗双星导航定位系统（北斗一号卫星导航系统、北斗卫星导航试验系统）正式立项、启动建设。

北斗卫星导航系统遵循"先区域、后全球"（先建成覆盖中国及周边亚太地区的区域性北斗卫星导航系统，再扩展建成覆盖全球的北斗卫星导航系统）和"边建边用、以建带用、以用促建"的发展思路，按照以下"三步走"

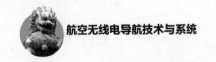

的发展规划分步实施。

第一步，如前所述，1994年1月立项启动北斗卫星导航试验系统建设，首先形成中国及周边部分地区的区域性导航定位、精密授时和短报文通信服务能力，使我国成为世界上第三个拥有自主卫星导航系统的国家。

2000年10月31日和12月21日，相继发射了第一颗、第二颗北斗一号卫星，2002年1月1日北斗一号卫星导航系统开始试运行。2003年5月25日，发射了一颗北斗一号备用卫星。2003年12月15日，北斗一号卫星导航系统建成并正式开通运行，全面对民用用户开放。2007年2月3日，发射第四颗北斗一号卫星，用于替换第一颗北斗一号卫星。

北斗一号卫星导航系统（简称北斗一号系统，BD-1）采用有源（主动式）双星定位体制，将区域性导航定位、精密授时和简短双向报文通信功能有机地结合在一起，成功解决了我国卫星导航定位系统的有无问题，并为后续建设全球性北斗卫星导航系统积累经验。

目前，北斗一号卫星导航试验系统已经停止运行，退出服务。

第二步，2004年8月31日正式立项启动北斗二号区域卫星导航系统（简称北斗二号系统，BD-2）建设，从2007年4月14日发射北斗二号系统首颗中圆地球轨道（MEO）卫星（为试验星未使用），2009年4月15日发射第二颗静止地球轨道（GEO）卫星（失控未使用），2010年1月17日—2010年12月18日发射3颗GEO卫星、2颗倾斜地球同步轨道（IGSO）卫星，2011年4月10日—2011年12月2日发射3颗IGSO卫星（2011年12月27日，北斗二号区域系统进入试运行阶段），到2012年2月25日—2012年10月25日发射2颗GEO卫星、4颗MEO卫星，前后历经5年多时间，完成了北斗二号系统的"5GEO+5IGSO+4MEO" 14颗导航卫星混合星座结构布设。2012年12月27日，北斗二号系统正式提供区域性服务，开始向中国及周边亚太大部分地区提供连续导航定位、授时和短报文通信服务。北斗二号系统于2016年3月30日、2016年6月12日、2018年7月10日、2019年5月17日，相继补发了4颗补网卫星。

目前，北斗二号系统有15颗卫星在轨工作。

第三步，2009年11月启动北斗三号全球卫星导航系统（简称北斗三号系统，BD-3）建设工作，从2015年3月30日—2020年6月23日，先后发射了5颗北斗三号系统试验卫星和30颗北斗三号系统工作卫星，完成了北斗三号系统"3GEO+3IGSO+24MEO"的30颗导航卫星混合星座结构布设。

2020年7月31日，北斗三号系统正式开通，开始为全球用户提供定位导航授时（PNT）、全球短报文通信（GSMC）和国际搜救（SAR）服务，同时可为中国及周边地区的用户提供星基增强（SBAS）、地基增强（GBAS）、精密单点定位（PPP）和区域短报文通信（RSMC）等服务。

北斗卫星导航系统发展、应用情况如表7-1-3所示。

表7-1-3　北斗卫星导航系统发展、应用情况

系统名称	北斗一号系统（BD-1）	北斗二号系统（BD-2）	北斗三号系统（BD-3）
建设启动时间	1994年1月	2004年8月	2009年11月
卫星首发时间	2000年10月31日	2007年4月14日	2015年3月30日
试运行时间	2002年1月1日	2011年12月27日	2018年12月27日
开通运行时间	2003年12月15日	2012年12月27日	2020年7月31日
应用范围	军用（授权服务）、民用（公开服务、开放服务）		
卫星星座结构	（2+1）GEO	5GEO+5IGSO+4MEO	3GEO+3IGSO+24MEO
发射卫星总数	4	20	35
服务区域	中国及周边部分地区	中国及周边亚太大部分地区	全球地区
主要功能	主动式定位、单双向授时和短报文通信	被动式定位、测速、单双向授时和短报文通信	被动式定位、测速、单双向授时和短报文通信
服务数据	定位精度：（水平）20m（RMS），（垂直）10m（RMS） 授时精度：（单向）100ns，（双向）20ns（RMS） 短报文通信容量：40~120个汉字/次	定位精度：（水平）10m（2RMS），（垂直）10m（2RMS） 测速精度：0.2m/s（2RMS） 授时精度：（单向）50ns，（双向）20ns（2RMS） 短报文通信容量：40~120个汉字/次	定位精度：（水平）10m（2RMS），（垂直）10m（2RMS） 测速精度：0.2m/s（2RMS） 授时精度：（单向）50ns，（双向）20ns（2RMS） 全球短报文通信容量：40个汉字（560bit）/次 区域短报文通信容量：1 000个汉字（14 000bit）/次

北斗二号系统和北斗三号系统的定位原理与GPS、GLONASS的类似，采用4星无源（被动式）定位体制，为被动式卫星导航定位系统。

4）伽利略卫星导航系统

欧洲在经过多年的酝酿研究之后，于1999年2月由欧洲委员会公布伽利略（Galileo）全球卫星导航系统计划。该系统计划几经挫折，终于在2001年4月5日欧盟交通部长会议上获得批准并开始实施。2002年3月，欧盟正

式启动伽利略卫星导航系统（简称伽利略系统，Galileo）。伽利略系统是欧盟和欧洲航天局联合打造的一种民用型全球卫星导航系统，有着极强的先进性，预计定位精度将优于 1m。根据欧委会的文件，伽利略系统虽是民用卫星导航系统，但仍受控使用，采用反欺骗、反滥用和反干扰措施，在战时可以对敌方关闭。该系统可为民用用户提供三种信号：免费使用的信号、加密且要交费使用的信号、加密且可满足更高要求的信号，其精度依次提高。

伽利略系统最终方案的空间部分由 30 颗中圆地球轨道（MEO）卫星（27 颗工作卫星+3 颗备用卫星）组成，MEO 卫星部署在 3 个中高纬度圆轨道面（每个轨道面上等间隔布设 10 颗卫星，其中 9 颗为工作卫星，1 颗为在轨备用卫星）上，轨道高度为 23 222km，轨道倾角为 56°，轨道面间隔为 120°，卫星绕地球运行 1 周约需要 14h4min45s。该星座结构能对全球范围进行良好覆盖。

伽利略系统的地面控制部分主要有 2 个位于欧洲的伽利略地面控制中心站和 29 个分布于全球的伽利略地面传感器站组成，用来控制、管理、监测系统运行。其中，2 个伽利略地面控制中心站分别位于德国慕尼黑附近的奥伯法芬霍芬和意大利的富齐诺。另外，伽利略系统还有分布于全球的 5 个 S 波段上行站和 10 个 C 波段下行站，用于伽利略地面控制中心站与导航卫星之间进行数据交换。伽利略地面控制中心站与伽利略地面传感器站之间通过冗余通信网络相连。

按实施初期的进度计划安排，伽利略系统本应在 2008 年之后进入全面投入使用阶段，但是后来在执行的过程中，受到资金、技术及欧盟各成员国之间利益协调等方方面面因素的制约，该计划几经推迟，严重滞后。伽利略系统于 2021 年最终建设完成并投入运行。

伽利略系统发展经历了以下 3 个阶段。

第一阶段于 2005 年和 2008 年发射了 GIOVE-A 和 GIOVE-B 试验卫星，建立伽利略系统测试平台。这 2 颗卫星（设计寿命为 2 年）发射的导航信号并不含有导航电文，只用于验证卫星信号性能及对环境监测，均已退役。

第二阶段是在轨验证阶段，于 2011—2012 年发射了 4 颗在轨验证（IOV）卫星。通过组建具有 4 颗 IOV 卫星、可实现定位的最小空间星座，对伽利略系统的运行能力进行验证。这 4 颗 IOV 卫星在 E1、E5、E6 频段调制播发导航电文。

第三阶段是全面运行阶段，于 2014—2016 年发射 14 颗完全运行能力

（FOC）卫星（设计寿命为 12 年），组成 18 颗在轨卫星（4 颗 IOV 卫星、14 颗 FOC 卫星）星座，从而使伽利略系统具备了早期运行能力，并于 2016 年 12 月 15 日进入试运行阶段，开始提供初始服务。2017 年和 2018 年，伽利略系统又先后 2 次发射了 8 颗 FOC 卫星。截至 2019 年 7 月，伽利略系统在轨运行的卫星数量为 22 颗（3 颗 IOV 卫星、19 颗 FOC 卫星），此外还有 2 颗 FOC 卫星在非设计轨道上进行测试，未按指定用途运行。

格林尼治时间 2005 年 12 月 28 日 5 时 19 分（北京时间 2005 年 12 月 28 日 13 时 19 分），伽利略系统的首颗试验卫星"GIOVE-A"由俄罗斯"联盟"号火箭从哈萨克斯坦的拜科努尔航天中心发射升空。这颗试验卫星是伽利略系统首批 2 颗试验卫星中的第一颗。第二颗试验卫星"GIOVE-B"原计划在 2006 年 3 月发射，但由于卫星部件问题和其他原因，一直推迟到 2008 年 4 月 27 日，才由俄罗斯"联盟"号火箭从拜科努尔航天中心发射。这 2 颗试验卫星用于测试国际电信联盟给予伽利略系统的通信频率，并在轨道上对该系统专用导航信号进行技术测试。

据有关资料报道，2011 年 10 月 21 日，在法属圭亚那库鲁航天中心由俄罗斯"联盟"号火箭发射了 Thijs 和 Natalia 2 颗 IOV 卫星；2012 年 10 月 12 日，David 和 Sif 2 颗 IOV 卫星被发射；2014 年 8 月 22 日，2 颗 FOC 卫星被发射；2015 年 3 月 27 日—2018 年 7 月 25 日，又有 20 颗 FOC 卫星先后 8 次被发射。目前，伽利略系统在轨卫星共有 26 颗卫星（4 颗 IOV 卫星、22 颗 FOC 卫星，如表 7-1-4 所示）。

从 2005 年 12 月 28 日—2018 年 7 月 25 日，伽利略系统导航卫星发射情况如表 7-1-4 所示。

表 7-1-4　伽利略系统导航卫星发射情况

发射序号	卫星序号	发射时间	所用运载火箭	卫星编号	备注
1	—	2005 年 12 月 18 日 5 时 19 分	俄罗斯"联盟"号	GIOVE-A	试验卫星
2	—	2008 年 4 月 27 日 8 时 1 分	俄罗斯"联盟"号	GIOVE-B	试验卫星
3	1 2	2011 年 10 月 21 日 10 时 30 分	俄罗斯"联盟"号	GSAT0101 GSAT0102	在轨验证（IOV）卫星
4	3 4	2012 年 10 月 12 日 18 时 15 分	俄罗斯"联盟"号	GSAT0103 GSAT0104	在轨验证（IOV）卫星

续表

发射序号	卫星序号	发射时间	所用运载火箭	卫星编号	备注
5	5 6	2014年8月22日 12时27分	俄罗斯"联盟"号	GSAT0201 GSAT0202	完全运行能力 (FOC) 卫星
6	7 8	2015年3月27日 21时46分	俄罗斯"联盟"号	GSAT0203 GSAT0204	完全运行能力 (FOC) 卫星
7	9 10	2015年9月11日 2时8分	俄罗斯"联盟"号	GSAT0205 GSAT0206	完全运行能力 (FOC) 卫星
8	11 12	2015年12月17日 11时51分	俄罗斯"联盟"号	GSAT0208 GSAT0209	完全运行能力 (FOC) 卫星
9	13 14	2016年5月24日 8时48分	俄罗斯"联盟"号	GSAT0210 GSAT0211	完全运行能力 (FOC) 卫星
10	15 16 17 18	2016年11月17日 13时6分	法国阿丽亚娜5型	GSAT0207 GSAT0212 GSAT0213 GSAT0214	完全运行能力 (FOC) 卫星
11	19 20 21 22	2017年12月12日 18时36分	法国阿丽亚娜5型	GSAT0215 GSAT0216 GSAT0217 GSAT0218	完全运行能力 (FOC) 卫星
12	23 24 25 26	2018年7月25日 11时25分	法国阿丽亚娜5型	GSAT0219 GSAT0220 GSAT0221 GSAT0222	完全运行能力 (FOC) 卫星

伽利略系统主要提供以下三种服务。

(1) 开放服务 (OS): 针对大众市场,完全开放使用,提供高精度定位、导航、授时 (PNT) 等服务。

(2) 授权服务: 向授权用户(如民防、消防和警察等部门)提供加密的、更具鲁棒性的服务。

(3) 搜救 (SAR) 服务: 对国际搜索和救援服务做出贡献,当在海上或旷野发生紧急事件时,用户定位遇险信标的时间将从最多 3h 减少到仅 10min,其位置确定精度在 5km 内,而不是以前的 10km。

2016 年 12 月 15 日,伽利略系统空间部分的 18 颗在轨卫星(4 颗 IOV 卫星、14 颗 FOC 卫星)开始播发导航信号,伽利略系统具备了早期运行能力,进入试运行阶段,开始提供初始服务。据报道,到 2020 年,伽利略系统定位精度已达到 25cm(95%的概率),UTC 传播精度优于 2.5ns(25%的概率)。

伽利略系统目前在 E1(1 598.742MHz)、E5(1 191.795MHz)、E6(1 278.75MHz)3 个频段发射 CDMA 信号。对于伽利略系统的发展和应用问题,应引起高度重视和关注。

7.1.2 卫星导航系统分类和主要特点

1. 卫星导航系统分类

根据工作特点的不同,可对卫星导航系统进行不同的分类。

1)按空间卫星星座的覆盖范围分类

(1)全球覆盖卫星导航系统。

在这种系统里,导航定位的作用范围可覆盖全球,如 GPS、GLONASS、BD-3、Galelio。通常,GPS、GLONASS、BD-3(BDS)、Galelio 统称全球导航卫星系统(Global Navigation Satellite System,GNSS)。

(2)区域覆盖卫星导航系统。

区域覆盖卫星导航系统的导航定位作用范围有限,只在某区域范围内,如中国北斗一号系统、印度区域导航卫星系统(IRNSS)、日本准天顶区域卫星导航系统(QZSS)。

2)按用户设备是否发射信号分类

(1)被动式卫星导航系统。

对于被动式卫星导航系统,用户设备不发射信号,只接收空间卫星发射的信号,并基于"四球交会"原理进行定位。这种系统隐蔽性好,用户数量不受限制。GPS、GLONASS 和北斗二号系统、北斗三号系统都属于被动式卫星导航系统。

(2)主动式卫星导航系统。

对于主动式卫星导航系统,用户设备需要发射和接收空间卫星信号,基于"三球交会"原理完成定位功能。这种系统用户隐蔽性差,用户数量受限,用户设备较复杂。北斗一号系统属于主动式卫星导航系统。

3)按系统定位是否连续分类

(1)连续定位的卫星导航系统。

连续定位的卫星导航系统可实现连续的、近乎实时的导航定位。例如,GPS、GLONASS、BDS、Galelio 每天可提供 24h 的连续定位,每秒内可完成数次甚至几十次的定位。

(2) 断续定位的卫星导航系统。

断续定位的卫星导航系统定位不连续，定位时间长。例如，子午仪卫星导航系统，一次定位需要十几分钟，平均定位间隔时间为1~2h。

4) 按卫星运行轨道高度分类

(1) 中高轨道卫星导航系统。

对于中高轨道卫星导航系统，卫星的轨道高度为10 000~20 000km。GPS、GLONASS属于中高轨道卫星导航系统。

(2) 同步轨道卫星导航系统。

对于同步轨道卫星导航系统，同步卫星轨道高度约为35 786km。北斗一号系统的卫星轨道就是同步轨道。

(3) 低轨道卫星导航系统。

对于低轨道卫星导航系统，低轨道(近地轨道)卫星的轨道高度为900~2 700km。子午仪卫星导航系统的卫星轨道属于近地轨道。

2. 卫星导航系统主要特点

GPS和GLONASS作为现用卫星导航系统，是目前比较理想的无线电导航系统，其主要优点如下。

1) 全球覆盖

现用卫星导航系统具有能为全球任何地点及近地空间用户提供全球导航能力，只要用户拥有一台GPS或GLONASS接收机，或GPS、GLONASS组合接收机，就能在全球范围内导航。

2) 全天候

现用卫星导航系统的工作不受季节、昼夜、气象等条件的限制。

3) 高精度三维定位、测速、测时

现用卫星导航系统可为用户提供高精度的三维位置、速度和精确的时间信息。实测表明，GPS的三维定位精度可优于10m、速度精度优于0.1m/s、时间精度可达10ns。

4) 准实时

现用卫星导航系统在每秒内可完成数次甚至十几次定位，近乎实时。这对于高动态用户(如飞机)有重要意义。

5）容量大

对于现用卫星导航系统,用户无须发射信号,只要1台GPS或GLONASS接收机,或GPS、GLONASS组合接收机即可,因而用户数量可以无限,且隐蔽性也好。

现用卫星导航系统的上述优点决定了它在航空无线电导航中的重要地位,对引导飞机进近、着陆、途中导航和空中交通管制等具有重要意义。

现用卫星导航系统工作在L波段,无线电波入水能力较差,这限制了其在水下导航中的应用。

另外,从电子对抗角度来看,现用卫星导航系统存在着抗人为干扰能力差的弱点。现用卫星导航系统的导航卫星发射信号采用了直接序列扩频体制,对自然干扰和无意干扰有较好的抗干扰能力。但对人为干扰,现用卫星导航系统则显得有些"力不从心"。

7.2 导航星全球定位系统（GPS）

7.2.1 GPS 组成与定位原理

1. GPS 组成

GPS 由空间部分（空间区段 SS）、地面控制部分（运行控制区段 OCS,又称控制区段 CS）和用户设备（用户区段 US）三部分组成。

1）空间部分（空间区段 SS）

GPS 空间部分额定星座包含 24 颗卫星。它们布置在 6 个近圆轨道上,轨道离地高度约为 20 183km,轨道倾角为 55°,轨道升交点赤经互隔 60°（相邻两个轨道面的经度间隔为 60°）,卫星运行周期约为 11h57min58.3s。每个轨道上分别布置 4 颗卫星。1994 年 3 月 28 日,GPS 进入全面实用阶段。GPS 实用星座如图 7-2-1 所示。GPS 24 颗卫星的配置如图 7-2-2 所示。

GPS 实用星座由 24 颗导航卫星组成。其中,21 颗为工作卫星（基本卫星）,3 颗为热备用卫星。该星座的设计可保证世界范围内 GPS 用户设备至少能同时接收到 5 颗以上卫星信号。有人把 GPS 实用星座称为"21+3"实用星座,又称 24 颗基本卫星星座。

在 GPS 实用星座中,当某个 GPS 工作卫星失效时,其热备用卫星可快速投入工作,确保在任何时候都有 21 颗卫星有效并提供适宜的全球覆盖。

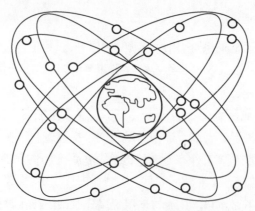

图 7-2-1　GPS 实用星座

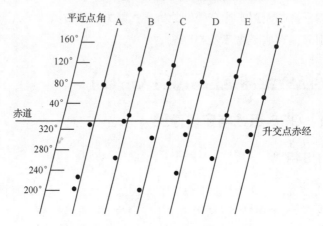

图 7-2-2　GPS 24 颗卫星的配置

1994 年 3 月 28 日 GPS 实用星座的 24 颗卫星状况如表 7-2-1 所示。其中，9 颗为 Block Ⅱ型号卫星，15 颗为 Block ⅡA 型号卫星。

表 7-2-1　1994 年 3 月 28 日 GPS 实用星座的 24 颗卫星状况

型号及发射序号	PRN 号	星钟	发射时间	工作时间	轨道位置
Block Ⅱ-1	14	Cs	1989 年 2 月 14 日	1989 年 4 月 5 日	E1
Block Ⅱ-2	02	Cs	1989 年 6 月 10 日	1989 年 8 月 10 日	B3
Block Ⅱ-3	16	Cs	1989 年 8 月 18 日	1989 年 10 月 14 日	E3
Block Ⅱ-4	19	Cs	1989 年 10 月 21 日	1989 年 11 月 23 日	A4
Block Ⅱ-5	17	Cs	1989 年 12 月 11 日	1990 年 1 月 6 日	D3
Block Ⅱ-6	18	Cs	1990 年 1 月 24 日	1990 年 2 月 14 日	F3

续表

型号及发射序号	PRN 号	星钟	发射时间	工作时间	轨道位置
Block Ⅱ-7	20	Cs	1990 年 3 月 26 日	1990 年 4 月 18 日	B2
Block Ⅱ-8	21	Cs	1990 年 8 月 2 日	1990 年 8 月 22 日	E2
Block Ⅱ-9	15	Cs	1990 年 10 月 1 日	1990 年 10 月 15 日	D2
Block ⅡA-10	32	Cs	1990 年 11 月 26 日	1990 年 12 月 10 日	E4
Block ⅡA-11	24	Cs	1991 年 7 月 4 日	1991 年 8 月 30 日	D1
Block ⅡA-12	25	Cs	1992 年 2 月 23 日	1992 年 3 月 24 日	A2
Block ⅡA-13	28	Cs	1992 年 4 月 10 日	1992 年 4 月 25 日	C2
Block ⅡA-14	26	Cs	1992 年 7 月 7 日	1992 年 7 月 23 日	F2
Block ⅡA-15	27	Cs	1992 年 9 月 9 日	1992 年 9 月 30 日	A3
Block ⅡA-16	01	Cs	1992 年 11 月 22 日	1992 年 12 月 11 日	F1
Block ⅡA-17	29	Cs	1992 年 12 月 18 日	1993 年 1 月 5 日	F4
Block ⅡA-18	22	Cs	1993 年 2 月 3 日	1993 年 4 月 4 日	B1
Block ⅡA-19	31	Cs	1993 年 3 月 30 日	1993 年 4 月 13 日	C3
Block ⅡA-20	07	Cs	1993 年 5 月 13 日	1993 年 6 月 12 日	C4
Block ⅡA-21	09	Cs	1993 年 6 月 26 日	1993 年 7 月 20 日	A1
Block ⅡA-22	05	Cs	1993 年 8 月 30 日	1993 年 9 月 28 日	B4
Block ⅡA-23	04	Cs	1993 年 10 月 26 日	1993 年 11 月 22 日	D4
Block ⅡA-24	06	Cs	1994 年 3 月 10 日	1994 年 3 月 28 日	C1

注：PRN 号表示卫星所发射的伪随机噪声（PRN）码的编号。

GPS 实用星座星历数据如表 7-2-2 所示。其中，a、e、i、Ω、ω 和 M 分别表示轨道长半轴、偏心率、轨道倾角、升交点赤经、近地点角和平近点角（关于它们的含义见后）；A1、A2 等分别表示每颗导航卫星在 A、B、C、D、E、F 轨道上的位置。

表 7-2-2　1994 年 3 月 28 日 GPS 实用星座星历数据

轨道位置	a/km	e/(°)	i/(°)	Ω/(°)	ω/(°)	M/(°)
A1	26 609.0	0	55.0	325.730 284	0	190.96
A2	26 609.0	0	55.0	325.730 284	0	220.48
A3	26 609.0	0	55.0	325.730 284	0	330.17
A4	26 609.0	0	55.0	325.730 284	0	83.58
B1	26 609.0	0	55.0	25.730 284	0	249.90
B2	26 609.0	0	55.0	25.730 284	0	352.12
B3	26 609.0	0	55.0	25.730 284	0	25.25

续表

轨道位置	a/km	e/(°)	i/(°)	Ω/(°)	ω/(°)	M/(°)
B4	26 609.0	0	55.0	25.730 284	0	124.10
C1	26 609.0	0	55.0	85.730 284	0	286.20
C2	26 609.0	0	55.0	85.730 284	0	48.94
C3	26 609.0	0	55.0	85.730 284	0	155.08
C4	26 609.0	0	55.0	85.730 284	0	183.71
D1	26 609.0	0	55.0	145.730 284	0	312.30
D2	26 609.0	0	55.0	145.730 284	0	340.93
D3	26 609.0	0	55.0	145.730 284	0	87.06
D4	26 609.0	0	55.0	145.730 284	0	209.81
E1	26 609.0	0	55.0	205.730 284	0	11.90
E2	26 609.0	0	55.0	205.730 284	0	110.76
E3	26 609.0	0	55.0	205.730 284	0	143.88
E4	26 609.0	0	55.0	205.730 284	0	246.11
F1	26 609.0	0	55.0	265.730 284	0	52.42
F2	26 609.0	0	55.0	265.730 284	0	165.83
F3	26 609.0	0	55.0	265.730 284	0	275.52
F4	26 609.0	0	55.0	265.730 284	0	305.04

在 GPS 空间部分，每颗 GPS 卫星上都有伪随机噪声码（伪码）发生器、导航电文存储器、L 频段多频发射机、S 频段接收机、若干螺旋天线等功能部件，并都装有高稳定度精密原子钟（如铯 Cs、铷 Rb 原子钟），以保持精确时间。这些卫星的基本功能：接收和存储地面注入站发来的导航信息（如卫星星历、历书、卫星时钟校正参数等）；向用户发送导航信息电文。导航卫星用 L 频段载波（L1 载波的中心频率为 1 575.42MHz，L2 载波的中心频率为 1 227.60MHz，在 Block ⅡF 型号以后的卫星上增加了 L5 民用载波，L5 载载波的中心频率为 1 176.45MHz，L5 载波自 2014 年 4 月开始播发信号）发射伪码扩频调制导航信号，其中 L1 载波用 C/A（Coarse/Acquision）码（粗测/捕获码）和 P（Precision）码（精确码，也叫 Y 码）调制，L2 载波用 P（Y）码调制。GPS 提供标准定位服务（SPS）和精确定位服务（PPS）两种导航业务。任何 GPS 用户设备都可接收 C/A 码，进行标准定位。标准定位服务的实际水平定位精度为 22m、测速精度优于 0.1m/s、时间精度优于 0.1μs（95%的概率）。精确定位服务则是通过接收 C/A 码后再转换为 P（Y）码实现的，其定位精度优于 10m（50%的概率）。P（Y）码为军用，目前只对美

国军方或美国盟国及得到特许的民间用户开放。

美国国防部从其自身安全考虑，于 1991 年 7 月 1 日—2000 年 4 月 30 日，曾经对标准定位服务实施了选择可用性（SA）抑制措施，即通过人为使卫星时钟频率（10.23MHz 基准频率）产生抖动（δ 过程）和扰动卫星星历数据（ε 过程）组合的方法，人为降低 C/A 码用户设备的标准定位服务定位精度。实施选择可用性技术后，标准定位服务的水平定位精度降至 100m、垂直（高度）精度降至 156m、测速精度降至 0.3m/s、定时精度降至 340ns（以上数据均有 95%的概率）。为提高采用 C/A 码用户设备的定位精度，世界各地发展了各种差分 GPS（DGPS）系统。应用结果表明，DGPS 可以达到甚至超过使用 P 码的定位精度。

作为 GPS 现代化计划内容之一，美国于 2000 年 5 月 1 日午夜起撤销了对 GPS 标准定位服务的选择可用性机制。此后，一般认为 GPS 民用标准定位服务的水平定位精度从 100m 提高到 10m、定时精度提高到了 20ns（95%的概率）。

从 1997 年开始，GPS 空间部分开始用 BlockⅡR、BlockⅡR-M（设计寿命为 7.5 年）、BlockⅡF（设计寿命为 12 年）等替换型、跟随型第二代卫星陆续取代失效的原 BlockⅡ、BlockⅡA（设计寿命为 7.5 年）第二代卫星。2006 年 10 月 GPS 星座的 31 颗卫星状况如表 7-2-3 所示。

表 7-2-3　2006 年 10 月 GPS 星座的 31 颗卫星状况

SV 号	PRN 号	型　　号	星钟	发射时间	工作时间	轨道位置
15	15	BlockⅡ	Cs	1990 年 10 月 1 日	1990 年 10 月 15 日	D2
32	32	BlockⅡA	Cs	1990 年 11 月 26 日	1990 年 12 月 10 日	E4
24	24	BlockⅡA	Cs	1991 年 7 月 4 日	1991 年 8 月 30 日	D6
25	25		Cs	1992 年 2 月 23 日	1992 年 3 月 24 日	A5
26	26		Cs	1992 年 7 月 7 日	1992 年 7 月 23 日	F2
27	27		Cs	1992 年 9 月 9 日	1992 年 9 月 30 日	A4
32	01		Cs	1992 年 11 月 22 日	1992 年 12 月 11 日	F6
29	29		Cs	1992 年 12 月 18 日	1993 年 1 月 5 日	F5
37	07		Cs	1993 年 5 月 13 日	1993 年 6 月 12 日	C5
39	09		Cs	1993 年 6 月 26 日	1993 年 7 月 20 日	A1
35	05		Cs	1993 年 8 月 30 日	1993 年 9 月 28 日	B4
34	04		Cs	1993 年 10 月 26 日	1993 年 11 月 22 日	D4
36	06		Cs	1994 年 3 月 10 日	1994 年 3 月 28 日	C1

续表

SV 号	PRN 号	型 号	星钟	发射时间	工作时间	轨道位置
33	03	Block ⅡA	Rb	1996 年 3 月 28 日	1996 年 4 月 9 日	C2
40	10		Cs	1996 年 7 月 16 日	1996 年 8 月 15 日	E3
30	30		Cs	1996 年 9 月 12 日	1996 年 10 月 1 日	B2
38	08		Cs	1997 年 11 月 6 日	1997 年 12 月 18 日	A3
43	13	Block ⅡR	Rb	1997 年 12 月 23 日	1998 年 1 月 31 日	F3
46	11		Rb	1999 年 10 月 7 日	2000 年 1 月 3 日	D5
51	20		Rb	2000 年 5 月 11 日	2000 年 6 月 1 日	E1
44	28		Rb	2000 年 7 月 16 日	2000 年 8 月 17 日	B3
41	14		Rb	2000 年 11 月 10 日	2000 年 12 月 10 日	F1
54	18		Rb	2001 年 1 月 30 日	2001 年 2 月 15 日	E4
56	16		Rb	2003 年 1 月 29 日	2003 年 2 月 18 日	B1
45	21		Rb	2003 年 3 月 31 日	2003 年 4 月 12 日	D3
47	22		Rb	2003 年 12 月 21 日	2004 年 1 月 12 日	E2
59	19		Rb	2004 年 3 月 20 日	2004 年 4 月 5 日	C3
60	23		Rb	2004 年 6 月 23 日	2004 年 7 月 9 日	F4
61	02		Rb	2004 年 11 月 6 日	2004 年 11 月 22 日	D1
53	17	Block ⅡR-M	Rb	2005 年 9 月 26 日	2005 年 11 月 13 日	C4
52	31		Rb	2006 年 9 月 25 日	2006 年 10 月 13 日	A2

注：SV 号表示卫星编号。

2011 年 6 月，美国空军通过对 6 颗 GPS 卫星位置的调整，将传统的 24 颗卫星组成的 GPS 基本星座扩展为"24+3"颗卫星组成的基本星座。基本星座的扩展提高了 GPS 的全球覆盖范围，提高了 GPS 在恶劣环境下的信号捕获概率。2015 年 7 月 23 日 GPS 星座的 31 颗卫星状况如表 7-2-4 所示。

表 7-2-4 2015 年 7 月 23 日 GPS 星座的 31 颗卫星状况

PRN 号	型 号	发射时间	工作时间	工作寿命/月	轨道位置
32	Block ⅡA	1990 年 11 月 26 日	1990 年 12 月 10 日	295.6	E4
04		1993 年 10 月 26 日	1993 年 11 月 22 日	260.2	D4
13	Block ⅡR	1997 年 12 月 23 日	1998 年 1 月 31 日	209.8	F3
11		1999 年 10 月 7 日	2000 年 1 月 3 日	186.7	D5
20		2000 年 5 月 11 日	2000 年 6 月 1 日	181.8	E1

续表

PRN号	型号	发射时间	工作时间	工作寿命/月	轨道位置
28		2000年7月16日	2000年8月17日	179.3	B3
14		2000年11月10日	2000年12月10日	175.5	F1
18		2001年1月30日	2001年2月15日	173.3	E4
16		2003年1月29日	2003年2月18日	149.2	B1
21	Block ⅡR	2003年3月31日	2003年4月12日	147.5	D3
22		2003年12月21日	2004年1月12日	138.4	E2
19		2004年3月20日	2004年4月5日	135.6	C3
23		2004年6月23日	2004年7月9日	132.5	F4
02		2004年11月6日	2004年11月22日	105.4	D1
17		2005年9月26日	2005年11月13日	116.4	C4
31		2006年9月25日	2006年10月13日	105.4	A2
12		2006年11月17日	2006年12月13日	103.4	B4
15	Block Ⅱ R-M	2007年10月17日	2007年10月31日	92.8	F2
29		2007年12月20日	2008年1月2日	90.7	C1
07		2008年3月15日	2008年3月24日	88.0	A4
05		2009年8月17日	2009年8月27日	70.9	E3
25		2010年5月28日	2010年8月27日	58.9	B2
01		2011年7月16日	2011年10月14日	45.3	D2
24		2012年10月4日	2012年11月14日	32.3	A5
27		2013年5月15日	2013年6月21日	25.1	C2
30	Block ⅡF	2014年2月21日	2014年5月30日	13.8	A6
06		2014年5月17日	2014年6月10日	13.4	D6
09		2014年8月2日	2014年9月17日	10.2	F6
03		2014年10月29日	2014年12月12日	7.3	E6
26		2015年3月25日	2015年4月20日	3.1	B5
08		2015年7月15日	—	—	C5

据统计，2015年10月31日、2016年2月5日，又先后发射了2颗Block ⅡF型号卫星，用于替换表7-2-4中的2颗Block ⅡA型号卫星。至2016年2月，GPS的31星星座中，有12颗Block ⅡR型号卫星、7颗Block ⅡR-M型号卫星、12颗Block ⅡF型号卫星。

2018年12年23日—2021年6月17日，先后发射了5颗Block ⅢA型号卫星。

2）地面控制部分（运行控制区段OCS）

地面控制部分目前包括1个主控站（还有1个备用主控站）、12个监测站和4个上行数据注入站（又称地面天线）。它们设在美国本土或所属岛屿上，由美国有关部门管理。

过去，监测站只有5个。2005年，新增加了位于华盛顿特区的海军天文台等7个监测站。监测站都是无人值守的。监测站实际上主要由高品质的双频军用GPS接收机进行无源工作。监测站的任务是当卫星经过监测站上空时收集卫星播发的导航信息，对卫星进行连续监控，收集当地气象数据等。监测站收集的数据先存储在监控站里，需要时再送给主控站。

主控站设在科罗拉多州喷泉城的佛肯（Felcon）空军基地内。还有1个备用主控站位于马萨诸塞州的盖塞尔斯堡。主控站负责对GPS空间星座的所有指挥与控制。主控站的主要职责是根据各监测站送来的信息计算各卫星星历及卫星原子钟修正量，以规定的格式编制成导航电文，以便通过数据注入站注入卫星。主控站设有精密原子钟，提供GPS的时间标准（称为GPS的系统时间）。各监测站和各卫星的时钟都需与其同步。此外，当空间部分卫星偏离预定轨道位置时，主控站调用备用卫星取代失效卫星。主控站还向各监测站传送控制信息。

4个上行数据注入站与卡纳维拉尔角、阿森松岛、迭戈加西亚岛和瓦加林环礁的4个监测站并址。它们为地面控制部分与空间部分提供接口。当卫星通过它们上空时，上行数据注入站用S波段信号将导航信息注入卫星。上行数据注入站还负责监测注入卫星的导航信息是否正确。上行数据注入站每8小时向卫星注入一次新的导航数据。

3）用户设备（用户区段US）

GPS采用无源工作方式。凡是有GPS接收设备的用户，都可以使用GPS。用户设备通常由天线、接收数据处理部分及控制显示部分组成，一般统称GPS接收机。GPS接收机基本工作原理是天线接收卫星发射的导航信号，而接收数据处理部分从导航信息中提取卫星星历、伪距离、伪距离变化率、时钟校正、大气校正等参数，从中解算出用户三维位置、速度、时间等导航数据，并在控制显示部分上显示出来。

2. GPS 定位原理

1）卫星轨道参数及卫星星历

（1）卫星基本运行规律。

假设地球为质量均匀分布的球体，且除地球引力外没有其他力作用于卫星，则卫星的运行完全符合开普勒定律，此时卫星的运行轨道称为开普勒轨道。下面简要介绍一下开普勒定律。

开普勒第一定律：卫星运行的开普勒轨道是以地球球心为焦点的椭圆。

如图 7-2-3 所示，O' 为椭圆中心，焦点 O 为地球中心，r 为卫星矢径（又称卫星向径），a 为轨道长半轴，b 为轨道短半轴，A 为远地点（卫星离地球最远的一点），B 为近地点（卫星离地球最近的一点），v 为真近点角。矢径 r 的模为

$$r = \frac{a(1-e^2)}{1+e\cos v} \quad (7.2\text{-}1)$$

式中，$e = [(a^2-b^2)/a^2]^{1/2}$ 为轨道偏心率。

当 $e=0$ 时，轨道为圆，即卫星运行轨道为圆形轨道。对于导航卫星，希望其尽可能为圆形轨道。

开普勒第二定律：当卫星运行时，其矢径在单位时间内扫过的面积相等。

开普勒第二定律如图 7-2-4 所示。开普勒第二定律说明卫星在轨道上运行速度是变化的，即真近点角 v 的变化是不均匀的。

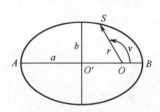

图 7-2-3 开普勒轨道

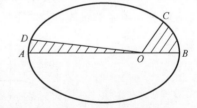

图 7-2-4 开普勒第二定律

开普勒第三定律：卫星绕地球运行周期（T）的平方与轨道长半轴的立方成正比，即

$$T^2 = \frac{4\pi^2}{\mu} a^3 \quad (7.2\text{-}2)$$

式中，μ 为开普勒常数，在 WGS-84 坐标系（GPS 从 1987 年 1 月 10 日起采用此坐标系）中，$\mu = 3.986\,008 \times 10^{14} \text{m}^3/\text{s}^2$。

当卫星沿圆形轨道运行时，式（7.2-2）变为

$$T^2 = \frac{4\pi^2}{\mu}(R+h)^3 \qquad (7.2\text{-}3)$$

式中，T 为卫星运行周期（s）；R 为地球半径（km）；h 为卫星轨道离地高度（km）。

当卫星绕地球运行周期和地球自转周期相等时，这种卫星叫同步卫星。它相对于地球是静止的。GPS 导航卫星的运行周期约为 11h57min58.3s。

（2）卫星轨道参数。

卫星轨道参数有以下 6 个。

① 轨道倾角 i：卫星轨道平面与天球赤道平面的夹角。

② 升交点赤径 Ω：在天球赤道上从春分点（天文测量中确定恒星时的起始点）方向向东量到升交点（卫星从南半球进入北半球时轨道平面与天赤道平面的交点）的弧度。

③ 近地点角 ω：轨道面上从升交点到近地点的角度。

④ 轨道长半轴 a：卫星近地点和远地点连线的一半。

⑤ 偏心率 e：卫星轨道两个焦点距离的 1/2 与轨道长半轴的比值。

⑥ 真近点角 v：轨道面上卫星离开近地点的角度（卫星离开升交点的角距称为升交距角 u，$u=v+\omega$）。

在上述卫星轨道参数中，i 和 Ω 决定了静止轨道平面与地球的相对位置；a、e 决定了轨道的大小和形状；ω 确定了近地点在轨道平面上的位置；v 决定了卫星在轨道上的具体位置。卫星轨道参数图解如图 7-2-5 所示。

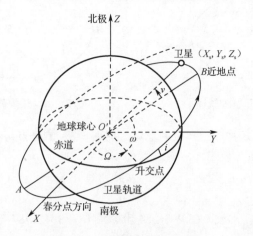

图 7-2-5 卫星轨道参数图解

真近点角 v 每时每刻都在不均匀地变化。在 GPS 导航卫星向用户广播的卫星轨道参数中,并不直接给出 v 值,而是提供平近点角 M 等值。用户设备可利用 M 与 v 间的关系式,来推算出 v 等参数值。

如图 7-2-6 所示,卫星沿椭圆轨道运行,某个瞬间位于 S 处。以椭圆中心 O' 为圆心,以长半轴为半径,作椭圆的外切圆。过 S 点作长半轴的垂线,交外切圆于 S' 点。连接 $O'S'$ 的直线与椭圆长半轴 $O'B$ 间的夹角,称为偏近点角 E。可以导出偏近点角 E、真近点角 v 及卫星矢径 r 的模间的关系式为

$$v = \arctan \frac{\sqrt{1-e^2}\sin E}{\cos E - e} \quad (7.2\text{-}4)$$

$$r = a(1-e\cos E) \quad (7.2\text{-}5)$$

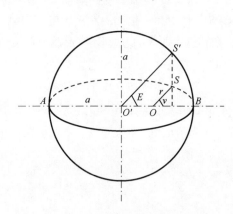

图 7-2-6 偏近点角与真近点角关系

偏近点角 E 与表示任意时刻卫星在以地球球心为原点轨道面坐标系中所处位置的平近点角 M 满足开普勒方程:

$$M = E - e\sin E \quad (7.2\text{-}6)$$

平近点角 M 是假想的围绕地球等角速度运动的卫星相对地球中心的角度。

卫星平均角速度 n_0 与卫星运行周期 T 满足:

$$n_0 = \frac{2\pi}{T} \quad (7.2\text{-}7)$$

结合式 (7.2-2),有

$$n_0 = \left(\frac{\mu}{a^3}\right)^{1/2} \quad (7.2\text{-}8)$$

需要指出的是,上述给出的卫星轨道参数是假设卫星运行轨道为开普勒

轨道时的参数。地球实际上是一个质量分布不均匀、形状不规则的椭圆体，且每时每刻都在旋转（自转）。所以，地球对卫星的引力并非总是指向地心；卫星除受地球引力外，还受其他天体（如太阳、月亮）引力的作用、太阳光辐射的光压力和大气阻力的作用。由于这些因素影响，卫星实际运行轨道(称为摄动轨道）将偏离开普勒轨道；卫星轨道参数也将发生缓慢的非周期性或周期性变化。

（3）卫星星历。

表示卫星任意时刻在空间位置的参数统称卫星星历。根据卫星星历可计算出卫星在地心天球坐标系中的位置坐标。

考虑卫星的实际运行轨道并非开普勒轨道而是摄动轨道，即卫星轨道参数是变化的，所以 GPS 导航卫星广播的卫星星历电文中除 i、Ω、ω、$\sqrt{a}$（而非 a）、e、M 轨道参数和基准时间 t_{oe} 外，还有反映卫星轨道偏离开普勒轨道程度的 i、$\dot{\Omega}$、Δn、C_{ue}、C_{us}、C_{re}、C_{is} 等附加参数。

GPS 导航卫星广播的卫星星历电文中的参数如下。

① AODC（Age of Date Clock）：卫星时钟校正参数的数据龄期。

② t_{oe}：基准时间（参考时间），从每星期六或星期日子夜开始度量。

③ i_0：t_{oe} 时的轨道倾角。

④ Ω_0：t_{oe} 时的升交点赤经。

⑤ ω：近地点角。

⑥ $\sqrt{a}$：长半轴的算术平方根。

⑦ e：偏心率。

⑧ M_0：t_{oe} 时的平近点角。

⑨ i：轨道倾角变化率。

⑩ $\dot{\Omega}$：升交点赤经变化率。

⑪ C_{ue}、C_{us}：升交距角的改正系数。

⑫ C_{re}、C_{rs}：卫星矢径 r 的改正系数。

⑬ C_{ie}、C_{is}：轨道倾角 i 的改正系数。

⑭ Δn：卫星平均运动角速度 n 的修正量，即按精密卫星星历计算得到的平均角速度 n 与按给定参数得到的平均角速度 n_0 之差。

2）卫星位置坐标的计算

GPS 用户设备接收到卫星发射的导航信号，根据上述 GPS 卫星星历，可进行卫星位置坐标计算，确定每颗卫星发射信号时在地球坐标系中的位置。

按图 7-2-5 可直接写出卫星在地心天球坐标系中位置坐标表达式为

$$\begin{cases} X_s = r\cos u \cos\Omega - r\sin u \sin\Omega \cos i \\ Y_s = r\cos u \sin\Omega + r\sin u \cos\Omega \cos i \\ Z_s = r\sin u \sin i \end{cases} \quad (7.2\text{-}9)$$

利用卫星星历, 在某个时刻 t 有

$$M = M_0 + (n_0 + \Delta n)(t - t_{oe}) \quad (7.2\text{-}10)$$

升交距角 u、卫星矢径 r、轨道倾角 i 和升交点赤经 Ω 的表达式为

$$\begin{cases} u = v + \omega + C_{ue}\cos 2(v+\omega) + C_{us}\sin 2(v+\omega) \\ r = a(1 - e\cos E) + C_{re}\cos 2(v+\omega) + C_{rs}\sin 2(v+\omega) \\ i = i_0 + \dot{i}(t - t_{oe}) + C_{ie}\cos 2(v+\omega) + C_{is}\sin 2(v+\omega) \\ \Omega = \Omega_0 + (\dot{\Omega} - W_{ie})(t - t_{oe}) \end{cases} \quad (7.2\text{-}11)$$

式中, W_{ie} 为地球自转平均角速度 (地球自转速率), 在 WGS-84 坐标系中, $W_{ie} = 7.292\,115\,147 \times 10^{-5}\,\text{rad/s}$。将 M 代入式 (7.2-6) 求 E, 再将 E 代入式 (7.2-4) 中求 v, 然后根据式 (7.2-11) 即可计算出升交距角 u、卫星矢径 r、轨道倾角 i 和升交点赤经 Ω。最后将 u、r、i、Ω 代入式 (7.2-9) 中, 即可求出某时刻卫星在地球直角坐标系中的位置坐标。

3) GPS 定位原理

(1) 伪距测量。

GPS 为无源测距系统。在 GPS 中, GPS 用户设备接收到卫星发射的伪码扩频调制导航信号后, 通过比较该信号与本地参考信号, 测得卫星信号的传播时间延迟 τ。若用户设备时钟与卫星时钟同步, 即两时钟同频、同相 (或已知相差), 那么测得的传播时间延迟 τ 正比于卫星与用户间的距离 r, 即

$$r = C\tau \quad (7.2\text{-}12)$$

式中, C 为无线电波传播速度。

但实际情况并非如此。尽管卫星时钟为精密原子钟, 但走时也不是绝对稳定, 与 GPS 的系统时间也有偏差 (称为卫星时钟偏差, 用 Δt_s 表示); 用户设备时钟通常为精度较差的石英钟, 与 GPS 的系统时间之间有较大偏差 (称为用户时钟偏差, 用 Δt_u 表示); 卫星信号在传播过程中还存在附加延时偏差 (如电离附加延时和对流层附加延时偏差等, 用 Δt_A 表示)。所以, 用户设备测得的卫星信号传播时间延迟 τ 与无线电波传播速度 C 的乘积 ($C\tau$) 并不是真正的卫星与用户间的距离 r。

用户设备所测得的用户至所选卫星间的距离 ρ，称为伪距离，简称伪距。伪距 ρ 与用户至卫星间的真实距离 r 间的关系式为

$$C\tau = \rho = r + C\Delta t_A + C(\Delta t_u - \Delta t_s) \qquad (7.2\text{-}13)$$

（2）定位原理。

根据式（7.2-13），用户设备测得的第 j 颗卫星的伪距为

$$\rho_j = r_j + C\Delta t_{Aj} + C(\Delta t_u - \Delta t_{sj}) \qquad (7.2\text{-}14)$$

其中：

$$r_j = \sqrt{(X - X_{sj})^2 + (Y - Y_{sj})^2 + (Z - Z_{sj})^2} \qquad (7.2\text{-}15)$$

式中，Δt_{Aj}、Δt_{sj} 分别为第 j 颗卫星的附加延时偏差和卫星时钟偏差；(X, Y, Z) 和 (X_{sj}, Y_{sj}, Z_{sj}) 分别是用户和第 j 颗卫星在地心天球直角坐标系中的位置坐标。其中，Δt_{Aj} 可利用导航电文中提供的校正参数，根据校正模型（或采用双频校正法）计算获得；Δt_{sj} 可利用导航电文中提供的卫星时钟校正参数，根据卫星时钟偏差校正模型计算获得；卫星位置坐标 (X_{sj}, Y_{sj}, Z_{sj}) 可利用 GPS 卫星星历计算获得。

在式（7.2-14）中，只有 4 个未知量，即 X、Y、Z 和 Δt_u。为了解出这 4 个未知量，需要测量用户到 4 颗卫星的伪距。由此可得到的伪距方程为

$$\rho_j = \sqrt{(X - X_{sj})^2 + (Y - Y_{sj})^2 + (Z - Z_{sj})^2} + C\Delta t_{Aj} + C(\Delta t_u - \Delta t_{sj}) \quad j=1,2,3,4$$

$$(7.2\text{-}16)$$

求解伪距方程即可求得 4 个未知量，从而确定用户在地球直角坐标系中的位置坐标和精密时间（GPS 的系统时间 t，$t = t_u + \Delta t_u$）。

对式（7.2-16）进行时间求导，有

$$\dot{\rho}_j = \frac{(X-X_{sj})(\dot{X}-\dot{X}_{sj}) + (Y-Y_{sj})(\dot{Y}-\dot{Y}_{sj}) + (Z-Z_{sj})(\dot{Z}-\dot{Z}_{sj})}{\sqrt{(X-X_{sj})^2 + (Y-Y_{sj})^2 + (Z-Z_{sj})^2}} + C\Delta \dot{t}_u \quad j=1,2,3,4$$

$$(7.2\text{-}17)$$

式中，$\dot{X}_{sj}$、$\dot{Y}_{sj}$、$\dot{Z}_{sj}$ 和 $\dot{X}$、$\dot{Y}$、$\dot{Z}$ 分别是卫星和用户的 3 个速度分量；$\dot{\rho}_j$ 为伪距变化率；$\Delta \dot{t}_u$ 为用户时钟偏差变化率。$\dot{X}_{sj}$、$\dot{Y}_{sj}$、$\dot{Z}_{sj}$ 可通过 X_{sj}、Y_{sj}、Z_{sj} 求得，为已知量；$\dot{\rho}_j$ 可通过测量卫星载频的多普勒频移求得，也为已知量；在测距过程时间很短的情况下，$\Delta \dot{t}_u = 0$。

所以，通过式（7.2-17）可求得用户的 3 个速度分量，即三维速度。

需要指出的是，由于伪距方程为非线性的，上述根据测得的伪距，通过伪距方程求解用户位置坐标的方法是比较麻烦的。在 GPS 用户设备中，用户

位置坐标的计算（定位计算）通常采用线性化（线性化伪距方程求解和卡尔曼滤波）等方法求得。由于这些方法用到的数学知识较多，在此就不做讨论了。

确定了用户在地心天球直角坐标系中的位置坐标（X，Y，Z）后，可利用地理坐标系与地心天球直角坐标系的坐标变换公式，来进一步求得用户在地理坐标系中的三维（经度、纬度、高度）位置坐标，即

$$\begin{cases} X = (N+H)\cos\phi\cos\lambda \\ Y = (N+H)\cos\phi\sin\lambda \\ Z = [N(1-e^2)+H]\sin\phi \end{cases} \quad (7.2\text{-}18)$$

式中，ϕ 为纬度；λ 为经度；H 为大地高度（载体所在位置沿法线方向到基准椭球面的距离）；N 为卯酉（东西）圈曲率半径，$N = \dfrac{a}{\sqrt{1-e^2\sin^2\phi}}$。

当 GPS 用户在陆上、海上运行时，只需二维定位，所以只要测量用户到 3 颗卫星的伪距，即可求出二维经/纬度、速度和精密时间值。

3. GPS 信号结构与导航电文

1）GPS 信号结构

在 GPS 的 BLOCK II、BLOCK II A、BLOCK II R 卫星上，每颗卫星发射 L 波段两个频率（L1 和 L2）载波，其中 L1 载波的中心频率 f_1 为 1 575.42MHz，L2 载波的中心频率 f_2 为 1 227.60MHz。在这两个载波上，可以调制导航信息。为了抗干扰、精确测距和识别不同卫星信号，GPS 卫星发射的信号采用伪码扩频调制方式，先把窄频带的导航数据码（基带信号）用伪码（测距码）扩频调制，再调制到载波频率上，然后通过卫星天线发射出去。GPS 卫星发射的 L1、L2 载波的表达式分别为

$S_{L1}(t) = A_C C(t) D(t) \sin(2\pi f_1 t + \phi_C) + A_P P(t) D(t) \cos(2\pi f_1 t + \phi_{P1})$

$S_{L2}(t) = A_P P(t) D(t) \cos(2\pi f_2 t + \phi_{P2})$

式中，$C(t)$、$P(t)$ 分别为 C/A 码（粗测/捕获码）和 P 码（精确码，也叫 Y 码）；A_C、A_P 为振幅；$D(t)$ 为导航数据。

C/A 码 $C(t)$ 是一种短周期粗测码。$C(t)$ 的码率为 $F/10=1.023$Mbit/s。其中，F 为基准频率；$C(t)$ 的周期约为 1ms。每颗 GPS 卫星被分配不同的 C/A 码，以解决不同卫星信号识别问题。

P 码 $P(t)$ 是长周期精确码。$P(t)$ 的码率为 10.23Mbit/s。$P(t)$ 的周期约为 38 星期（266 天）9h45min55.5s。每颗 GPS 卫星被分配 P 码各不相同的一个星

期部分段。

导航数据 $D(t)$ 采用不归零（NRZ）的二进制码，每个二进制码的位宽度为 20ms、码率为 50bit/s。

从 L1、L2 载波的表达式可以看出，L1 载波用 C/A 码和 P 码两种伪码调制（正交调制）而成，有 2 个支路（I、Q 支路），而 L2 载波只用 P 码调制，只有 1 个支路（Q 支路）。

GPS 卫星信号的形成如图 7-2-7 所示。

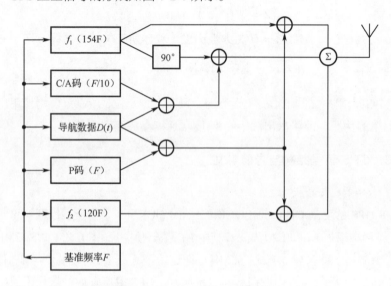

图 7-2-7 GPS 卫星信号的形成

卫星时钟产生精密的基准频率 F 为 10.23MHz，经频率合成器形成 L1、L2 载波的中心频率 f_1、f_2 为

$$f_1 = 154F = 1\,575.42\,\text{MHz}$$
$$f_2 = 120F = 1\,227.60\,\text{MHz}$$

伪码发生器在基准频率控制下产生 C/A 码（码率为 $F/10$）和 P 码（码率为 F）；$D(t)$ 与 C/A 码、P 码模二相加可得 $C(t)D(t)$ 和 $P(t)D(t)$；L1 载波一路（I 支路）经相移 90° 后与 $C(t)D(t)$ 相乘，得 $A_C C(t)D(t)\sin(2\pi f_1 t + \phi_C)$ 分量，另一路（Q 支路）直接与 $P(t)D(t)$ 相乘得 $A_P P(t)D(t)\cos(2\pi f_1 t + \phi_{P1})$ 分量，即 L1 载波由 C/A 码和 P 码按正交调制形成。

L2 载波的 Q 支路与 $P(t)D(t)$ 相乘得 L2 载波，通过相加器得 L1、L2 载波的合成信号，然后经卫星发射天线发射出去。

2）导航电文

导航电文是卫星提供给用户的信息。它包括卫星星历、卫星状态、卫星时钟偏差校正参数以及电离层传播延时偏差校正参数等内容。

（1）导航电文的结构。

导航电文的结构如图 7-2-8 所示。导航电文由 5 个子帧组成一个帧。一个帧有 50 个字；每个字有 30 个码位，共 1 500 个码位；一个帧时间是 30s。每个子帧有 10 个字；每个子帧时间是 6s。每个子帧的头两个字都是遥测字（TEL）和转换字（HOW），由星载设备产生；其后的 8 个字为导航信息或专用电文，由地面站注入给卫星。地面站每 8 小时注入一次新的导航数据。

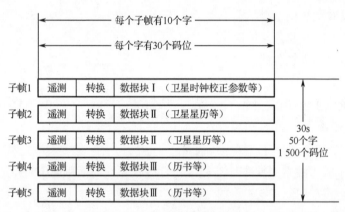

图 7-2-8　导航电文的结构

25 个帧组成一个主帧。在帧与帧之间，子帧 1、子帧 2、子帧 3 的导航信息一般相同，每 30s 重复一次；子帧 4 和子帧 5 的历书，则各含 25 个不同的页。播发完一个主帧才是一个完整的历书，需时间 12.5min。

在卫星播发的导航电文中，子帧 1、子帧 2、子帧 3 每小时更新一次数据；子帧 4 和子帧 5 的数据仅在给卫星注入新的导航数据后才进行更新。

（2）导航电文的内容。

① 遥测字。

遥测字有 30 个码位，包括以下内容。

- 8 个码位的同步码（10001001）：作为捕获导航数据的前导，使用户易于解调电文数据。
- 14 个码位的遥测电文：供地面站使用。
- 2 个无信息的码位。

- 6个奇偶校验码位。

② 转换字。

转换字有30个码位，包括以下内容

- 17个码位的 Z 计数：提供下一个子帧起始点的时间。若用 P 码的接收机，一般先捕获 C/A 码，然后根据 Z 计数提供的时间，于下一个子帧开始时，转换到 P 码上去。
- 1个码位的调姿标志：指示自上次注入数据以来，是否发生卫星姿态调整，供选择卫星时参考。
- 1个码位的同步标志：指示遥测字的前沿是否与历元同步。
- 3个码位的子帧识别。
- 2个无信息意义的码位。
- 6个奇偶校验码位。

③ 数据块Ⅰ。

数据块Ⅰ出现在子帧1里（第3到第10个字），每隔30s重复一次。它包括以下内容。

- 卫星时钟偏差校正参数 a_0、a_1、a_2。
- 子帧1数据的基准时间 t_{oe}：从 GPS 的系统时间每周历元开始度量，而每周历元开始于星期六或星期日子夜零点。
- 卫星时钟校正参数的数据龄期 AODC：是基准时间和最近一次更新的测量时间（t_L）之差，即最新的导航信息注入以来的时间，AODC=$t_{oe}-t_L$。用户用它来评价获得的卫星时钟校正参数的可信程度，让用户选择最新修正过的卫星进行导航。
- 电离层延迟校正参数 T_{GD}：供单频用户校正群延迟用。
- 当前星期编号（WN）：表示以1980年1月6日 UTC 的零时作为 GPS 的系统时间起算的星期数目。
- L2 载波通道的码调制控制符号。L2 载波一般用 P 码调制，如果需要，也可改为 C/A 码调制。该符号分别表示 P 码接通或 C/A 码接通，以及 L_2 载波通道导航数据接通或断开。
- C/A 码用户测距预测精度：表示卫星星历精度不优于 2^Nm（N 为发布的参数）。例如，N 为 $(0101)_2=5$，则表示卫星星历精度不优于 32m；若 $N=(1111)_2=15$，则表示卫星星历完全不准确，这时使用该卫星的用户是要承担风险的。

- 卫星工作状态标志：表示卫星的工作是否正常。

④ 数据块 Ⅱ。

数据块 Ⅱ 出现在子帧 2 和子帧 3（第 3 到第 10 个字）里，每隔 30s 重复一次。它主要提供确定卫星位置的卫星星历（又称星历表）。

卫星星历包括 AODC、t_{oe}、M_0、Δn、e、$\sqrt{a}$、Ω_0、i_0、ω、$\dot{\Omega}$、i、C_{ue}、C_{us}、C_{re}、C_{rs}、C_{ie}、C_{is} 等参数。

⑤ 数据块 Ⅲ。

数据块 Ⅲ 包括在子帧 4 和子帧 5（第 3 到第 10 个字）里，提供各卫星的历书等信息。数据块 Ⅲ 要发送 25 次，才是一个完整的历书。每次发送的数据块 Ⅲ 称为 1 页，每页都是每隔 750s 重复出现一次。

- 子帧 5 的 1～24 页和子帧 4 的 2～5 页、7～10 页。

这些页分别发布 1～32 号（伪码编号）卫星的历书数据、卫星时钟校正参数、卫星工作状态、卫星识别标志、页识别标志等。

历书和卫星参数的内容如下。

t_{oa}：历书基准时间。

M_0：t_{oa} 时的平近点角。

e：偏心率。

$\sqrt{a}$：长半轴算术平方根。

Ω_0：t_{oa} 时的升交点赤径。

ω：近地点角。

$\dot{\Omega}_0$：升交点赤经变化率。

δ_i：倾角修正量，$i_0 = 55° \pm \delta_i$。

a_0：卫星时钟校正参数。

a_1：卫星时钟校正参数。

历书提供的数据不如卫星星历提供的数据精确。历书没提供的参数（C_{ue}等）都被假定为 0。但是，用户设备只要收到一颗卫星的信号，并接收完一个完整的历书（12.5min）后，就可粗略地知道全部卫星的情况。历书有助于较快捕获和选择卫星信号。

- 子帧 5 第 25 页。

该页的内容如下。

1～24 号卫星的卫星状态。当指示卫星状态的 6 个码全为 "1" 时，表示该卫星不可用。

星期编号（WN）。

历书的基准时间是该星期的基准时间。

● 子帧 4 第 25 页。

该页的内容如下。

25～32 号卫星的卫星状态。

1～32 号卫星的反电子欺骗状态（接通或不接通）。

1～32 号卫星的型号。

● 子帧 4 第 18 页。

该页的内容如下。

电离层延时校正参数 α_0、α_1、α_2、α_3、β_0、β_1、β_2、β_3。单频用户可用其按照 Klobuchar 模型计算校正量。

星期编号（WN）。

日期编号（DN）。

涉及 UTC 时间和 GPS 的系统时间有关的参数。

GPS 的系统时间规定在 1980 年 1 月 6 日 UTC 的零点作为起点，和主控站的原子钟同步，起算后不采用跳秒调整。GPS 的系统时间和 UTC 的时间差等信息在导航电文中播发。

子帧 4 的其他各页待用或备用。

7.2.2　GPS 接收设备工作原理

1．GPS 接收设备基本工作原理

GPS 用户接收设备一般统称 GPS 接收机。一个具有操作控制和导航参数显示功能的完整 GPS 接收机通常由 GPS 天线（含带通滤波器、前置放大器、隔离器）、接收数据处理部分和控制显示部分等组成。普通民用 GPS 接收机原理组成框图如图 7-2-9 所示。

GPS 天线接收卫星发射的中心频率为 1 575.42MHz 的 L1 波段伪码扩频调制导航信号，然后经带通滤波器滤除杂波、前置放大器进行放大后，送入隔离器。GPS 天线的方向性图类似于向上的半球，能接收视界内所有 GPS 卫星发射的 L1 波段信号。前置放大器是宽带低噪声放大器，用来改善信噪比。隔离器用于防止下变频器产生的信号反向回到 GPS 天线。为了保证 GPS 接收机的灵敏度，通常将 GPS 天线和前置放大器做成一体，使 GPS 天线输

出端至前置放大器输入端之间连线尽量短,以降低馈线损耗。

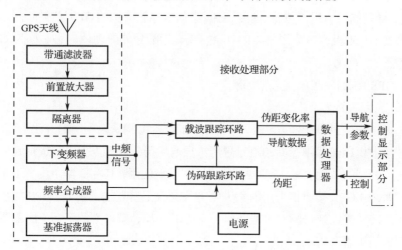

图 7-2-9　普通民用 GPS 接收机原理组成框图

　　GPS 卫星信号经 GPS 天线接收并经带通滤波器、前置放大器、隔离器后,送入接收处理部分的下变频器,经下变频器把射频信号变换成中频信号,再经滤波、放大、A/D 转换后,送入伪码跟踪环路和载波跟踪环路。伪码跟踪环路是一个码延时锁定环路(DLL),用于使本地伪码产生器产生的伪码相位跟踪并对准接收信号的相位,以实现被选卫星发射的扩频信号解扩和提取伪距。载波跟踪环路用以对输入的中频信号解调,得到基带信号(导航数据)和载波多普勒频移(Δf),提取与多普勒频移相应的伪距变化率。基准振荡器和频率合成器产生需要的各种频率信号。数据处理器从基带信号中译出卫星星历、卫星时钟校正参数、大气校正参数、历书数据等信息,用这些信息结合伪距、伪距变化率以及一些初始数据,完成最佳导航卫星的选择计算以及用户位置、速度和时间的解算等工作。

　　经接收处理部分得到的用户即时位置、地速、时间、航迹角等基本导航参数送给控制显示部分显示。控制显示部分控制接收处理部分的工作及工作方式的选择。

　　需要说明的是,目前实际应用中的 GPS 接收机所给出导航参数除用户即时位置(POS)、地速(GS)、时间(GMT)、航迹角(TK)等基本导航参数外,通常还有期望航迹角(DTK)、航迹角误差(TKE)、航路点方位角(BRG)、偏航距(XTK)、待飞距离(DIS)、待飞时间(ETE)和预计到达时刻(ETA)

等制导参数;相应地,GPS 接收机在硬件组成上还包含导航计算机等部分。这里,将只能给出用户位置、速度、时间等基本导航信息的 GPS 接收模块(GPS 接收机 OEM 板,对应图 7-2-9 中除控制显示部分外的硬件电路)称为 GPS 传感器。

GPS 接收机的工作过程如下。

1) 选择卫星

根据导航卫星选择方法(不同 GPS 接收机可能采取不同的方法),利用 GPS 接收机存储器中存储的卫星星历(粗略星历)从可见卫星中选择几何关系配置最好的 4 颗卫星。若 GPS 接收机刚投入使用,其存储器中没有卫星星历数据,则 GPS 接收机采用搜索天空方式捕获卫星发送的信号。GPS 接收机只要捕获并跟踪到一颗卫星的信号,便可以从其导航电文的子帧 5 中取得全部卫星的粗略星历。

2) 捕获和跟踪所选卫星信号

根据用户的粗略位置,GPS 接收机便可在用户到卫星的距离左右搜索,而不用一位码一位码地从头到尾进行搜索。这样可缩短捕获时间,否则捕获时间较长。GPS 接收机一旦捕获到卫星信号,便可转入跟踪状态,从而解调出导航信息。

3) 测量伪距和伪距变化率等值

对于 P 码接收机,还可用 f_1、f_2 测得的伪距差对测量伪距进行大气附加延时修正,以使伪距更精确。对 C/A 码接收机无法进行此项工作。

4) 定位计算

GPS 接收机测得伪距后,先进行卫星时钟偏差和传播延迟校正,再根据所选用卫星的数据计算卫星位置,然后根据 4 个伪距方程,求得用户位置和速度、时间等导航参数,进而将用户位置转换为经/纬度、MSL 高度。

5) 导航参数显示

GPS 接收机的控制显示部分可以显示 GPS 接收处理部分所得到的导航参数。

2. GPS 接收机分类

GPS 接收机有各种不同的分类方法。

(1) GPS 接收机按载体分类,有机载、弹载、舰载、车载和袖珍式等类型。

（2）GPS 接收机按用途分类，有导航、测地和授时等类型。

（3）GPS 接收机按接收机硬件通道数分类，有单通道、双通道和多通道等类型。

（4）GPS 接收机按使用信号种类分类，有 C/A 码、P 码等类型。民用 GPS 接收机一般只接收 C/A 码，进行标准定位服务。

（5）按工作方式分类，有以下几种 GPS 接收机。

① 连续接收机：通常有多个（如 4 个，6 个，8 个，9 个，12 个等）硬件通道，每个通道跟踪一颗卫星，能同时接收多颗卫星信号，并各自连续地进行信号处理。该种接收机卫星捕获和跟踪快，能连续给出定位、测速值，且能最大限度地减少几何误差系数 GDOP 的值、精度高，但体积大、耗电多、价格高，适用于飞机等高动态用户。

② 复用接收机：通常用一个硬件通道、多路软件通道工作。硬件通道在所选卫星间快速（如 4ms 间隔）转换，多路复用，保证多个软件通道中的信号处理连续进行。该种接收机也可提供较高的数据更新率，但信号跟踪能力较差，不能可靠地跟踪低仰角卫星。这种接收机价格较低，性能接近于连续接收机，可用于航空、航海领域。

③ 顺序接收机：通常有一个或两个硬件通道。单通道顺序接收机是利用一个硬件通道，采用时分方式轮流、顺序接收所选卫星信号的。单通道顺序接收机有两种工作状态：一是"导航"工作状态，即顺序测量所选卫星的伪距、伪距变化率并进行导航定位计算；二是"数据收集"工作状态，包括选择卫星、C/A 码搜索、数据解调等。在"导航"工作状态，单通道顺序接收机每隔一定时间中断一次，转为"数据收集"工作状态，数据收集结束后，再转为"导航"工作状态。双通道顺序接收机是利用两个硬件通道分别完成"导航"和"数据收集"功能的。顺序接收机卫星跟踪和数据更新速度较慢、定位时间较长、不连续，不适用高动态用户，但价格便宜、耗电少。

3. 机载 GPS 简介

1）导航功能

某型 GPS 是一种具有较强外部交联能力的机载导航型、多通道、C/A 码民用导航系统。该系统内的 GPS 接收机为 9 通道连续接收机（有 9 个硬件通道，最多可同时跟踪 9 颗卫星），具有自主完善性监控（RAIM）功能，且数据更新快，动态特性好。

该型 GPS 本身（不与其他机载设备交联时）可给出以下主要导航信息。

（1）经/纬度坐标和平均海平面高度（MSL）。

（2）时间（格林尼治时间和当地时间）和日期。

（3）地速（GS）和航迹角（TK）。

（4）期望航迹角（DTK）和航迹角误差（TKE）。

（5）偏航距（XTK）。

（6）待飞距离（DIS）、待飞时间（ETE）和预计到达时刻（ETA）。

（7）航路点方位角（BRG）。

（8）磁偏差（VAR）。

（9）GPS 导航卫星状态信息（如仰角 EL、信噪比 S/N）等。

该型 GPS 在与航姿系统、大气数据系统、自动驾驶仪等其他机载设备进行交联时，还可进一步给出以下导航信息。

（1）空速（TAS）和航向角（HDG）。

（2）风速/风向和偏流角（DA）。

（3）侧向操纵信号（机载自动驾驶仪可利用该信号实现飞机沿预定航线的自动飞行控制）。

该型 GPS 有"直飞"和"即时位置存储"等战术导航功能，还配置了备用的推算导航方式。该系统还可用以引导飞机进行非精密进近/着陆。该系统具有机内故障检测、指示功能。

2）系统机件组成与基本工作过程

该型 GPS 本身由 GPS 天线、接收显示器（RDU）及射频连接电缆等机件组成。

GPS 天线采用全向扁平微带结构天线，体积小、质量小，为有源天线，内含集成低噪声前置放大器，用以接收和预放大导航卫星信号，并将放大后的导航卫星信号经高频专用电缆送给 RDU。RDU 是 GPS 导航系统的主要机件（主机），是一个高度集成化的部件，内含 GPS 接收模块（GPS 传感器）、导航计算机、接口电路和控制显示器等主要组件电路。其中，GPS 接收模块（GPS 传感器）内含 9 个 GPS 信号硬件接收通道，为模块化组件，对 GPS 天线送来的 GPS 导航信号进行处理、变换、连续、实时性解算出载机即时位置、时间、地速、航迹角等基本导航参数数据；导航计算机为制导参数数值计算计算机，利用内含大容量数据存储器存储航线、航路点坐标值等数据和 GPS 传感器送来的载机即时位置、时间、地速、航迹角等基本导航数据，利用制导参数计算公式模型计算出期望航迹角、航迹角误差、航路点方位角、偏航距、待飞距离、待飞时间和预计到达时刻等制导参数；控制显示器控制系统工作方式的选择，航线、航路点坐标值等数据的输入和导航参数数据的显示；接口电路则用于对外部交联设备（或系统）信号进行输入/输出处理。

RDU内数据存储器可存储多达250个用户航路点坐标值（包括10个即时位置存储值）和40个飞行计划（航线），每个飞行计划允许最多有40个航路点（但整个飞行计划最多有400个航路点）。

RDU前控制显示面板如图7-2-10所示。

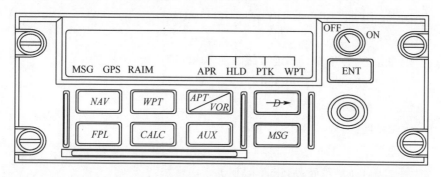

图 7-2-10　RDU 前控制显示面板

3）外部交联关系

该型GPS具有较强的外部交联能力，可与飞机上的航姿系统（磁航向基准系统）、大气数据系统、航位指示器（水平状态指示器）、气象雷达、自动驾驶仪（飞行控制系统）等进行交联，如图7-2-11所示。

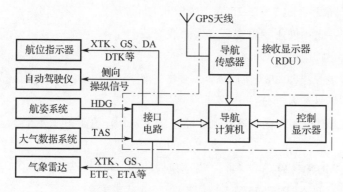

图 7-2-11　GPS 外部交联关系

在图 7-2-11 中，航姿系统、大气数据系统分别向该系统提供航向角（HDG）和空速（TAS）信息，航位指示器接收、显示该系统输出的偏航距（XTK）、期望航迹角（DTK）、偏流角（DA）等信息；气象雷达接收、显示该系统输出的用户即时位置（POS）、地速（GS）、航迹角（TK）、待飞距离（DIS）、待飞时间（ETE）、预计到达时刻（ETA）、偏航距（XTK）等信息；自动驾驶仪接收该系统输出的侧向操纵信号，实现自动导航控制。

4）主要特性及指标

该型 GPS 主要特性及指标如下。

（1）GPS 接收机。

载频：L1 载波的中心频率为 1 575.42MHz。

伪随机码：C/A 码。

硬件通道数：9 个，可连续跟踪视界内所有 GPS 导航卫星。

卫星捕获时间：1.5～3.5min。

位置数据更新率：5 次/s。

定位精度：15m（RMS）。

测速精度：0.1kn（稳态）。

测高（MSL）精度：35m（RMS）。

定时（UTC）精度：μs 级。

（2）接收显示器（RDU）。

尺寸：76.2mm（高）×144.8mm（宽）×195.0mm（深）。

质量：1.48kg。

工作温度：-20～70℃。

工作高度：-305～15 250m（座舱压力下）。

安装方式：使用专用安装支架面板安装。

最大跟踪速度：800kn。

工作电源：DC 28V，1.5A。

外部信号输入部分：

ARINC407 同步器 4 个：空速的（1 个）、航向的（1 个）、气压高度的（2 个）；

ARINC429 总线 4 个：高速或低速的，可自行设置；

空速 ARINC545/565 总线 1 个：交流或直流形式，可自行设置；

离散量输入通道 9 个。

输出外部信号部分:

  ARINC407 同步器/解算器 3 个;

  自动驾驶仪 1 个;

  模拟偏差量输出通道 3 个;

  航线偏差指示器(CDI)1 个: ±150mV 满刻度(右+);

  ARINC 419/429 总线 2 个;

  ARINC 561/568 总线 1 个;

  离散量输出通道 15 个;

  外部指示灯 4 个: 信息(MSG)灯、航路点提醒(WPT)灯、保持(HLD)灯、进近(APR)灯。

串型 RS-232/422 输入/输出接口 3 个。

(3) GPS 天线。

尺寸: 20.0mm(高)×95.3mm(宽)×101.6mm(长)。

质量: 0.23kg。

工作温度: −55~70℃。

工作高度: −305~16 775m。

安装: 外部。

耗电: DC 5V, 80mA(来自 RDU)。

7.2.3 GPS 定位误差

GPS 定位误差和用户与所选卫星间几何图形配置关系引起的误差(几何误差)、测距误差有关。

1. 几何误差

1) 用户与所选卫星间几何图形配置关系对 GPS 定位误差的影响

在测距误差一定的情况下,若用户与所选用卫星间几何图形配置关系不同,则 GPS 定位误差也不同。

图 7-2-12(a)与(b)中的测距误差相同,但图 7-2-12(a)所示的用户与所选卫星间几何图形配置关系较好,GPS 定位误差小;图 7-2-12(b)所示的用户与所选卫星间几何图形配置关系较差,GPS 定位误差大。

图 7-2-12 形象地说明了用户与所选卫星间几何图形配置关系对 GPS 定位误差的影响。

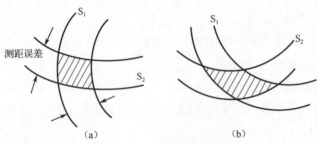

图 7-2-12　用户与所选卫星间几何图形配置关系对 GPS 定位误差的影响

2）几何误差系数

在测距误差一定时，用户与所选卫星间几何图形配置关系对定位误差的影响大小通常用几何误差系数 GDOP（Geometric Dilution Of Precision）来表示。

设测距误差为 σ，伪距测量相互独立，通过概率论和有关矩阵理论，可导出 GDOP 与 σ 间的关系式为

$$\text{GDOP} = \frac{\sqrt{\sigma_X^2 + \sigma_Y^2 + \sigma_Z^2 + \sigma_R^2}}{\sigma} = \frac{\sqrt{\sigma_P^2 + \sigma_T^2}}{\sigma} \qquad (7.2\text{-}19)$$

式中，σ_P、σ_T 分别称为用户三维空间位置误差和用户时钟偏差等效的距离误差。

类似地，可给出位置误差系数 PDOP（Position DOP）、水平位置误差系数 HDOP（Horizontal DOP）、垂直位置误差系数 VDOP（Vertical DOP）和时间误差系数 TDOP（Time DOP）的关系式为

$$\text{PDOP} = \frac{\sigma_P}{\sigma} \qquad (7.2\text{-}20)$$

$$\text{HDOP} = \frac{\sqrt{\sigma_X^2 + \sigma_Y^2}}{\sigma} \qquad (7.2\text{-}21)$$

$$\text{VDOP} = \frac{\sqrt{\sigma_Z^2}}{\sigma} = \frac{\sigma_Z}{\sigma} \qquad (7.2\text{-}22)$$

$$\text{TDOP} = \frac{\sigma_T}{\sigma} \qquad (7.2\text{-}23)$$

各误差系数间满足：

$$\text{GDOP} = \sqrt{\text{PDOP}^2 + \text{TDOP}^2} \qquad (7.2\text{-}24)$$

$$\text{PDOP} = \sqrt{\text{HDOP}^2 + \text{VDOP}^2} \qquad (7.2\text{-}25)$$

利用上述公式，可得

$$\sigma_P = \text{PDOP} \cdot \sigma \qquad (7.2\text{-}26)$$

$$\sigma_H = \text{HDOP} \cdot \sigma \qquad (7.2\text{-}27)$$

$$\sigma_V = \text{VDOP} \cdot \sigma \qquad (7.2\text{-}28)$$
$$\sigma_T = \text{TDOP} \cdot \sigma \qquad (7.2\text{-}29)$$

式中，σ_H、σ_V 分别为用户水平位置误差和用户垂直高度误差。

3）导航卫星选择方法

在测距误差一定的情况下，选择与用户几何图形配置关系最好的 4 颗卫星进行导航定位，使 GDOP 最小，可提高用户的定位精度。

理论推导证明，4 颗导航卫星与用户的最佳几何图形配置关系是任意 2 颗导航卫星与用户连线的夹角（θ）都相等，且有

$$\theta = 109.47° \qquad (7.2\text{-}30)$$

此时，GDOP=1.581 1，为最小值。

式（7.2-30）中所示的呈最佳几何图形配置关系的这 4 颗卫星一般不都是可见的，其中有的卫星在地平面以下（一般认为仰角大于 5° 的卫星是可见的）。实际上，要从可见卫星中选择使 GDOP 最小的 4 颗卫星。

从可见卫星中选择 4 颗导航卫星的方法有多种，例如：

（1）最优法又称最佳 GDOP 法：若有 n 颗可见卫星，则每次从中取 4 颗卫星计算 GDOP，从所有的排列组合中选取 GDOP 最小的 4 颗卫星作为导航卫星。

该种方法选择的卫星最佳，但计算工作量大。

（2）最佳矢端四面体法：设用户到可见卫星 S_1、S_2、S_3、S_4 的单位矢量分别为 e_1、e_2、e_3、e_4，则这些矢量末端 A、B、C、D 都在以用户 U 为中心，以 1 为半径的单位球球面上，如图 7-2-13 所示。

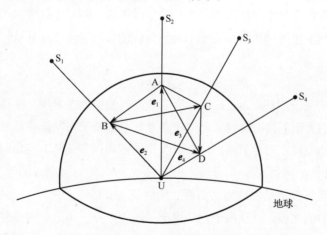

图 7-2-13　卫星几何四面体

设 A、B、C、D 四点联成的四面体体积为 V，经计算可知，V 与 GDOP 呈反比关系，V 最大时 GDOP 最小。

当 1 颗卫星在用户天顶，另外 3 颗相差 120°，且仰角均大于 5° 时，该四面体体积最大。

2．测距误差

引起测距误差 σ 的因素有很多：在空间部分主要是卫星时钟偏差 Δt_s 经校正后剩余的误差；在控制部分主要是卫星星历误差；在用户部分主要是电离层和对流层附加延时经校正后剩余的误差、多路径误差和接收机噪声误差等。

1）卫星时钟误差

GPS 是通过测量卫星信号传播时间来测距的。卫星时钟偏差将直接变成测距误差。尽管卫星时钟为高稳定度（如铯原子钟的频率稳定度为 10^{-13}）的原子钟，但它不是绝对稳定，而是存在漂移的。

卫星相对于地面在做高速运动时，存在着狭义和广义相对论效应，这使卫星时钟和地面时钟走时不同。综合考虑这两种相对论效应，卫星时钟比地面时钟走得快，每秒约差 0.45ns，因而需要加以校正，使卫星时钟的基准振荡频率减少 4.50×10^{-10}，即卫星时钟的 10.23MHz 基准频率应降为 $10.23 \times (1-4.50 \times 10^{-10})$MHz=10.229 999 999 54MHz 的实际频率。

由于卫星所处的重力场是变化的，同时还受太阳和月亮重力场的作用，且卫星轨道偏心率（e）并不完全等于零，使得卫星的运动速度发生变化，所以相对论效应产生的地面原子钟与卫星时钟偏差不可能是常值。

考虑到卫星时钟本身偏差和相对论效应的影响，可给出卫星时钟偏差校正模型：

$$\Delta t_s = a_0 + a_1(t-t_{oe}) + a_2(t-t_{oe})^2 \quad (7.2\text{-}31)$$

式中，t_{oe} 为基准时间；a_0、a_1、a_2 为卫星时钟偏差校正参数，在导航电文中给出，分别表示卫星时钟钟差、卫星基准频率频差和频率漂移。经卫星时钟偏差校正模型校正后，卫星时钟仍有少量的偏离误差，称为卫星时钟误差。

2）卫星星历误差

卫星星历数据是由地面站测算后定期注入卫星的。由于各监测站对卫星跟踪测量时的误差，以及由于无法完全了解的影响卫星运动的各种摄动因素及它们的变化规律，因而预报的卫星星历中不可避免地存在着误差（称为卫星星历误差），引起卫星位置计算误差，从而形成测距误差。

3）电离层附加延时误差

离地面 20 183km 高度的卫星发射的无线电波，必须穿过电离层和对流层才能到达地面用户设备接收天线。无线电波在电离层中的传播速度大于在真空中的传播速度，从而产生电离层传播附加延时偏差。电离层传播附加延时偏差与无线电波频率（f）的平方成正比。对于 L 波段的无线电波，当垂直穿过电离层时，夜间传播附加延时约为 10ns，白天传播附加延时可增加到 50ns；低仰角时的传播附加延时可比垂直穿越时的增加 3 倍。不同的传播路径，电离层传播附加延时不同。

对电离层传播附加延时偏差可采用模型校正法和双频校正法进行校正。模型校正法利用导航电文中发布的电离层延时校正参数 $\alpha_0 \sim \alpha_3$、$\beta_0 \sim \beta_3$，根据校正模型来校正电离层传播附加延时偏差，是一种固定修正、精度较低、一般只能校正掉电离层传播附加延时偏差的 50%~60%的方法。双频校正法利用卫星发射的 L 波段两个载波（L1、L2）的中心频率 1 575.42MHz、1 227.60MHz 来校正 L1、L2 载波产生的电离层传播附加延时偏差，可对电离层传播附加延时偏差进行较精确的校正。

需要说明的是，对于采用 C/A 码的单频（L1 载波的中心频率）民用 GPS 接收机，电离层传播附加延时偏差无法采用双频校正法，只能采用模型校正法。对于采用 P 码的军用 GPS 接收机，由于 P 码同时在 L1、L2 两个载波的中心频率上发射，所以电离层传播附加延时偏差可采用双频校正法，从而获得较高的定位精度。经模型校正法或双频校正法校正后，电离层传播附加延时仍有一定的偏差，称为电离层附加延时误差。

4）对流层附加延时误差

对流层附加延时偏差是由于无线电波在对流层中的传播速度不同于在真空中的传播速度而引起的。对流层附加延时与无线电波频率无关，不能采用双频校正法，只能采用模型校正法。

一个对流层附加延时偏差的校正模型为

$$\Delta t_{\text{tropo}} = \frac{2.422}{0.026 + \sin E} \exp(-0.133\ 45H) \qquad (7.2\text{-}32)$$

式中，H 为用户海拔高度（km）；E 为卫星仰角（rad）。

上述校正模型可修正掉对流层附加延时偏差的 90%，而剩余偏差称为对流层附加延时误差。

5）多路径误差

多路径误差是指信号从不同的路径到达用户接收机而产生的误差。路径不同会使信号发生变形而造成距离测量误差。这种误差随机性较大，与用户周围环境（如地形、地物及其反射特性）有关。

6）接收机噪声误差

用接收机的硬件和软件处理信号所引起的噪声，会在距离测量中产生误差，称为接收机噪声误差。此外，接收机测距量化时会产生量化误差；对多通道连续接收机，由于各硬件通道路径不同，测量时还会产生通道间偏差。

上面简单讨论了引起 GPS 测距误差的主要误差源的产生原因。GPS 用户设备测距误差如表 7-2-4 所示。

表 7-2-4　GPS 用户设备测距误差

误差源		GPS 用户设备测距误差（1σ）					
		C/A 码			P 码		
		误差值	随机值	总计	误差值	随机值	总计
空间部分	卫星时钟误差等	3.5m		3.5m	3.5m		3.5m
控制部分	卫星星历误差等	4.3m		4.3m	4.3m		4.3m
用户部分	电离层附加延时误差	7.5m		7.5m	2.3m		2.3m
	对流层附加延时误差		2.0m	2.0m		2.0m	2.0m
	接收机噪声误差		7.5m	7.5m		1.5m	1.5m
	多路径误差		1.2m	1.2m		1.2m	1.2m
	其他误差		0.5m	0.5m		0.5m	0.5m
RSS 总计		9.3m	7.9m	12.2m	6.0m	2.8m	6.6m

注：RSS 表示和方根。

从表 7-2-4 中看出，C/A 码的测距误差为 12.2m（主要是由电离层附加延时误差造成的），P 码的测距误差为 6.6m。测距误差 σ 乘以相应的几何误差系数即得相应的定位误差。例如，若 HDOP = 2.1，VDOP = 2.5，据式（7.2-27）、式（7.2-28），有 σ_H = 25.62m，σ_V = 30.5m（C/A 码）。

7.2.4　GPS 现代化计划简介

GPS 现代化是随着 GPS 应用的不断深入而提出来的。在 GPS 应用中，发现了一些 GPS 的不足并需要加以克服，为满足新的要求也需要进一步提高 GPS 性能。例如，从军用方面看，GPS 有抗干扰能力不强和使用安全度不够、不方便的问题，而且精度要进一步提高；从民用方面看，提高精度和满足各种用户团体的要求比较突出，其中包括交通运输用户对安全性的要求和室内用户对信号鲁棒性要求。为此，经过了数年的准备，2000 年，美国公布了分阶段执行的 GPS 现代化计划，如表 7-2-5 所示。

表 7-2-5　各阶段 GPS 现代化计划

工 作 目 标	实 现 日 期
停止选择可用性	2000 年 5 月 1 日
GPS Block Ⅱ R-M 卫星 ——L2 载波上增发 L2C 信号 ——L1 和 L2 载波上增发 M 码	2003—2006 年
GPS Block Ⅱ F 卫星 ——L2 载波上增发 L2C 信号 ——L1 和 L2 载波上增发 M 码 ——增发 L5 民用载波信号	2005—2010 年
运行控制区段（OCS）改进	2000—2008 年
GPS Ⅲ ——L1 载波上增发 L1C 信号 ——L2 载波上增发 L2C 信号 ——L1 和 L2 载波上增发 M 码 ——增发 L5 民用载波信号 ——可增发 M 码点波束信号 ——改变上行注入方式 ——卫星可编程设置 ——提供完好性信息 ——增加卫星搜救载荷 ——其他	2013—2033 年

GPS 现代化主要由空间区段（SS，即空间部分）现代化和运行控制区段（OCS，即地面控制部分）现代化两个方面构成。GPS 现代化计划旨在提高整个 GPS 的精度、可用性、可靠性、完好性以及军用时的安全性、保密性、可控性。GPS 现代化计划分 4 个阶段实施。

在表 7-2-5 中，第一阶段已于 2000 年 5 月 1 日完成。停止选择可用性的结果使 GPS 民用信号的水平定位精度从 100m（95%的概率）提高到 10m（95%

的概率),定时精度提高到 20ns (95%的概率)。美国这样做的目的是吸引更多的民用用户,增强 GPS 与其他卫星导航系统的国际竞争力,从而为美国争取更大的政治和经济利益。

第二阶段期限为 2003—2006 年。在 2000 年,那时正在发射的 GPS 卫星型号为 Block II R。

和前面型号的卫星一样,Block II R 卫星发射两个载波 L1 和 L2。在 L1 上调制 C/A 码和 P 码;在 L2 上仅调制 P 码。P 码是保密的,只军用。由于 P 码同时在 L1、L2 两个载波上发射,因此军用 GPS 接收机可以采用双频校正法最大限度消除无线电波从卫星传向地面穿越电离层时引起的电离层传播附加延时偏差。由于民用 C/A 码只在 L1 一个载波上发射,无法采用双频校正法(只能采用模型校正法进行固定校正,精度低),因此民用 GPS 接收机的定位精度比军用的要差一些。按照新出台的 GPS 现代化计划,在第二阶段,要在 L2 上也调制民用码,虽然不是 C/A 码而是另一种叫 L2C 的民用信号,使民用 GPS 接收机可以采用双频校正法利用 L1、L2 消除电离层传播附加延迟偏差。为此,美国要求对 Block II R 卫星加以修改,成为 Block II R-M 卫星,这里 M 是"现代化"的意思。这就有可能使 GPS 民用时的精度更接近于军用时的精度。与 L1 上的军用 P 码不一样,L2 上的 P 码主要用于辅助 L1 上的 P 码信号,以消除电离层传播附加延迟偏差,而 L2C 信号不但设计成能独立工作而且特别适合于要求低功耗的用户。这样做是为了吸引民用用户。

美国认为,现在军用的 P 码信号也是有缺点的。为了在战场上防止敌对方利用 GPS 民用信号反抗美军,美军有可能要干扰 C/A 码。一方面,由于在 L1 上 C/A 码与 P 码的信号频谱是重叠的,这样在干扰 C/A 码时便有可能影响到美军自己对 P 的使用;另一方面,频谱重叠也妨碍了单独加大军用信号功率以提高其抗干扰能力。因此,在 Block II R-M 卫星上,美军还要发射一种与民用频谱分开的新的军用信号,这就是军用 M 码。另外,M 码的直接捕获性能和保密性也要比 P 码好。总之,在 GPS 现代化的第二阶段,GPS 军用和民用时的定位性能都会有明显提高。

在第三阶段(2005—2008 年),GPS Block II R 卫星和更前一批型号卫星逐渐到了寿命,陆续用更新一代的 Block II F 卫星取代。除了要增发 L2C 和 M 码信号之外,Block II F 与 Block II R-M 相比,主要的不同是还要增发载波 L5(1999 年 1 月选定 L5 的中心频率为 1 176.45MHz,处在 960~1 215MHz

航空无线电导航服务 ARNS 频段内）信号。这是专门为与生命安全有关的民用尤其是为民用航空设置的。民用航空部门认为，L2 频段附近有大功率对空监视雷达在工作，因而 L2 有可能被干扰，因此要有一个更可靠的民用信号。为了保障 L5 的可靠性，L5 的功率将比 L1C/A 码的大 6dB，扩频码速率也更高。

GPS Block Ⅱ R-M 和 Block Ⅱ F 卫星所发射的 L2C、M 码和 L5 信号与原有的 L1C/A 码和 P 码相比已有了全新的改变，因而具有更好的自相关和互相关特性、更低的信号检测门限，以及其他更好的性能。

在第一～第三阶段期间（2000—2008 年），对运行控制区段进行改造也是 GPS 现代化的重要内容。这方面的工作除了运行控制区段要随着新发射的 L2C、M 码和 L5 信号做相应升级之外，还要实施 3 个工程项目：SAASM、AⅡ、WAGE。

SAASM 是推进 GPS 精确定位服务（PPS）的关键措施，将大大提高 GPS 军用时的安全性和使用方便性，为军用 GPS 接收机普遍装备部队扫清道路。AⅡ 是 GPS 精度改善创新工程。WAGE 是广域 GPS 提高工程。AⅡ 和 WAGE 都用以提高 GPS 的精度，只不过 AⅡ 同时改善 GPS 军用和民用时的精度，使两者都受益，而 WAGE 则只用于改善 GPS 军用时的精度。

GPSⅢ 是 GPS 现代化的第四阶段产物。2000 年 5 月，GPS 联合计划办公室（JPO）声明，GPS 的空间区段和运行控制区段将被进行改进，以"确保可靠和安全地提供更为先进的位置、速度与定时信号，以服务于不断增长的军用与民用用户需求。整个 GPS 的方案将被审查，以获得长期的 GPS 性能目标，同时管理所需要的整个成本"。

2005 年，GPS JPO 对 GPSⅢ 的希望是要能提供足够的灵活性和鲁棒性，以满足今后 30 年的军用和民用需求，具体需求如下。

（1）提高抗干扰能力。
（2）提高安全性。
（3）提高精度。
（4）能精确导航。
（5）后向兼容。
（6）具有有保障的可用性。
（7）具有可控制的完好性。
（8）具有较高的系统顽存性。

（9）提供第四种民用信号（L1C）。

GPSⅢ卫星（GPS BlockⅢ卫星，GPS第三代卫星）设计寿命为15年（是GPS BlockⅡ、BlockⅡA第二代卫星的2倍），抗干扰能力比第二代卫星的提高了8倍，具备数据上行功能，特别是具有依据需要快速关闭特定地理位置（特定区域）导航信号发送的能力。这里的L1C是GPSⅢ卫星在L1上新发射的一种民用信号，又称在L1上发射的现代化民用信号。这样，随着GPS现代化的进程，GPS卫星所发射的信号种类将逐渐增加：BlockⅡR型号以前的卫星，在L1上发射C/A码和P码，在L2上发射P码，一共3种信号；BlockⅡR-M卫星，在L1上增发M码，在L2上增发L2C和M码，加上原有的3种信号，使GPS卫星发射信号增至6种；BlockⅡF卫星再增发L5民用信号；GPSⅢ卫星进一步增发L1C民用信号，使GPS卫星发射信号增至8种。

2018年，GPS开始步入升级换代新阶段。北京时间2018年12月23日21时51分，第一颗GPSⅢ卫星（型号为BlockⅢA，SV01）在弗洛里达的卡纳维拉尔角空军基地由SpeceX公司使用"猎鹰9号"（Falcon 9）火箭成功发射，开启了GPSⅢ建设的新纪元。该卫星于2019年7月完成了在轨测试，2020年1月设为"健康"状态，开始发送新的民用信号L1C，正式提供服务。美国时间2019年8月22日、2020年6月30日、2020年11月5日、2021年6月17日，第二颗（SV02）、第三颗（SV03）、第四颗（SV04）、第五颗（SV05）GPSⅢ卫星相继完成了发射。SV05卫星将成为GPS星座中第24颗具有军码能力的卫星。GPSⅢ卫星预计制造32颗，用于全面替换目前在轨运行的GPS第二代卫星。GPSⅢ星座的全部卫星预计2025年布设完成。

7.3 全球导航卫星系统（GLONASS）

7.3.1 GLONASS 组成和导航电文

1. GLONASS 组成

GLONASS由空间卫星子系统（空间部分，空间区段）、地面检测和控制子系统（地面控制部分，地面控制区段）和用户设备（用户部分，用户区段）三部分组成。

1）GLONASS 空间部分（空间区段）

GLONASS 空间部分由 24 颗 GLONASS 卫星及其电子设备组成。24 颗 GLONASS 卫星布置在 3 个等间隔近圆轨道（e 为 0.01）上，每个轨道内均匀布设 8 颗 GLONASS 卫星。GLONASS 卫星运行轨道半径为 25 510km（GLONASS 卫星离地面高度为 19 100km），轨道倾角为 64.8°，GLONASS 卫星运行周期为 11h15min44s。3 个轨道面间升交点赤经互隔 120°，按地球自转方向由西向东将其编号为 1、2、3，同一轨道面上的 GLONASS 卫星编号按其运动方向的反方向递增，第一轨道面上 GLONASS 卫星编号为 1~8，第二轨道面上 GLONASS 卫星编号为 9~16，第三轨道面上 GLONASS 卫星编号为 17~24。同一轨道面上相邻 GLONASS 卫星的升交距角相差 45°，相邻轨道面上相邻 GLONASS 卫星的升交距角相差 15°。该星座配置保证 GLONASS 用户设备在全球范围任意地点均能同时接收 5 颗以上 GLONASS 卫星信号，实现三维定位、测速、测时。

从 1982 年 10 月 12 日发射第一颗 GLONASS 试验卫星至 1995 年 12 月 14 日，GLONASS 13 年间发射 27 次共 73 颗 GLONASS 卫星，除发射 2 次共 6 颗 GLONASS 卫星外，先后有 67 颗 GLONASS 卫星（包括 2 颗 GLONASS 测地卫星）入轨运行，其中 40 颗 GLONASS 卫星由于出现故障退出服务。

1996 年 1 月 18 日，24 颗 GLONASS 卫星组成的 GLONASS 实用星座开始投入全球性的导航定位服务，为全球卫星导航的广泛应用注入了新的活力。在 1996 年 1 月 18 日 GLONASS 投入运行时，GLONASS 空间星座如图 7-3-1 所示，GLONASS 空间星座卫星配置如图 7-3-2 所示。

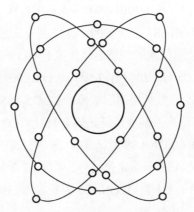

图 7-3-1　GLONASS 空间星座

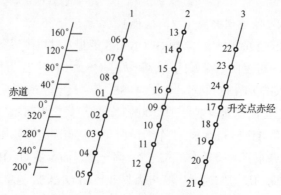

图 7-3-2　GLONASS 空间星座卫星配置

GLONASS 卫星在轨工作寿命较短。经统计，1996 年 1 月 18 日组建完毕的 GLONASS 空间星座，在 1996 年 10 月已有 01、05 和 24 轨道位置的 GLONASS 卫星（发射时间分别为 1992 年 1 月 30 日、1990 年 12 月 8 日、1992 年 7 月 30 日）失效，退出定位服务，后来 02、03、05、06、07、08、17、18、21、23 和 24 轨道位置的 GLONASS 卫星又先后退出定位服务。

1998—2004 年，GLONASS 先后发射了 18 颗 GLONASS 卫星替换出现故障的 GLONASS 卫星：1998 年 12 月 30 日发射了 3 颗 GLONASS 卫星（入网工作时间分别为 1999 年 1 月 29 日、1999 年 1 月 29 日、1999 年 2 月 18 日），替换 07、08、01 轨道位置的 3 颗出现故障的 GLONASS 卫星；2000 年 10 月 13 日发射了 3 颗 GLONASS 卫星（入网工作时间分别为 2000 年 11 月 21 日、2000 年 11 月 4 日、2001 年 1 月 5 日）替换 24、17、18 轨道位置的 3 颗出现故障的 GLONASS 卫星；2001 年 12 月 1 日发射了 3 颗 GLONASS 卫星替换 06、03、05 轨道位置的 3 颗出现故障的 GLONASS 卫星（如图 7-3-2 所示）；2002 年 12 月 25 日、2003 年 12 月 10 日、2004 年 12 月 26 日又先后发射了 9 颗 GLONASS 卫星替换出现故障的 GLONASS 卫星。

自 2006 年 12 月以来，俄罗斯开始逐渐补发 GLONASS 卫星。至 2015 年 7 月 23 日，在轨的 GLONASS 卫星共有 28 颗，其中 24 颗 GLONASS 卫星能够正常提供 GLONASS 导航定位信号，4 颗 GLONASS 卫星处于在轨测试中。2015 年 7 月 23 日 24 颗 GLONASS 卫星状态如表 7-3-1 所示。

第7章 卫星导航系统

表 7-3-1　2015 年 7 月 23 日 24 颗 GLONASS 卫星状态

轨道面	轨道位置	卫星编号	发射时间	工作时间
1	01	730	2009 年 12 月 14 日	2010 年 1 月 30 日
1	02	747	2013 年 4 月 26 日	2013 年 7 月 4 日
1	03	744	2011 年 11 月 4 日	2011 年 12 月 8 日
1	04	742	2011 年 10 月 2 日	2011 年 10 月 25 日
1	05	734	2009 年 12 月 14 日	2010 年 1 月 10 日
1	06	733	2009 年 12 月 14 日	2010 年 1 月 24 日
1	07	745	2011 年 11 月 4 日	2011 年 12 月 18 日
1	08	743	2011 年 11 月 4 日	2012 年 9 月 20 日
2	09	736	2010 年 9 月 2 日	2010 年 10 月 4 日
2	10	717	2006 年 12 月 25 日	2007 年 4 月 3 日
2	11	723	2007 年 12 月 25 日	2008 年 1 月 22 日
2	12	737	2010 年 9 月 2 日	2010 年 10 月 12 日
2	13	721	2007 年 12 月 25 日	2008 年 2 月 8 日
2	14	715	2006 年 12 月 25 日	2007 年 4 月 3 日
2	15	716	2006 年 12 月 25 日	2007 年 10 月 12 日
2	16	738	2010 年 9 月 2 日	2010 年 10 月 11 日
3	17	746	2011 年 11 月 28 日	2011 年 12 月 23 日
3	18	754	2014 年 3 月 24 日	2014 年 4 月 14 日
3	19	720	2007 年 10 月 26 日	2007 年 11 月 25 日
3	20	719	2007 年 10 月 26 日	2007 年 11 月 27 日
3	21	755	2014 年 6 月 14 日	2014 年 8 月 3 日
3	22	731	2010 年 3 月 2 日	2010 年 3 月 28 日
3	23	732	2010 年 3 月 2 日	2010 年 3 月 28 日
3	24	735	2010 年 3 月 2 日	2010 年 3 月 28 日

　　GLONASS 卫星由俄罗斯空间部队在哈萨克斯坦的拜科努尔（Baikonur）空间发射场发射。一枚"质子"重型火箭每次能携带 3 颗卫星发射升空。

　　GLONASS 卫星上的电子设备包括无线电收发信机、导航电文形成装置、时间同步装置和计算机等。每颗 GLONASS 卫星上装有铯原子钟以产生该卫星上的高稳定时间标记（简称时标），并向所有星载设备提供高稳定的同步信号。星载计算机将从地面控制区段接收到的专用信息进行处理，并生成导航电文向用户广播。导航电文作为导航信号的一部分，包括卫星星历参数、卫星钟相对 GLONASS UTC 时（SU）的偏差值、时标和 GLONASS 历书（卫星概略轨道参数）等信息。

GLONASS 卫星均向空间发射 L1、L2 两种载波。其中，L1 原来在 1 602.562 5～1 615.5MHz，调制军用码和民用码（m 序列码）；L2 原来在 1 246.437 5～1 256.5MHz。传统的 GLONASS 卫星在 L2 上只调制军用码，而改进型 GLONASS-M 卫星在 L2 上同时调制军用码和民用码（增加了民用码）。这些信号为伪码扩频调制信号。各卫星之间的识别方法采用频分多址（FDMA），L1 频道间隔是 0.562 5MHz，L2 频道间隔是 0.437 5MHz。

GLONASS 卫星上述载波频率（f_{L1}、f_{L2}）与频道号（j）间的关系式为

$$f_{L1} = 1\,602 + j \times 0.562\,5 \text{(MHz)}$$
$$f_{L2} = 1\,246 + j \times 0.437\,5 \text{(MHz)}$$
$$j = 1, 2, 3, \cdots, 24$$

f_{L1} 与 f_{L2} 的频率比值为 77/60。

GLONASS 民用码的 1～24 号频道，在 1 602.562 5～1 615.5MHz 之间占用了 12.973 5MHz 的频段。

需要说明的是，f_{L1} 部分地（$j \geqslant 15$ 时，f_{L1}=1 610.473 5～1 615.56MHz）与国际电信联盟（ITU）规定的低轨卫星移动通信频段（1 610.0～1 626.5MHz）和电文测量频段（1 610.6～1 613.8MHz）相冲突。俄罗斯已接受 ITU 改频建议，决定分三步将 GLONASS 卫星载频进行更改，即 f_{L1} 将改为 1 598.062 5～1 607.062 5MHz，f_{L2} 将改为 1 242.937 5～1 249.937 5MHz。

2）地面控制部分（地面控制区段）

2005 年，俄罗斯公布的 GLONASS 地面控制部有：设在莫斯科附近克拉斯诺兹拉明斯克的系统控制中心（SCC），设在莫斯科附近谢尔科沃的系统中央同步器（CS）和 1 个遥测、跟踪和控制站（TT&C 站），另外 3 个 TT&C 站分别设在彼得堡、叶尼塞斯克和黑龙江附近的科姆索莫尔斯克。地面控制部分主要用于控制整个 GLONASS 的工作，如测量和预报每颗 GLONASS 卫星的卫星星历、监视卫星工作状态、提供卫星运行轨道参数校正值、给卫星加载导航数据等，还具有为整个 GLONASS 提供精确的时间同步功能。

3）GLONASS 接收机（用户设备）

GLONASS 接收机的组成和工作原理与 GPS 接收机的类似。GLONASS

接收机需要接收至少 4 颗 GLONASS 卫星发射的导航信号,并测量其伪距和伪距变化率,同时从 GLONASS 卫星信号中提取导航电文,对上述数据进行处理并计算出 GLONASS 接收机所在的三维位置、三维速度和精密时间信息。

GLONASS 用户设备研制、生产状况不能令人满意。在相当长时间内,俄罗斯对 GLONASS 民用应用重视不够。GLONASS 用户设备在俄罗斯发展缓慢,其原因:一是由于俄罗斯主要依靠国营力量研制、生产 GLONASS 接收机;二是 GLONASS 投入运行较晚,且运行不可靠;三是 GLONASSS 采用频分体制,GLONASS 用户设备较复杂,加之对其的技术保密,直到 1990 年才陆续公布 GLONASS 技术数据,致使 GLONASS 用户设备只在极少数几个工厂研制生产,造成 GLONASS 用户设备品种少、可靠性差、市场占有率低的被动局面。GLONASS 必须加速发展其用户设备产业,拓宽应用领域。

2. GLONASS 信号结构和导航电文

1) GLONASS 信号结构

GLONASS 导航信息是由下述三种二进制信号的模二相加获得。

(1) 导航电文:发送速率为 50bit/s。

(2) 辅助曲折序列:发送速率为 100bit/s。

(3) 伪码:分军用码和民用码 (m 序列码) 两种,发送速率分别为 5.11Mbit/s 和 0.511Mbit/s。

GLONASS 卫星将上述二进制序列以 BPSK 方式调制到 L 波段的载波上向用户发射,发射频率有 f_{L1}、f_{L2} 两种,L1 上载有上述全部信息,L2 上没有 m 序列码。军用码只有持许可证的用户才能使用,因此一般用户使用的是 L1 上的信号。

2) GLONASS 导航电文

GLONASS 导航电文的主体即上述 f_{L1} 频率调制的数据序列。一篇完整的 GLONASS 导航电文需要 2.5min 才发送完毕。就其内容而言,GLONASS 导航电文可分为可操作数字信息及非操作数字信息两类。其中,可操作数字信息包括以下内容。

- 卫星时标数字。
- 卫星时标相对 GLONASS 时标的偏差。

- 发送导航信息的载频与其标称值的相对差。
- 精密卫星星历信息。

非操作数字信息包括以下内容。
- GLONASS 全部卫星的状态数据（状态预报卫星星历）。
- 各卫星时标相对 GLONASS 时标之差（相位预报卫星星历）。
- GLONASS 全部卫星轨道参数（轨道预报星历）。
- GLONASS 时标的改正值。

在上述信息中，可操作数字信息的更新率为每 30min 一次；其精密卫星星历的有效时段为卫星星历时刻前后 15min。GLONASS 系统空间参数精度如表 7-3-2 所示。

表 7-3-2　GLONASS 系统空间参数精度

误差分量	位置误差/m	速度误差/（cm/s）
沿轨迹方向	20	0.05
径向	10	0.1
法向	5	0.3

非操作数字信息的更新率为每 24h 一次，其预报卫星星历精度与数据龄有关，但应能使用户在测定卫星距离和径向速度时满足表 7-3-3 所示的精度。

表 7-3-3　GLONASS 预报卫星星历精度

预报卫星星历数据龄	测距误差/m	测速误差/（cm/s）
1 天	0.83	0.33
10 天	2.0	0.7
20 天	3.3	4.2

GLONASS 导航电文中所给出的时间值是在 GLONASS 时间系统中量度的，该值在经过各种修正后与 UTC 之差小于 1μs；所给空间值在 PE-90 中度量。

（1）GLONASS 导航电文结构。

一篇完整的 GLONASS 导航电文（超帧）长为 2.5min（150s），分为 5 帧，每帧长为 30s；每帧又分为 15 个子帧（串），各子帧长为 2s。每帧的 1～4 子帧给出该卫星星历，第 5 子帧给出该卫星系统时间修正值，6～15 子帧每 2 个子帧给出 1 颗卫星的历书（卫星概略轨道参数）数据，每帧可给出 5

颗卫星的历书数据;每个子帧又分为信息码位(b85~b9,其中 b85 有意留空,即总是为 0)和校验码位(b8~b1)(1.7s)及 15 位时标码位(0.3s)。GLONASS 导电电文结构如图 7-3-3 所示。

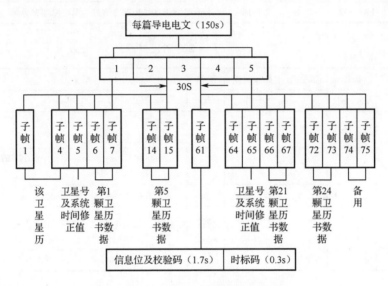

图 7-3-3　GLONASS 导航电文结构

(2)GLONASS 导航电文内容及格式。

在 GLONASS 导航电文中,各帧的内容及格式基本相同,这里以 1 帧为例进行说明。在 1 帧中,子帧 1~子帧 5 内容及格式各异,子帧 6、子帧 8、子帧 10、子帧 12、子帧 14 内容及格式相同,子帧 7、子帧 9、子帧 11、子帧 13、子帧 15 亦然。

每个子帧参数及其意义如表 7-3-4~表 7-3-10 所示。

表 7-3-4　子帧 1 参数及其意义

参数	码位	低位值	数值区间	量纲	意义
m	b84~b81	1	0~15	无	子帧号
n_1	b78~b77	1	—	min	本帧信息与前帧信息间的时间间隔:"00"—0,"01"—30,"10"—45,"11"—60
h	b76~b72	1	0~23	h	现行时刻(本帧导航电文播发时刻 t_k)
m	b71~b66	1	0~59	min	
s	b65	1	0,30	s	
V_X	b64~b41	2^{-20}	-4.3~4.3	km/s	卫星星历参考时刻本卫星速度 X 分量

续表

参数	码位	低位值	数值区间	量纲	意义
A_X	b40~b36	2^{-30}	6.2×10^{-9}	km/s²	卫星星历参考时刻本卫星加速度 X 分量
X	b35~b9	2^{-11}	2.7×10^{-4}	km	卫星星历参考时刻本卫星位置 X 分量

表 7-3-5 子帧 2 参数及其意义

参数	码位	低位值	数值区间	量纲	意义
m	b84~b81	1	0~15	无	子帧号
Bn	b80~b78	1	—	—	有效性（健康），高位为"1"时，本次观测对本参数及其意义星无效
n_2	b77	1	—	—	t_b 更新标志，$n_2=1$ 时，t_b 为当前小时的 0~30min
t_b	b76-b70	15	15~1245	min	精密卫星星历基准时间（卫星星历参考时刻）
V_Y	b64~b41	2^{-20}	-4.3~4.3	km/s	卫星星历参考时刻本卫星速度 Y 分量
A_Y	b40~b36	2^{-30}	6.2×10^{-9}	km/s²	卫星星历参考时刻本卫星加速度 Y 分量
Y	b35~b9	2^{-11}	2.7×10^{-4}	km	卫星星历参考时刻本卫星位置 Y 分量

表 7-3-6 子帧 3 参数及其意义

参数	码位	低位值	数值区间	量纲	意义
m	b84~b81	1	0~15	无	子帧号
n_3	b80	1	4,5	个	本帧内所含预报卫星星历个数，"1"—5 个，"0"—4 个
dfn	b79~b69	2^{-40}	2~30	无	dfn 是本卫星时钟相对系统时钟的频偏值，dfn=$(f-f_n)/f_n$
V_z	b64~b41	2^{-20}	-4.3~4.3	km/s	卫星星历参考时刻本卫星速度 Z 分量
A_z	b40~b36	2^{-30}	6.2×10^{-9}	km/s²	卫星星历参考时刻本卫星加速度 Z 分量
Z	b35~b9	2^{-11}	2.7×10^{-4}	km	卫星星历参考时刻本卫星位置 Z 分量

表 7-3-7 子帧 4 参数及其意义

参数	码位	低位值	数值区间	量纲	意义
m	b84~b81	1	0~15	无	子帧号
Δt_z	b80~b59	20^{-30}	2^{-9}	s	本卫星时间相对系统时间之差：t_g-t_s
AODC	b54~b50	1	0…31	天	本卫星星历的数据龄（t_b-注入时间）

表 7-3-8 子帧 5 参数及其意义

参数	码位	低位值	数值区间	量纲	意义
m	b84～b81	1	0～15	无	子帧号
N_d	b80～b70	1	1 461	天	系统相对上一闰年开始的积日
Δt_c	b69～b42	2^{-27}	-1～$+1$	s	系统时间相对 UTC（苏）之差

表 7-3-9 子帧 6、子帧 8、子帧 10、子帧 12、子帧 14 参数及其意义

参数	码位	低位值	数值区间	量纲	意义
m	b84～b81	1	0～15	无	子帧号
Cn	b80	1	1，0	无	卫星健康字，Cn=1 时，卫星有效；Cn=0 时，卫星无效
N_s	b77～b73	1	1～24	无	系统中卫星编号
Δt_n	b72～b63	2^{-18}	1.9×10^{-3}	s	本卫星第一次升交点时刻相对系统时间偏差
Ω_s	b62～b42	2^{-20}	-1～$+1$	半周	本卫星第一次升交点时的格林威治经度
Δi	b41～b24	2^{-20}	$+0.067$	半周	本卫星轨道倾角相对 64.8°的偏差
e	b23～b9	2^{-20}	—	无	本卫星轨道偏心率

表 7-3-10 子帧 7、子帧 9、子帧 11、子帧 13、子帧 15 参数及其意义

参数	码位	低位值	数值区间	量纲	意义
m	b84～b81	1	0～15	无	子帧号
ω_s	b80～b65	2^{-15}	-1～$+1$	半周	本卫星第一次升交点时的轨道近地点角
t_s	b64～b44	2^{-5}	0～44 100	s	本卫星第一次升交点时刻（相对当天零点时刻）
ΔT_s	b43～b22	2^{-9}	$+3.6 \times 10^3$	s	本卫星周期相对 12h 的偏差
dT/dt	b21～b15	2^{-14}	$+2^{-8}$	s/圈	本卫星周期的变化率
N_f	b13～b9	1	1～24	无	本卫星载频识别号

3. GLONASS 发展计划简介

为了使 GLONASS 更好地工作,俄罗斯从 2003 年开始启动了 GLONASS 现代化计划,主要包括 GLONASS 空间区段卫星现代化和地面控制区段现代化、开展国际合作等内容。

1）随着空间卫星的更迭不断改进卫星性能、功能和寿命

从 2003 年 12 月开始发射 GLONASS-M 改进型卫星替换故障的 GLONASS 卫星。较 GLONASS 卫星,GLONASS-M 卫星有以下特点。

（1）设计寿命从 3 年增加到 7 年。

（2）时钟稳定度从 5×10^{-13}/天提高到 1×10^{-13}/天。

（3）增发了在 L2 上的民用信号。

此外，俄罗斯正在研制新一代的 GLONASS-K 卫星。GLONASS-K 卫星在 GLONASS-M 卫星基础上又有以下新的特点。

（1）设计寿命从 7 年增加到 10 年。

（2）发射在 L3 上的第三民用信号。

（3）在 L3 上发射完好性信息、全球差分卫星星历和时间校正值等民用信号。

2011 年 2 月 26 日，首颗 GLONASS-K1 卫星成功发射。2014 年，GLONASS-K2 卫星开始发射。俄罗斯航天局计划 2019—2033 年发射 4 颗 GLONASS-M 卫星、9 颗 GLONASS-K 卫星、33 颗 GLONASS-K2 卫星。

2）对地面控制区段（GCS）实施现代化改造

对地面控制区段（GCS）实施现代化改造主要包括扩展监测站网络，在主控站中对软件进行现代化改造，启用新的高稳定度的时钟组，改造时间同步系统等。

近年来，俄罗斯已在澳大利亚和南美洲（委内瑞拉、古巴、巴西等国）设立了 GLONASS 卫星监测站，这样可以显著提高 GLONASS 卫星实时导航定位测量精度。

3）开展国际合作

俄罗斯对 GLONASS 开展的国际合作如建设 GLONASS 增强系统，联合开发民用 GLONASS 接收机和推广民用市场等。

7.3.2 GPS、GLONASS 组合应用技术

1. GPS 与 GLONASS 的比较

GPS 和 GLONASS 在系统组成、定位原理、工作频段、信号和卫星星历数据结构等方面类似，如空间部分都是由 24 颗卫星的星座组成；用户接收设备都是利用测量至少 4 颗卫星的伪距和伪距变化率的方法，确定其三维位置、速度和时间信息；都使用两种 L 频段载波频率、两种伪码（军用码、民用码），且民用码向全世界用户无条件开放；均采用伪码扩频调制导航信号进行定位等。

GLONASS 与 GPS 相比也有差别。首先是星座布局不同，GLONASS 的卫星布局在倾角为 64.8°的 3 条轨道上，而 GPS 卫星布局在倾角为 55°的 6 条轨道上。GLONASS 3 条轨道的星座布局使卫星在地球极区的几何分布较 GPS 6 条轨道的星座布局的要好，对于在高纬度活动的用户较为有利。反过来，GPS 6 条轨道的星座布局使 GPS 卫星在中、低纬度区域几何分布较好。另外，GPS 6 条轨道的星座布局使 GPS 卫星之间总是保持一定距离，不会聚到一起。GLONASS 3 条轨道的星座布局使 GLONASS 卫星在南、北纬 47°处要聚到一起。

GLONASS 与 GPS 两种系统的卫星发射频率不一样。GPS 使用码分多址（CDMA）技术，信号载频有 f_{L1} 和 f_{L2} 两个；GLONASS 采用频分多址（FDMA）技术，每颗卫星用自己独有的载波播发信号（不过 GLONASS 各卫星载频值之间相差并不大）。

GPS 的系统时间与世界协调时间相关联，而 GLONASS 的系统时间则与莫斯科标准时间相关联。

GLONASS 与 GPS 两种系统的卫星星历不一样。GPS 卫星广播的是扩展形式的 6 个开普勒轨道参数，而 GLONASS 卫星广播的是卫星的 9 个直角坐标位置、速度分量、加速度分量。另外，两种卫星导航系统所用的坐标系不一样，GPS 用的是 WGS-84 坐标系，而 GLONASS 用的是 PE-90 坐标系。这两种坐标系所用的地球参考模型不一样，原点不重合。

GLONASS 与 GPS 主要性能对比如表 7-3-11 所示。

表 7-3-11　GLONASS 与 GPS 主要性能对比

系统名称	导航星全球定位系统（GPS）	全球导航卫星系统（GLONASS）
卫星数量	24	24
轨道面数量	6	3
轨道面倾角	55°	64.8°
每个轨道面卫星数	4	8
相邻轨道面卫星相位差	40°	15°
轨道高度	20 183km	19 100km
轨道偏心率	小于 0.01	小于 0.01
轨道长半轴	26 609km	25 510km
卫星运行周期	11h57min58.3s	11h15min44s

续表

信号基准时钟	10.23MHz	5.11MHz
信号载频	f_{L1}=1 575.42MHz f_{L2}=1 227.60MHz	f_{L1}=1 598.062 5～1 607.062 5MHz f_{L2}=1 242.937 5～1 249.937 5MHz
卫星识别方式	码分多址（CDMA）	频分多址（FDMA）
伪码技术	C/A 码：码率为 1.023Mbit/s P 码：码率为 10.23Mbit/s	C/A 码：码率为 0.511Mbit/s P 码：码率为 5.11Mbit/s
选择可用性技术	有（2000 年 5 月 1 日已取消）	无
卫星星历	卫星轨道参数（6 个）及其摄动因子（9 个）	卫星实时在轨点位（X, Y, Z）、速度（V_X, V_Y, V_Z）、加速度（A_X, A_Y, A_Z）
大地坐标系	WGS-84	PE-90
时间基准	UTC（USNO）	UTC（苏）

2. GPS、GLONASS 组合应用特点

由于 GPS 和 GLONASS 在系统构成、定位原理、工作频段、信号调制方式及卫星星历数据结构等方面基本相同或相近，所以将 GPS、GLONASS 组合应用，研制既可接收 GPS 卫星信号，又可接收 GLONASS 卫星信号的 GPS、GLONASS 组合接收机是可行的。

GPS、GLONASS 组合应用，利用 GPS、GLONASS 空间星座的 48 颗导航卫星，GPS、GLONASS 组合接收机，可选用的卫星数量成倍增多（理论上，全球任意地点、任意时刻可同时"看到"至少 5+5=10 颗卫星）。GPS、GLONASS 组合应用有以下显著的优点。

（1）可提高导航定位的完整性，且可见卫星多，可利用冗余卫星查处故障卫星，避免错误定位。对于导航系统，完整性是一个很重要的指标。

（2）可提高导航定位的可靠性。卫星导航系统仅仅可用是不够的，还应有足够的可靠性。国际民航组织对民用导航系统的可靠性有严格的要求，规定其失效概率应小于 1×10^{-8}。对单独的 GPS 或 GLONASS 而言，该要求过于苛刻，但 GPS、GLONASS 组合应用，可见卫星数量大于 10 颗，而只有 4～5 颗就可定位，所以 GPS、GLONASS 组合应用一般能满足国际民航组织要求。

（3）可提高导航定位的精度。GPS、GLONASS 组合应用可在较多的可见卫星中选择最小 GDOP 值的卫星组合用于定位，因而精度将提高。

GPS、GLONASS 组合应用，卫星遮挡不再限制导航，技术互补，信息互增，定位精度高，完善性、可靠性好。

若要设计 GPS、GLONASS 组合接收机，就要充分考虑两系统的不同之处，解决以下主要问题。

（1）两系统载频值和码率不同——要设计一个能同时得到两系统所需本振频率和钟频频率的频率合成器，即公共频率源。

（2）两系统所用的系统时间不同步——可增加一个钟差变量，将 GPS 的系统时间与用户钟钟差 Δt_{u1} 作为待求变量，同时将 GLONASS 的系统时间与用户钟钟差 Δt_{u2} 也作为一个待求变量，同时观测 5 颗不同卫星伪距，联立求解 5 个伪距方程，即可求出用户位置和钟差 5 个未知量（$X, Y, Z, \Delta t_{u1}, \Delta t_{u2}$）。

（3）两系统采用地球参考系不同——要进行坐标变换。

所以，GPS、GLONASS 组合接收机，硬件通道数通常较多（一般为 12～24 个通道），信号处理器结构较复杂，运算量较大。

3．GPS、GLONASS 组合应用技术

根据前面所述的 GPS 和 GLONASS 的异同点，在设计 GPS、GLONASS 组合接收机时，应考虑以下几点。

（1）GLONASS 和 GPS 的工作频段十分接近，可以公用一个天线和一个宽带前置放大器接收两系统卫星的信号。

（2）GPS、GLONASS 载频值和码率不同，需要研制频率合成器，以便形成适用于 GPS、GLONASS 卫星的每个载频的本机振荡信号。可用现代的数字处理技术和方法在中频上将信号变换成离散形式之后再完成频率合成。这样，信号的频分并不会使组合接收设备复杂化。

（3）GPS 使用的 WGS-84 世界大地坐标系和 GLONASS 使用的 PE-90 苏联地心坐标系之间存在差别，要进行坐标变换，否则将增加导航定位误差。

（4）由于 GPS 和 GLONASS 所采用的系统时间标准不同，这就要求使用联合星座的 5 颗卫星而不是 4 颗卫星来进行导航定位。

（5）除了接收设备硬件外，软件的复杂性和特殊性在研制 GPS、GLONASS 组合接收机时也应给予足够重视。

GPS、GLONASS 组合接收机通常由天线、接收处理部分和控制显示部分等部分组成，硬件电路通常包括天线、宽带前置放大器（天线部分主要电路）、宽带后置放大器、GPS 信号的 RF/IF 变换通道、GLONASS 信号的 RF/IF 变换通道、码延迟锁定环、载波锁相环、信号处理器、中心处理器、频率综

合器、I/O 接口（接收处理部分主要电路）和控制显示器等。GPS、GLONASS 组合接收机组成框图如图 7-3-4 所示。

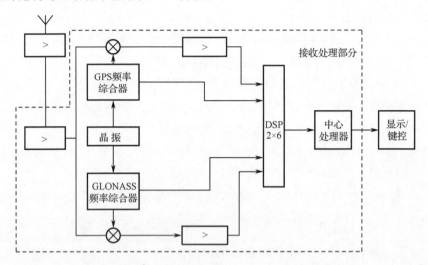

图 7-3-4　GPS、GLONASS 组合接收机组成框图

GPS、GLONASS 组合接收机工作原理简述如下：天线接收来自 GPS 卫星发射的 L1 频段信号（f_{L1}=1 575.42MHz，C/A 码）和 GLONASS 卫星发射的 L1 频段信号（f_{L1}=1 598.062 5～1 607.062 5MHz，m 码），经低噪声宽带前置放大器选频放大后，通过射频电缆将信号馈给接收处理部分。低噪声宽带前置放大器所需的直流电通过同一射频电缆经隔离器由接收处理部分供给。由于导航卫星信号到达接收端时信号功率很微弱（一般在-160dBW 左右），因此一般要求低噪声宽带前置放大器的技术指标为：增益（G）不小于 35dB，噪声系数（N_F）不大于 2dB，3dB 带宽（ΔF_{3dB}）为 60MHz，输入/输出特性阻抗为 50Ω。

GPS、GLONASS 卫星信号进入接收处理部分后，首先经宽带后置高频放大器进行再放大，一方面抵消因射频电缆传输过程中的传输损耗，另一方面补偿前置放大器增益的不足。经宽带后置高频放大器进一步放大后的卫星信号经信号功率分配器分别进入 GPS 信号通道和 GLONASS 信号通道。GPS 信号通道和 GLONASS 信号通道均包含有窄带高频放大器、混频器、选频中频放大器、主中频放大器等电路。在 GPS 信号通道和 GLONASS 信号通道，先分别与各自本地参考信号混频，产生中频信号，再经选频中放、主中放后将信号放大到 0dBm 左右，最后由末级限幅中频放大器形成方波信号送入数字信号处理器（DSP）中 6 个 2 选 1 开关上。这 6 个开关的作用是可以把上述两个中频卫星信号中的任何一个在计算机控制下选送到 6 个 DSP 中的任何一个。

每个 DSP 包含有延迟锁定环路和载波环路、伪码产生器（对 GPS 产生 C/A 码，对 GLONASS 则产生 m 序列码）、滤波器、压控振荡器（VCO）和计数器等。若进入某个 DSP 的信号是 GPS 卫星信号，则该信号分别进入延迟锁定环路和载波环路，此时 C/A 码产生器在程序控制下产生 GPS 某个卫星的 C/A 码，在延迟锁定环路中与外来的 GPS 信号进行相关处理，其误差信号驱动延迟锁定环路的 VCO 频率变化，从而不断地改变本地 C/A 码的相位，当 C/A 码产生器所产生的 C/A 码相位与外来 GPS 卫星信号中 C/A 码相位相同时，延迟锁定环路即捕获上该 GPS 卫星信号，并随后转入相位跟踪状态。此时延迟锁定环路的 I/Q 支路输出信号相加滤波后，维持延迟锁定环路动态跟踪。同时载波环路开始频率牵引，一旦牵引到载波环路带宽内，载波环路转入载波相位跟踪状态。载波环路的 I/Q 支路输出信号经滤波后，维持载波环路锁定在外来 GPS 卫星信号载波相位上，此时载波环路和延迟锁定环路分别输出卫星导航电文、伪距、伪距变化率、时间等信息，送入中心处理器供导航定位解算用。

若某个 DSP 输入的是 GLONASS 卫星信号，则该信号同样进入延迟锁定环路和载波环路。此时，DSP 中的伪码产生器产生的不是 C/A 码，而是 m 序列码，在延迟锁定环路中与外来的 GLONASS 卫星信号进行相关处理，延迟锁定环输出误差信号驱动延迟锁定环路的 VCO 频率变化，从而不断改变本地的 m 序列码的相位。一旦伪码产生器所产生的 m 序列码相位与 GLONASS 卫星信号中 m 序列码相位相同时，延迟锁定环路即捕获上 GLONASS 卫星信号，并随后转入相位跟踪状态。此时，延迟锁定环路输出很小的误差信号经滤波后，维持该环路动态跟踪。此时载波环路与接收 GPS 卫星信号时一样，由频率牵引转到载波相位跟踪。由载波环路和延迟锁定环路提取卫星导航定位信息，供中心处理器导航定位解算用。需要注意的是，由于 GLONASS 采用的是频分制，对 GLONASS 卫星信号区分识别是利用中心处理器控制频率综合器的分频系数，产生不同本地基准频率，在 GLONASS 信号接收信道中与外来的 GLONASS 卫星信号进行混频、选频中放并送入 DSP 进行上述载波环路、延迟锁定环路信号处理的。

中心处理器一方面控制各 DSP 中的伪码产生器产生 C/A 码或 m 序列码

和控制频率综合器产生不同本地基准频率,实现对 GPS 和 GLONASS 卫星信号的接收处理,另一方面接收各个 DSP 送来的卫星导航定位数据信息,进行导航定位的解算,最后经输入/输出(I/O)接口,输出即时位置、速度、时间及其他有关导航数据。从导航定位解算功能来看,中心处理器又称导航参数计算机。

控制显示器用来进行人—机对话,控制接收机的工作状态,输入初始化数据和显示有关导航定位参数。

从以上分析可看出,接收处理部分是 GPS、GLONASS 组合接收机的主要核心部分。图 7-3-4 所示 GPS、GLONASS 组合接收机接收处理部分(中心处理器除外)电路往往集成、封装为一体,称为 GPS、GLONASS 组合接收机 OEM 组件板。

目前,国外有多家 GPS、GLONASS 组合接收机生产厂家,致力于 GPS、GLONASS 组合接收机整机或 GPS、GLONASS 组合接收机 OEM 组件板的研制、生产工作。

7.4 北斗卫星导航系统(BDS)

北斗卫星导航系统(BDS)遵循"先区域"、"后全球"和"边建边用、以建带用、以用促建"的发展思路,按照"三步走"发展规划,先后建成了北斗一号区域性主动式卫星导航系统(北斗卫星导航试验系统,北斗一号系统)、北斗二号区域性被动式卫星导航系统(北斗二号区域卫星导航系统,北斗二号系统)和北斗三号全球性被动式卫星导航系统(北斗三号全球卫星导航系统,北斗三号系统),并分别于 2003 年 12 月 15 日、2012 年 12 月 27 日和 2020 年 7 月 31 日正式开通运行,提供区域性或全球性、主动式或被动式的定位导航、精密授时和短报文通信等服务。目前,北斗一号系统已停止运行,退出了服务,北斗二号系统尚在应用,北斗三号全球性被动式卫星导航系统(北斗三号系统,BD-3)开始获得广泛应用,北斗二号系统和北斗三号系统分别可在中国及周边亚太大部分地区范围内和全球范围内,全天候、全天候地为各类用户提供高精度、高可靠性的定位、导航和授时(PNT)服务,并兼具短报文通信能力。

7.4.1 北斗一号系统

1. 北斗一号系统组成

北斗一号系统由空间卫星部分、地面控制与标校部分、用户终端（用户设备）三大部分组成。

1）空间卫星部分

空间卫星部分包括 3 颗静止地球轨道（GEO）卫星。其中，2 颗为工作卫星，1 颗为备用卫星。3 颗卫星分别定点于东经 80°、140° 和 110.5° 赤道上空，前 2 颗经度相距 60° 的为工作卫星，后 1 颗为备用卫星。每颗卫星由导航信号载荷、电源、测控、姿态和轨道控制、推进、热控、结构等分系统组成。每颗卫星上设置两套转发器，一套构成地面控制中心到用户设备的通信链，另一套构成由用户设备到地面控制中心的通信链。导航卫星波束覆盖我国领土和周边地区，主要满足我国国内导航通信的需要。

从 2000 年 10 月 31 日至 2007 年 2 月 3 日，北斗一号系统导航卫星发射情况如表 7-4-1 所示。

表 7-4-1 北斗一号系统导航卫星发射情况

序号	发射时间	所用运载火箭	卫星编号	运行轨道	目前工作状况
1	2000 年 10 月 31 日	长征三号甲	北斗-1A	GEO E140°	脱离轨道
2	2000 年 12 月 21 日	长征三号甲	北斗-1B	GEO E80	脱离轨道
3	2003 年 5 月 25 日	长征三号甲	北斗-1C	GEO E110.5	退出服务
4	2007 年 2 月 3 日	长征三号甲	北斗-1D	GEO E140°	退出服务

2）地面控制与标校部分

北斗一号系统地面控制与标校部分包括地面主控站（地面控制中心）、测轨站、测高站和参考标校站（校准站）等。

主控站控制整个系统工作。其完成的主要任务如下。

（1）控制卫星发射的遥测信号，并向卫星发送遥控指令，控制卫星的运行、姿态和工作。

（2）控制各测轨站的工作，收集它们的测量数据，对卫星进行测轨、定位，结合卫星的动力学、运动学模型，制作卫星星历。

（3）控制地面中心与用户间的双向通信，并测量电波在地面中心、卫星、用户间往返的传播时间（或距离）。

（4）处理来自测高站的海拔高度数据和标校站的系统误差校准数据。

（5）根据测得的主控站、卫星与用户间电波往返的传播时间、气压高度数据、误差校正数据和卫星星历数据，结合存储在地面中心的系统覆盖区数字地图（电子高程图），对用户进行精确定位。

（6）系统中的各用户通过与主控站通信，间接地实现用户与用户之间的通信。由于主控站集中了系统中全部用户的位置、航迹等信息，可方便地实现对系统覆盖区内的用户进行识别、监视和控制。

测轨站作为对卫星定位的位置基准点，设置在位置坐标准确已知的地点。各测轨站之间应尽可能地拉开距离，以得到较小的几何精度误差系数（GDOP）。北斗一号系统的3个测轨站将测量数据通过卫星发送至主控站，由主控站进行卫星位置的解算。

测高站设置在系统覆盖区内，用气压高度表测量测高站所在地区的海拔高度。通常1个测高站测得的数据粗略地代表其周围100～200km地区的海拔高度。海拔高度与该地区大地水准面高度之代数和，即为该地区实际地形离基准椭球面的高度。各测高站将测量的数据通过卫星发送到主控站。

标校站也分布在系统覆盖区内，其位置坐标准确已知。标校站的设备及其工作方式与用户的设备及工作方式完全相同。主控站对标校站进行定位并解算出标校站位置坐标。由该位置坐标与标校站已知准确的位置坐标相减求得的差值形成用户定位修正值。1个标校站的修正值一般可用来作为其周围100～200km区域内用户的定位修正值。

一般的测轨站、测高站、标校站均是无人值守的自动数据测量、收集中心，在主控站的控制下工作。

3）用户设备

北斗一号系统用户设备是带有全向收发天线的接收、转发器，用于接收卫星发射的S波段信号，从中提出由主控站传送给用户的数字信息。

2．北斗一号系统主动式定位原理

北斗一号系统采用双星主动式导航定位体制，其定位原理是基于"三球交会"原理，即以2颗卫星的已知位置坐标为圆心，各以测定的本星至用户机的距离为半径，形成2个球面，而用户机必然位于这2个球面交线的圆弧上。地面控制中心存储的电子高程地图库提供1个以地心为球心，以球心至用户机的距离为半径的球面。求解圆弧线与该球面的交点，并根据用户在赤道平面北侧的实际情况,即可获得用户的二维位置坐标。

地面控制中心通过 2 颗卫星向用户发出定位询问信号(出站信号);用户接收到其中 1 颗卫星转发来的信号后,发出定位申请;定位申请信号经 2 颗卫星转发回地面控制中心;地面控制中心根据用户响应的应答信号(入站信号),测量并计算出 2 颗卫星到用户的 2 个距离值,依据地面控制中心存储的电子高程地图或用户自带测高仪测出的气压高程,算出用户到地心的距离;根据这 3 个距离,地面控制中心(位置坐标已知)就可确定用户的位置坐标,并通过出站信号将定位结果发送给用户。授时和报文通信功能也在这种出、入站信号的传输过程中同时实现。

北斗一号系统工作原理如图 7-4-1 所示。

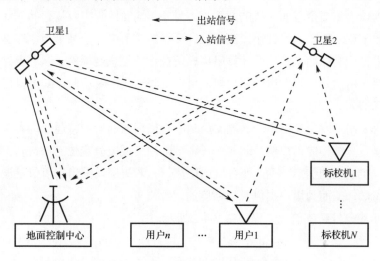

图 7-4-1　北斗一号系统工作原理

1)北斗一号系统主动式定位工作过程

北斗一号系统定位的基本工作过程如下。

(1)由地面控制中心向卫星 1、卫星 2 同时发送询问信号(工作频率在 C 波段,频率为 6GHz)。

(2)工作卫星接收询问信号,经卫星上的出站转发器变频放大后,向系统服务区域内的用户广播卫星出站信号,其工作频率在 S 波段,为 (2 491.75±4.08) MHz。

(3)用户接收其中 1 颗卫星(如卫星 1,如图 7-4-1 所示)的询问信号,并向 2 颗卫星同时发送入站响应信号(用户的申请服务内容包含在内),其工作频率在 L 波段，为（1 615.68±4.08）MHz，经 2 颗卫星发回地面控制中心（工作频率在 C 波段，频率为 4GHz）。

（4）控制中心接收并解调用户发来的信号，然后根据用户的申请服务内容进行相应的数据处理。对定位申请，地面中心测量出 2 个时间延迟，即从地面中心发出询问信号，经某颗卫星（如卫星 1）转发到达用户，用户发出定位响应信号，再经该颗卫星转发回地面中心的时间延迟，和从地面中心发出询问信号，经上述同一卫星（卫星 1）到达用户，用户发出定位响应信号，再经另一颗卫星（卫星 2）转发回地面中心的时间延迟。

（5）地面控制中心和 2 颗卫星的位置坐标均是已知的，因此由上面 2 个时间延迟量可以计算出用户到 2 颗卫星的 2 个距离，从而知道用户处于 2 颗卫星为球心的 2 个球面交线的圆弧上。另外，地面控制中心从存储在计算机内的数字化地形图查寻到用户高程值，又可知道用户处于某个与地球基准椭球面平行的椭球面上，从而计算出用户所在点的位置坐标值。这个坐标值经加密后再由出站信号发送给用户机。用户机收到此信号后便可知道自己的位置坐标值。

（6）用户发出通信申请，地面控制中心根据通信地址将通信内容置入出站信号发送给相应用户机。北斗一号系统采用广域差分定位方法，利用标校站标校机的观测信息，确定服务区内电离层、对流层及卫星轨道位置误差等校准参数，从而为用户提供更高精度的定位服务。

北斗一号系统信息流程如图 7-4-2 所示。

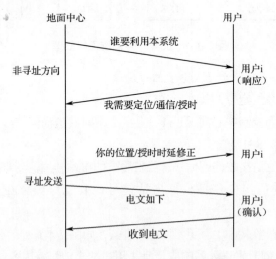

图 7-4-2　北斗一号系统信息流程

2)北斗一号系统主动式定位解算原理

北斗一号系统双星测距示意图如图 7-4-3 所示。该系统测量的是电波在地面控制中心、2 颗卫星(卫星 1、卫星 2)和用户之间往返的 2 个传播时间。

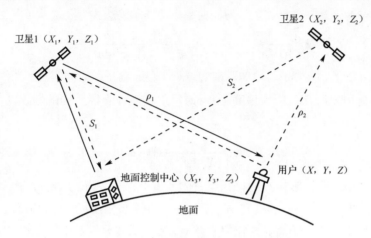

图 7-4-3　北斗一号系统双星测距示意图

电波在地面控制中心、2 颗卫星(卫星 1、卫星 2)和用户之间往返的 2 个传播时间换算为相应的距离,则有

$$L_1 = 2(\rho_1 + S_1) \tag{7.4-1}$$

$$L_2 = \rho_1 + S_1 + \rho_2 + S_2 \tag{7.4-2}$$

其中,ρ_1、ρ_2、S_1、S_2 分别满足:

$$\rho_1 = [(X_1 - X)^2 + (Y_1 - Y)^2 + (Z_1 - Z)^2]^{1/2} \tag{7.4-3}$$

$$\rho_2 = [(X_2 - X)^2 + (Y_2 - Y)^2 + (Z_2 - Z)^2]^{1/2} \tag{7.4-4}$$

$$S_1 = [(X_1 - X_3)^2 + (Y_1 - Y_3)^2 + (Z_1 - Z_3)^2]^{1/2} \tag{7.4-5}$$

$$S_2 = [(X_2 - X_3)^2 + (Y_2 - Y_3)^2 + (Z_2 - Z_3)^2]^{1/2} \tag{7.4-6}$$

式中,(X_1, Y_1, Z_1)、(X_2, Y_2, Z_2)、(X_3, Y_3, Z_3)、(X, Y, Z) 分别是卫星 1、卫星 2、地面控制中心和用户在地心空间直角坐标系中的位置坐标,ρ_1、ρ_2 分别为用户至卫星 1、卫星 2 的距离;S_1、S_2 分别为地面控制中心至卫星 1、卫星 2 的距离;L_1、L_2 为 2 个距离观测量。其中,(X_1, Y_1, Z_1)、(X_2, Y_2, Z_2) 可利用卫星星历数据精确计算出,为已知量;(X_3, Y_3, Z_3) 为精确已知量;(X, Y, Z) 为未知待求量。

显然,式(7.4-1)、式(7.4-2)中有 X、Y、Z 3 个未知量。必须再寻找第 3 个含有 X、Y、Z 变量的方程,与式(7.4-1)、式(7.4-2)联立求解,才

能求出 X、Y、Z 3 个未知量,完成用户定位。

这里,仅结论性地给出第 3 个含有 X、Y、Z 变量的方程

$$L_3 = N + H = [X^2 + Y^2 + (Z + Ne^2 \sin\phi)^2]^{1/2} \qquad (7.4\text{-}7)$$

式中,N 为地球基准椭球上卯酉圈曲率半径,其表达式为

$$N = \frac{a}{[(1-e^2)\sin^2\phi + \cos^2\phi]^{1/2}} = \frac{a}{(1-e^2\sin^2\phi)^{1/2}} \qquad (7.4\text{-}8)$$

式中,a、f、e 分别为地球基准椭球长半轴、扁平系数、偏心率,为已知量;H 为用户所在点的大地高程;ϕ 为用户在地理坐标系中的地理纬度。ϕ 满足:

$$\phi \approx \arctan\left[\frac{Z}{(X^2+Y^2)^{1/2}}(1+e^2)\right] \qquad (7.4\text{-}9)$$

H 可由地面控制中心从其数字电子高程图(高程数据库)查得,为已知量。

式(7.4-1)、式(7.4-2)、式(7.4-7)为用户位置坐标的解算方程。联立迭代求解上述 3 个方程,求出用户在地心空间直角坐标系中的(X, Y, Z)坐标值,再利用大地坐标系与地心空间直角坐标系的坐标变换公式,即

$$\begin{cases} X = (N+H)\cos\phi\cos\lambda \\ Y = (N+H)\cos\phi\sin\lambda \\ Z = [N(1-e^2)+H]\sin\phi \end{cases} \qquad (7.4\text{-}10)$$

进一步求得用户在大地坐标系中的二维(经度 λ、纬度 ϕ)位置坐标。

3. 北斗一号系统主要技术指标

1)覆盖范围

北斗一号系统为区域性卫星导航定位系统,其有效覆盖范围为经度区间东经(E)70°~145°,纬度区间北纬(N)5°~55° 的心脏形区域,"上宽下窄",最宽处在北纬 35° 左右。该系统的服务区域包括中国大陆、中国台湾、南沙及其他岛屿、中国海、日本海、太平洋部分海域及我国部分周边地区。

2)动态性能及环境条件

北斗一号系统适合于用户载体瞬时速度小于 1 000km/h 的动、静态用户使用,当各类用户机在公路上行进时,在树木有轻微遮挡条件下能正常使用。

3)用户容量

北斗一号系统可为以下用户每小时提供 54 万次的服务:一类用户机的用户容量为 10 000~20 000 个,适合于单兵携带,5~10min 服务一次;二类

用户机的用户容量为 900～5 500 个，适合于汽车、坦克、装甲车、舰船等，10～60s 服务一次；三类用户机的用户容量为 20～100 个，适合于直升机、轰炸机、运输机等高速用户，1～5s 服务一次。

4）定位精度

北斗一号系统的定位精度主要与纬度有关，北纬度越高，定位精度越高；随着北纬度的减少，特别在地球赤道附近，定位误差急剧增大，甚至无法定位。在整个服务区内，系统定位精度与经度关系不大。

经统计，北斗一号系统水平定位精度典型值为 20m（不设标校站区域的为 100m，1σ）；高程控制精度为 10m（1σ）。

5）短报文通信容量

北斗一号系统用户单次最多可以传送 120 个汉字（1 680bit，240 个字节）的短报文信息，一般单次传送 40 个汉字（560bit，80 个字节）的短报文信息。

6）授时精度

对于北斗一号系统授时精度（相对于地面控制中心时间系统），单向授时精度为 100ns，双向授时精度为 20ns。

7）系统阻塞率

系统阻塞率小于 10^{-3}。

8）系统误码率

系统误码率小于 10^{-5}。

9）信号特性与工作频率

北斗一号系统用户设备接收信号（卫星下行信号，出站信号）为伪码直接序列扩频、I/Q 双支路正交相移键控（OQPSK）调制信号，用户设备接收信号的标称载频（卫星下行信号频率，出站信号频率）为 2 491.75MHz，属 S 波段频率，其 3dB 工作带宽为 8.16MHz；用户设备发射信号的标称载波频率（卫星上行信号频率，入站信号频率）为 1 615.68MHz，属 L 波段频率，其 3dB 工作带宽为 8.16MHz。对于地面主控站与空间卫星之间的信号工作频率，上行频率为 6GHz，下行频率为 4GHz，属 C 波段频率。

7.4.2 北斗二号系统

1. 北斗二号系统组成

北斗二号系统与 GPS、GLONASS 类似，由空间卫星部分（空间区段）、地面控制部分（地面控制区段）和用户终端部分（用户区段）三大部分组成。

1）空间卫星部分

如图 7-4-4 所示，空间星座卫星部分由 5 颗静止地球轨道（GEO）卫星、5 颗倾斜地球同步轨道（IGSO）卫星和 4 颗中圆地球轨道（MEO）卫星组成。

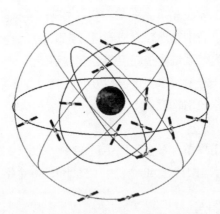

图 7-4-4　北斗二号系统空星座

GEO 卫星的轨道高度为 35 786km，分别定点于东经 58.75°、80°、110.5°、140°和 160°地球赤道上空。

IGSO 卫星的轨道高度为 35 786km，轨道倾角为 55°，分布在 3 个轨道面内，升交点赤经分别相差 120°，其中 3 颗卫星的星下点轨迹重合，交叉点经度为东经 118°，其余 2 颗卫星星下点轨迹重合，交叉点经度为东经 95°。

MEO 卫星轨道高度为 21 528km，轨道倾角为 55°，回归周期为 7 天 13 圈，相位从 Walker24/3/1 星座中选择，第一轨道面升交点赤经为 0°，4 颗 MEO 卫星位于第一轨道面 7、8 相位、第二轨道面 3、4 相位。

北斗二号系统空间星座简称为"5GEO+5GSO+4MEO"星座，为混合星座结构。

从 2007 年 4 月 14 日至 2019 年 5 月 17 日，北斗二号系统导航卫星发射情况如表 7-4-2 所示。

表 7-4-2　北斗二号系统导航卫星发射情况

发射序号	卫星序号	发射时间	所用运载火箭	卫星编号	运行轨道	目前工作状况
1	1	2007 年 4 月 14 日 4 时 11 分	长征三号甲	北斗二-M1	MEO	试验星未使用

续表

发射序号	卫星序号	发射时间	所用运载火箭	卫星编号	运行轨道	目前工作状况
2	2	2009年4月15日 0时16分	长征三号丙	北斗二-G2	GEO E110.5°	试验星未使用
3	3	2010年1月17日 0时12分	长征三号丙	北斗二-G1	GEO E140°	退出服务
4	4	2010年6月2日 23时53分	长征三号丙	北斗二-G3	GEO E110.5°	退出服务
5	5	2010年8月1日 5时30分	长征三号甲	北斗二-I1	IGSO	正常工作
6	6	2010年11月1日 0时26分	长征三号丙	北斗二-G4	GEO E160°	正常工作
7	7	2010年12月18日 4时20分	长征三号甲	北斗二-I2	IGSO	正常工作
8	8	2011年4月10日 4时47分	长征三号甲	北斗二-I3	IGSO	正常工作
9	9	2011年7月27日 5时44分	长征三号甲	北斗二-I4	IGSO	正常工作
10	10	2011年12月2日 5时7分	长征三号甲	北斗二-I5	IGSO	正常工作
11	11	2012年2月25日 0时12分	长征三号丙	北斗二-G5	GEO E 58.75°	正常工作
12	12 13	2012年4月30日 4时50分	长征三号乙I型（一箭双星）	北斗二-M3 北斗二-M4	MEO MEO	正常工作 正常工作
13	14 15	2012年9月19日 3时10分	长征三号乙I型（一箭双星）	北斗二-M5 北斗二-M6	MEO MEO	正常工作 正常工作
14	16	2012年10月25日 23时33分	长征三号丙	北斗二-G6	GEO E80°	正常工作
19	22	2016年3月30日 04时11分	长征三号甲	北斗二-I6	IGSO	正常工作
20	23	2016年6月12日 23时30分	长征三号丙	北斗二-G7	GEO E110.5°	正常工作（接替北斗二-G3）
25	32	2018年7月10日 4时58分	长征三号甲	北斗二-I7	IGSO	正常工作
33	45	2019年5月17日 23时48分	长征三号丙	北斗二-G8	GEO E140°	正常工作（接替北斗二-G1）

2）地面控制部分

地面控制部分负责系统导航任务的运行控制，主要由主控站、时间同步/注入站、监测站等组成。

主控站是北斗二号系统的运行控制中心，主要任务包括如下。

（1）收集各时间同步/注入站、监测站的导航信号监测数据，进行数据处理，生成导航电文等。

（2）负责任务规划与调度、系统运行管理与控制。

（3）负责星地时间观测比对，向卫星注入导航电文参数。

（4）负责卫星有效载荷监测和异常情况分析等。

时间同步/注入站主要负责完成星地时间同步测量，向卫星注入导航电文参数。

监测站对卫星导航信号进行连续观测，为主控站提供实时观测数据。

3）用户终端部分

用户终端部分即多种类型的北斗用户终端设备（北斗用户终端，北斗用户机），包括与其他卫星导航系统兼容的终端设备，通常由天线、信号处理主机和控制显示器等功能部件组成。

2. 北斗二号系统应用特性

北斗二号系统于 2004 年 8 月 31 日正式立项建设，从 2007 年 4 月 14 日至 2012 年 10 月 25 日，我国共发射了 16 颗北斗二号系统导航卫星（其中，有 2 颗试验卫星未提供导航服务），建成了由 14 颗卫星，即 5 颗地球同步轨道（GEO）卫星、5 颗倾斜地球同步轨道（IGSO，其中 2 颗在轨备份）卫星和 4 颗中圆地球轨道（MEO）卫星构成的"5GEO+5IGSO+4MEO"北斗卫星二号系统空间星座。

2012 年 12 月 27 日上午 10 时，国务院新闻办公室举行北斗二号系统新闻发布会，宣布北斗二号系统从当日起正式提供区域服务，北斗二号系统在继续保留北斗一号系统主动式定位、双向授时和短报文通信服务基础上，开始正式向中国及周边亚太大部分地区提供连续被动式定位、导航、授时等服务，并公布了系统的服务性能、标志图像、组织管理等详细情况，发布了《北斗卫星导航系统空间信号接口控制文件（公开服务信号 B1I 1.0 版）》，为国内外相关企业参与北斗系统应用终端研发提供必要条件，推动北斗系统广泛应用。

关于北斗卫星导航系统空间卫星公开服务信号——B1I 频点信号的特性说明，见 7.4.3 节部分。

北斗二号系统提供两种服务方式，即公开服务（开放服务）和授权服务。公开服务是在系统服务区中免费提供定位、测速、授时和短报文通信服务。授权服务是向授权用户提供更安全、更精确的定位、测速、授时服务和短报文通信服务以及系统完好性信息。

北斗二号系统集成了卫星无线电导航业务（Radio Navigation Satellite Service, RNSS）和卫星无线电测定业务（Radio Determination Satellite Service, RDSS）两种业务体制，不但具有 GPS、GLONASS、Galileo 等卫星导航系统 RNSS 的用户自主定位、导航、授时（PNT）功能，还具有 GPS、GLONASS、Galileo 所不具有的 RDSS 用户非自主定位和短报文通信功能。

北斗二号系统空间卫星信号的载频频点，对 RNSS 用户自主定位、导航、授时而言有 3 个：B1、B2、B3。B1、B2、B3 频点的标称载频分别为 1 561.098MHz、1 207.140MHz、1 268.520MHz，其 3dB 工作带宽分别为 16MHz、36MHz、20.46MHz；对于 RDSS 空间 GEO 卫星至用户终端，与北斗一号系统相同，也是采用 S/L 波段的下行/上行载频，其中下行载频在 S 波段，为（2 491.75±4.08）MHz，上行载频在 L 波段，为（1 615.68±4.08MHz）。

北斗二号系统 RNSS 的 4 颗卫星自主式定位原理与 GPS、GLONASS 的类似。

北斗二号系统 "5GEO+4MEO+5IGSO" 星座结构的具体服务区域如下。

（1）可用服务区：指满足水平和垂直定位精度优于 30m（置信度为 95%）的服务范围，目前是南纬 55°～北纬 55°、东经 40°～东经 180° 的大部分区域。

（2）公开服务区：指满足水平和垂直定位精度优于 10m（置信度为 95%）的公开服务范围。目前是南纬 55°～北纬 55°、东经 70°～东经 150° 的大部分区域，如图 7-4-5 所示。

（3）重点服务区：北纬 10°～北纬 55°、东经 75°～东经 135° 的区域。

在北斗二号系统中，GEO、MEO、IGSO 三种轨道卫星在信号载荷上各有以下分工。

（1）GEO 卫星的有效信号载荷有以下两种。

① RDSS（无线电测定业务）载荷：用于实现主动式定位、双向授时、短报文通信、位置报告等服务。

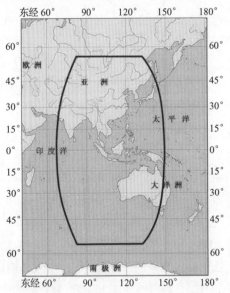

图 7-4-5 北斗二号系统公开服务区

② RNSS（无线电导航业务）载荷：用于实现被动式连续定位、导航、单向授时服务。在 5 颗 GEO 卫星上实现了"RDSS+RNSS"两种体制。北斗二号系统通过 5 颗 GEO 卫星保留了北斗一号系统 RDSS 主动式定位、双向授时和短报文通信服务所需要的 S/L 波段信号，使北斗一号系统的现有用户终端设备仍可工作。

（2）IGSO、MEO 卫星的有效信号载荷仅为 RNSS，用于实现被动式连续定位、导航、单向授时服务。

3. 北斗二号系统主要功能和性能指标

北斗二号系统在轨导航卫星和地面控制系统工作稳定，经各类用户终端测试和评估，系统服务性能均满足设计指标要求。

北斗二号系统公开服务的主要功能和性能指标如下。

（1）主要功能：被动式定位、测速、单双向授时、短报文通信。

（2）服务区域：中国及周边亚太大部分地区。

（3）定位精度：平面定位精度为 10m，高程定位精度为 10m（2σ）。

（4）测速精度：0.2m/s（2σ）。

（5）授时精度：单向授时精度为 50ns，双向授时精度为 20ns（2σ）。

（6）短报文通信：40～120 个汉字/次（军、民用户不同），70 万次/h。

通过广域差分和地基增强等手段，北斗二号系统的服务性能可进一步提高。

7.4.3 北斗三号系统

1. 北斗三号系统组成及发展简况

北斗三号系统由空间卫星部分（空间区段）、地面控制部分（地面控制区段）和用户终端部分（用户区段）三大部分组成。

1）北斗三号系统组成

（1）空间卫星部分。

北斗三号系统的基本空间卫星星座由 3 颗静止地球轨道（GEO）卫星、3 颗倾斜地球同步轨道（IGSO）卫星和 24 颗中圆地球轨道（MEO）卫星组成，并视情况部署在轨备用卫星。其中，GEO 卫星轨道高度为 35 786km，分别定点于东经 80°、110.5°和 140°地球赤道上空；IGSO 卫星轨道高度为 35 786km，轨道倾角为 55°，3 颗 IGSO 卫星均匀分布在 3 个倾斜同步轨道面上，升交点赤经分别相差 120°，3 颗 IGSO 卫星星下点轨迹与赤道交点于东经 118°；MEO 卫星轨道高度为 21 528km，轨道倾角 55°，24 颗 MEO 卫星均匀分布在 3 个轨道面上。

北斗三号系统的空间卫星部分采用"3GEO+3IGSO+24MEO"的 30 颗导航卫星混合空间星座结构，与其他全球卫星导航系统（GPS、GLONASS、Galileo）采用单一中圆地球轨道（MEO）的空间星座结构相比，在空间星座组成上具有明显的优越性。

北斗三号系统的卫星设计寿命为 10~12 年，实际工作服务寿命预计为 12~14 年。

北斗三号系统的卫星采用了更高性能的铷原子钟和氢原子钟，铷原子钟天稳定度为 10^{-14} 量级，氢原子钟天稳定度为 10^{-15} 量级。

（2）地面控制部分。

地面控制部分由几十个地面站以及星间链路、星地链路运行管理设施等组成，负责系统导航任务的运行控制，主要包括主控站、时间同步/注入站和监测站等。主控站是系统的运行控制中心，主要任务是收集各个监测站的导航信号监测数据，进行数据处理，生成卫星导航电文、广域差分信息和完好性信息，完成任务规划与调度，实现系统运行控制与管理等；数据注入站主要任务是在主控站的统一调度下,完成卫星导航电文、广域差分信息和完好性信息注入,有效载荷的控制管理;监测站对导航卫星进行连续跟踪监测,接收导航信号,发送给主控站,为卫星轨道确定和时间同步提供观测数据。

这里需要说明的是,我国的北斗卫星导航系统不可能像美国GPS那样在全球范围内布设大量的地面监测站。为解决北斗卫星境外跟踪监测、信息注入的难题,就要建立境外运行的北斗卫星与北斗卫星导航系统地面主控站之间的数据传输通道。北斗三号系统采取星间链路、星地链路技术,通过星间、星地传输功能一体化设计,实现北斗三号系统空间卫星与卫星、空间卫星与地面主控站之间的信息链路互通,实现星座灵活管控和自主运行。

(3)用户终端部分。

用户终端部分即北斗三号系统用户终端设备(北斗三号系统用户机),包括与其他卫星导航系统兼容的芯片、模块、天线等基础产品及其终端设备,通常由天线、信号处理主机和控制显示器等功能部件组成。

2)北斗三号系统发展简况

北斗三号系统于2009年11月获得国家批准立项,开始启动工程建设工作,10余年来,历经关键技术(高精度原子钟技术、星间链路技术等)攻关、试验卫星工程、最简系统(早期由8颗MEO卫星组成的系统)、基本系统、完整系统等五个建设阶段,于2020年6月23日完成空间星座部署,于2020年7月31日开通全系统服务。

(1)试验卫星工程阶段。

2015年3月30至2016年2月1日,相继4次(其中1次"一箭双星")、发射共5颗(3颗MEO卫星、2颗IGSO卫星)北斗三号系统在轨试验卫星,构成北斗三号系统试验卫星空间星座,用于开展北斗三号系统的新型星载原子钟(性能更好的铷钟和被动型氢钟)、星间链路、新型导航信号体制、卫星钟差与轨道测定方法等方面的技术试验,验证北斗三号系统的新技术体制与技术性能。

(2)基本系统阶段。

2017年11月5日至2018年11月19日,先后10次(其中9次"一箭双星")发射共19颗(18颗MEO卫星、1颗GEO卫星)北斗三号系统组网工作卫星。

2018年12月27日下午,国务院新闻办公室举行北斗三号基本系统建成及提供全球服务情况发布会宣布北斗三号基本系统完成建设,于当日起提供全球服务，还同步发布了新版北斗系统公开服务性能规范（2.0 版）。

北斗三号基本系统的公开服务（开放服务）性能指标数据如下。

① 系统服务区：全球。

② 定位精度：水平定位精度为 10m、高程定位精度为 10m（95%的置信度）。其中，在亚太地区，水平定位精度为 5m、高程定位精度为 5m（95%的置信度）。

③ 测速精度：0.2m/s（95%的置信度）。

④ 授时精度：20ns（95%的置信度）。

⑤ 系统全球服务可用性：优于 95%。

由 19 颗北斗三号卫星构成的"1GEO+18MEO"北斗三号基本系统，开通全球服务，为包括"一带一路"沿线国家和地区在内的世界各地用户，提供北斗卫星导航系统服务。

（3）完整系统阶段。

2019 年 4 月 20 日至 2020 年 6 月 23 日，相继 8 次发射（其中 3 次"一箭双星"）共 11 颗北斗三号系统组网工作卫星（6 颗 MEO 卫星、3 颗 IGSO 卫星、2 颗 GEO 卫星）。这 11 颗北斗三号系统工作卫星与前期北斗三号"基本系统"的 19 颗工作卫星（18 颗 MEO 卫星、1 颗 GEO 卫星）一起构成了北斗三号系统的"3GEO+3IGSO+24MEO"30 颗导航卫星混合空间星座。

2020 年 7 月 31 日 10 时 30 分，"北斗三号全球卫星导航系统建成暨开通仪式"在北京人民大会堂举行，10 时 48 分，中共中央总书记、国家主席、中央军委主席习近平宣布"北斗三号全球卫星导航系统正式开通"，并参观了北斗系统建设发展成果展览展示。

2020 年 8 月 3 日 10 时，国务院新闻办公室举行了北斗三号全球卫星导航系统建成开通新闻发布会，在会上由北斗系统专家介绍了北斗三号系统建成开通有关情况并答记者问。

从 2015 年 3 月 30 日至 2020 年 6 月 23 日，北斗三号系统导航卫星发射情况如表 7-4-3 所示。

表 7-4-3 北斗三号系统导航卫星发射情况

发射序号	卫星序号	发射日期	所用运载火箭	卫星编号	运行轨道	备注
15	17	2015 年 3 月 30 日 21 时 52 分	长征三号丙	—	IGSO	试验卫星

续表

发射序号	卫星序号	发射日期	所用运载火箭	卫星编号	运行轨道	备注
16	18	2015年7月25日 20时29分	长征三号乙（一箭双星）	—	MEO	试验卫星
	19				MEO	试验卫星
17	20	2015年9月30日 7时13分	长征三号乙	—	IGSO	试验卫星
18	21	2016年2月1日 15时29分	长征三号丙	—	MEO	试验卫星
21	24	2017年11月5日 19时45分	长征三号乙（一箭双星）	北斗三-M1	MEO	北斗三号第1、2颗组网卫星
	25			北斗三-M2	MEO	
22	26	2018年1月12日 7时18分	长征三号乙（一箭双星）	北斗三-M7	MEO	北斗三号第3、4颗组网卫星
	27			北斗三-M8	MEO	
23	28	2018年2月12日 13时03分	长征三号乙（一箭双星）	北斗三-M3	MEO	北斗三号第5、6颗组网卫星
	29			北斗三-M4	MEO	
24	30	2018年3月30日 1时56分	长征三号乙（一箭双星）	北斗三-M9	MEO	北斗三号第7、8颗组网卫星
	31			北斗三-M10	MEO	
26	33	2018年7月29日 9时48分	长征三号乙（一箭双星）	北斗三-M5	MEO	北斗三号第9、10颗组网卫星
	34			北斗三-M6	MEO	
27	35	2018年8月25日 7时52分	长征三号乙（一箭双星）	北斗三-M11	MEO	北斗三号第11、12颗组网卫星
	36			北斗三-M12	MEO	
28	37	2018年9月19日 22时07分	长征三号乙（一箭双星）	北斗三-M13	MEO	北斗三号第13、14颗组网卫星
	38			北斗三-M14	MEO	
29	39	2018年10月15日 12时23分	长征三号乙（一箭双星）	北斗三-M15	MEO	北斗三号第15、16颗组网卫星
	40			北斗三-M16	MEO	
30	41	2018年11月1日 23时57分	长征三号乙	北斗三-G1	GEO E80°	北斗三号第17颗组网卫星
31	42	2018年11月19日 2时7分	长征三号乙（一箭双星）	北斗三-M17	MEO	北斗三号第18、19颗组网卫星
	43			北斗三-M18	MEO	
32	44	2019年4月20日 22时41分	长征三号乙	北斗三-I1	IGSO	北斗三号第20颗组网卫星
34	46	2019年6月25日 2时9分	长征三号乙	北斗三-I2	IGSO	北斗三号第21颗组网卫星
35	47	2019年9月23日 5时10分	长征三号乙（一箭双星）	北斗三-M19	MEO	北斗三号第22、23颗组网卫星
	48			北斗三-M20	MEO	
36	49	2019年11月5日 1时43分	长征三号乙	北斗三-I3	IGSO	北斗三号第24颗组网卫星
37	50	2019年11月23日 8时55分	长征三号乙（一箭双星）	北斗三-M21	MEO	北斗三号第25、26颗组网卫星
	51			北斗三-M22	MEO	

续表

发射序号	卫星序号	发射日期	所用运载火箭	卫星编号	运行轨道	备注
38	52	2019年12月16日 15时22分	长征三号乙（一箭双星）	北斗三-M23	MEO	北斗三号第27、28颗组网卫星
	53			北斗三-M24	MEO	
39	54	2020年3月9日 19时55分	长征三号乙	北斗三-G2	GEO E140°	北斗三号第29颗组网卫星
40	55	2020年6月23日 9时43分	长征三号乙	北斗三-G3	GEO E110.5°	北斗三号第30颗组网卫星

目前，北斗三号系统运行稳定，持续为全球用户提供优质服务，系统服务能力步入世界一流行列。

2．北斗三号系统应用特性

北斗三号系统是北斗卫星导航系统遵循"先区域"、"后全球"和"边建边用、以建带用、以用促建"的发展思路，按照"三步走"发展规划，在北斗一号系统（已停止运行）、北斗二号导航系统（目前尚在应用）基础上建成的全球性应用的卫星导航系统。北斗三号系统具有鲜明的优势特色和强大的功能，开始在全球范围获得广泛应用。

1）北斗三号系统优势特色

与现用的美国导航星全球定位系统（GPS）、俄罗斯全球导航卫星系统（GLONASS）和在建的欧盟伽利略（Galileo）全球卫星导航系统相比，北斗三号系统具有以下主要方面的优势特色：

（1）北斗三号系统全球首个在空间区段采用静止地球轨道（GEO）、倾斜地球同步轨道（IGSO）和中圆地球轨道（MEO）等三种不同地球轨道组成"3GEO+3IGSO+24MEO"的混合导航星座结构，有3颗GEO卫星（分别定点于东经80°、110.5°和140°的地球赤道上空），3颗IGSO卫星（其星下点轨迹与赤道交点于东经118°）。与其他卫星导航系统相比，北斗三号系统的高轨道卫星数多，导航信号抗遮挡能力强，尤其在低纬度地区性能优势更为明显，且有效增加了亚太地区北斗卫星可见数，系统定位时几何误差系数（GDOP）小，定位精度高，可为亚太地区提供更优质定位、导航、授时服务。

北斗三号系统采取星间链路、星地链路技术，通过星间、星地传输功能一体化设计，实现空间卫星与卫星、空间卫星与地面主控站之间的信息链路互通，空间星座管控灵活。

（2）北斗三号系统可提供多个频点（B1I、B1C、B2a、B3I）、高性能的公开服务导航信号，能够通过多频信号组合使用等方式提高系统的公开服务精度。北斗三号系统的公开服务信号特性简要说明如下。

B1I、B3I 频点信号：与北斗二号系统（BD-2）卫星的 B1I、B3I 频点信号特性相同，载频分别为 1 561.098MHz、1 268.520MHz，3dB 工作带宽分别为 16MHz、20.46MHz。

B1C 频点信号：为北斗三号系统较北斗二号系统新增加的频点信号，载频为 1 575.42MHz，3dB 工作带宽为 32.736MHz，其载频值与 GPS 的 L1 和 Galileo 的 E1 的相同。B1C 频点信号是北斗三号系统的主用信号，要被所有北斗三号系统用户接收，类似 GPS 的 L1C 信号。

B2a 频点信号：为北斗三号系统用于替换北斗二号系统 B2 频点的频点信号，载频为 1 176.45MHz，3dB 工作带宽为 20.46MHz，其载频值与 GPS 的 L5 和 Galileo 的 E5a 的相同，主要为双频或者三频北斗接收机提供服务，可用于生命安全服务和高精度测量等高性能服务，也可用于对性能要求较高的消费类用户服务。

B1C、B2a 频点信号都是采用数据与导频正交的先进信号结构，数据分量采用了二进制偏移载波（BOC）调制，导频分量采用正交复用二进制偏移载波（QMBOC）调制方式，带宽更宽，测距精度更高，互操作性能更好，可以与 GPS、Galileo 实现兼容与互操作。

在北斗三号系统中，B1I、B3I 频点信号在所有卫星（3GEO+3IGSO+24MEO 卫星）上都被播发，而 B1C、B2a 频点信号仅在 3IGSO+24MEO 卫星上被播发，提供公开服务。

另外，北斗三号系统的 3 颗 GEO 卫星上播发星基增强信号，提供星基增强（SBAS）服务。

关于北斗三号系统卫星 B3I、B1C、B2a 频点信号的具体信号特性说明，参阅中国卫星导航系统管理办公室发布的《北斗卫星导航系统空间信号接口控制文件公开服务信号 B3I（1.0 版）》和《北斗卫星导航系统空间信号接口控制文件公开服务信号 B1C、B2a（1.0 版）》。

（3）北斗三号系统独创性地融合了定位导航和通信数传功能，具备定位导航授时（PNT）和全球短报文通信（GSMC）等 7 类服务能力，是功能强大的全球卫星导航系统

北斗三号系统在具备定位导航授时（PNT）、星基增强（SBAS）、地基

增强（GBAS）、精密单点定位（PPP）、国际搜救（SAR）等服务能力基础上，同时具备短报文通信（SMC）服务能力，而短报文通信包括全球短报文通信（GSMC）和区域短报文通信（RSMC）两类。

"1+6"服务：北斗三号系统能提供基本的定位导航授时（PNT）服务（"1"服务）和全球短报文通信（GSMC）、区域短报文通信（RSMC）、星基增强（SBAS）、地基增强（GBAS）、精密单点定位（PPP）、国际搜救（SAR）等（"6"服务）共7类服务。

"3+4"服务：北斗三号系统在全球范围内，提供定位导航授时（PNT）、全球短报文通信（GSMC）和国际搜救救援（SAR）3类服务；在中国及周边地区范围内，提供星基增强（SBAS）、地基增强（GBAS）、精密单点定位（PPP）和区域短报文通信（RSMC）4类服务。

2）北斗三号系统两种服务方式和两种业务体制

北斗三号系统提供两种服务方式，即开放服务（公开服务）和授权服务。开放服务是在服务区中免费提供定位、导航、授时和短报文通信等服务；授权服务是向授权用户提供更安全、更精确的定位、导航、授时服务和短报文通信等服务以及系统完好性等信息。

北斗三号系统集成了卫星无线电导航业务（Radio Navigation Satellite Service，RNSS）和卫星无线电测定业务（Radio Determination Satellite Service，RDSS）两种业务体制。北斗三号系统不但具有GPS、GLONASS、Galileo等卫星导航系统RNSS的用户自主定位、导航、授时（PNT）功能，还具有GPS、GLONASS、Galileo所不具有的RDSS用户非自主短报文通信功能。

北斗三号系统RNSS的4颗卫星自主式定位原理，与GPS、GLONASS类似。

3）北斗三号系统"6"服务的应用特性

下面对北斗三号系统的星基增强、地基增强、精密单点定位、国际搜救、区域短报文通信、全球短报文通信等服务（"6"服务）的应用特性进行简要说明。

（1）星基增强服务（SBAS）。

卫星导航系统的星基增强是指利用导航卫星播发差分修正信息、完好性信息及其他信息，以大范围内提高卫星导航用户的精度及其他性能。北斗三号系统支持单频及双频多星座两种星基增强服务模式，满足国际民航组织技术验证要求。目前，星基增强系统服务平台已基本建成，正面向民航、海事、铁路等高完好性用户提供试运行服务，如按照国际民航标准，具备一类垂直引导进近（APV-1）能力，填补我国星基增强服务空白。

（2）地基增强服务（GBAS）。

卫星导航系统的地基增强是指利用地面基准站发射台播发差分修正信息、完好性信息及其他信息，以一定范围内提高卫星导航用户的精度及其他性能。北斗三号系统已在中国全境内建设155个框架网基准站和2 200余个区域网基准站，面向行业和大众用户提供实时m级、dm级、cm级和后处理mm级增强定位服务。

（3）精密单点定位（PPP）服务。

卫星导航系统的精密单点定位是指利用卫星导航接收机的载波相位观测值、精密卫星星历和精密卫星钟差实现高精度定位的方式。北斗三号系统通过3颗GEO卫星播发精密单点定位信号，能提供cm级定位服务。对于北斗三号系统精密单点定位服务的定位精度，目前实测水平定位精度优于20cm，高程定位精度优于35cm。

（4）国际搜救（SAR）服务。

北斗三号系统按照国际搜救卫星组织标准提供北斗特色B2b返向链路确认能力，为全球用户提供遇险报警服务，检测概率优于99%，显著增强遇险人员求生信心。

需要说明的是，北斗三号系统有两种搜救功能：一种是国际标准搜救功能，另一种是短报文加位置报告搜救功能。北斗三号系统的全球搜救功能较国际标准搜救功能的精度更高，而短报文加位置报告搜救功能可以具备m级搜救功能，将为航海、航空和陆地用户的遇险搜救提供便利。

（5）区域短报文通信（RSMC）和全球短报文通信（GSMC）服务。

短报文通信（SMC）服务是北斗卫星导航系统所特有的服务功能，是北斗卫星导航系统有别于其他卫星导航系统（GPS、GLONASS、Galileo等）的一大特色。北斗一号系统在建成使用时，就已经具备了短报文通信服务功能。北斗卫星导航系统的短报文通信服务，可以实现北斗卫星导航系统的用户与用户之间，以及用户与地面控制中心之间的双向数字报文传输。

相比北斗二号系统，北斗三号系统对短报文通信进行了升级拓展，覆盖范围由区域扩展到全球。北斗三号系统的短报文通信，包括全球短报文通信（GSMC）和区域短报文通信（RSMC）两类。其中，区域短报文的通信能力，由北斗二号系统的单次报文最大长度1 680bit（约120汉字）升级到了单次

第7章 卫星导航系统

报文最大长度 14 000bit（约 1 000 汉字），通信容量提升近 10 倍，既能传输文字，还可传输语音和图片，实现了从"短信"到"微信"的跨越。同时，北斗三号短报文通信用户机的发射功率降低至 1～3W，只有北斗二号用户机发射功率的 1/10，可以实现小型化。北斗三号系统全球短报文的通信能力，单次报文最大长度 560bit（约 40 个汉字）。

4）北斗三号系统主要功能和性能指标

北斗三号系统自 2020 年 7 月 31 日正式建成开通以来，持续稳定运行，服务性能世界领先。北斗三号系统公开服务（开放服务）主要功能和性能指标如下。

（1）主要功能：被动式定位、测速、单双向授时、短报文通信等。

（2）服务区域：全球。

（3）定位精度：水平定位精度为 10m，高程定位精度为 10m（2σ），实测定位精度通常是 2～5m。

（4）测速精度：0.2m/s（2σ）。

（5）授时精度：单向授时精度为 50ns，双向授时精度为 20ns（2σ）。

（6）短报文通信容量：单次区域短报文最大长度为 14 000bit（1 000 个汉字），1 000 万次/h；单次全球短报文最大长度为 560bit（40 个汉字）。

（7）系统全球服务可用性：优于 99%。

3. 北斗卫星导航系统的时间系统和坐标系统简介

1）北斗卫星导航系统的时间系统

北斗卫星导航系统的时间基准采用北斗时间（BDT）。BDT 是一个连续的时间系统，采用国际单位制（SI）秒为基本单位连续计时，不闰秒，起始历元为 2006 年 1 月 1 日协调世界时间（UTC）00:00:00。BDT 通过协调 UTC 与国际 UTC 建立联系，BDT 与国际 UTC 的偏差保持在 50ns 以内。BDT 与 UTC 之间的闰秒信息在北斗卫星导航系统导航电文中播报。

2）北斗卫星导航系统的坐标系统

北斗卫星导航系统的坐标系统采用北斗坐标系（BeiDou Coordinate System，BDCS）。北斗坐标系的定义符合国际地球自转服务组织（IERS）规范，与 2000 中国大地坐标系（CGCS2000）定义一致（具有完全相同的参考椭球参数）。

CGCS2000 为地心固定坐标系，其定义如下。

（1）原点位于地球质心。

（2）Z 轴指向 IERS 定义的参考极（IRP）方向。

（3）X 轴为 IERS 定义的参考子午面（IRM）与通过原点且同 Z 轴正交的赤道面的交线。

（4）Y 轴与 Z 轴、X 轴构成右手直角坐标系。

CGCS2000 原点也用作 CGCS2000 椭球的几何中心，Z 轴用作该旋转椭球的旋转轴。CGCS2000 参考椭球定义的 4 个椭球常数如下。

（1）长半轴 a=6 378 137.0m。

（2）地球（包含大气层）引力常数 μ=3.986 004 418×10^{14}m^3/s^2。

（3）扁率 f=1/298.257 222 101。

（4）地球自转角速度（地球自转速率）$\dot{\Omega}_e$ = 7.292 115 0×10^{-5}rad/s

4．北斗卫星 B1I 频点信号特性和基于 B1I 频点信号的卫星位置坐标算法简介

与 GPS 类似，为了抗干扰、精确测距和不同卫星信号的识别，北斗卫星导航系统卫星发射的信号也是采用伪码直接序列扩频调制方式的，先把窄频带的导航数据码（基带信号）用伪随机码（测距吗）扩频调制，再调制到载波频率上，通过卫星天线发射出去。

下面以北斗卫星 B1 频点信号为例，简要介绍北斗卫星公开服务（开放服务）信号的特性。北斗卫星其他频点（B1C、B2a、B3I 等）的信号特性，参见中国卫星导航系统管理办公室发布的相关北斗卫星导航系统空间信号接口控制文件（公开服务信号）。

1）北斗卫星 B1 频点信号的结构

北斗卫星导航系统卫星发射的 B1 频点信号由 I、Q 两个支路的"测距码+导航数据码"正交调制在载波上构成。

北斗卫星发射的 B1 频点信号表达式为

$$S^j(t)=A_1 C_1^j(t) D_1^j(t)\cos(2\pi f_L t+\varphi_I^j)+A_Q P_Q^j(t) D_Q^j(t)\sin(2\pi f_L t+\varphi_Q^j) \quad (7.4\text{-}11)$$

式中：j 为卫星编号；I 表示 I 支路；Q 表示 Q 支路；A 为信号振幅；C 为普通测距码；P 为精确测距码；D 为测距码上调制的导航数据码；f_L 为载波频率；φ 为载波初相。

需要说明的是，北斗卫星发射的 B1 频点信号中的 I 支路信号，即 $A_1 C_1^j(t) D_1^j(t)\cos(2\pi f_L t+\varphi_I^j)$ 为公开服务（开放服务）信号，采用普通伪随机测

距码（C 码）；Q 支路信号 $A_Q P^j_Q(t) D^j_Q(t) \sin(2\pi f_L t + \varphi^j_Q)$ 则为授权服务信号，采用精确伪随机测距码（P 码）。下面仅对北斗卫星发射的 B1 频点信号中的 I 支路公开服务信号（记为 B1I 频点信号）的特性进行分析。

2）北斗卫星 B1I 频点信号的特性

（1）载波频率。

B1 频点信号的标称载波频率为 1 561.098MHz。

（2）调制方式。

北斗卫星发射信号采用正交相移键控（QPSK）调制。

（3）极化方式。

北斗卫星发射信号为右旋圆极化（RHCP）。北斗卫星天线轴比如表 7-4-4 所示。

表 7-4-4　北斗卫星天线轴比

北斗卫星类型	天　线　轴　比
GEO	天线轴比小于 2.9dB，范围为±10°
MEO	天线轴比小于 2.9dB，范围为±15°
IGSO	天线轴比小于 2.9dB，范围为±10°

（4）载波相位噪声。

未调制载波的相位噪声功率谱密度指标（单边带）如下：

−60dBc/Hz，$f_0 \pm 10$Hz；

−75dBc/Hz，$f_0 \pm 100$Hz；

−80dBc/Hz，$f_0 \pm 1$kHz；

−85dBc/Hz，$f_0 \pm 10$kHz；

−95dBc/Hz，$f_0 \pm 100$kHz。

其中，f_0 指 B1I 频点信号的载波频率。

（5）用户接收信号电平。

当北斗卫星仰角大于 5°，在地球表面附近的北斗接收机右旋圆极化天线为 0dB 增益时，北斗卫星发射的导航信号到达北斗接收机天线输出端的 I 支路信号最小保证功率为−163dBW。

（6）信号复用方式。

信号复用方式为码分多址（CDMA）。

(7)卫星信号工作带宽及带外抑制。

① 工作带宽(1dB):4.092MHz(以 B1I 频点信号载波频率为中心);工作带宽(3dB):16MHz(以 B1I 频点信号载波频率为中心)。

② 带外抑制:不小于 15dB,$f_0 \pm 30$MHz。

(8)杂散。

在卫星信号工作带宽(1dB)内,带内杂波与未调制载波相比至少抑制 50dB。

(9)信号相关性。

① B1I 频点信号载波与其载波上所调制的伪码间起始相位差随机抖动小于 3°(1σ)(相对于载波)。

② I 支路、Q 支路载波相位调制正交性小于 5°(1σ)。

(10)星上设备时延差。

星上设备时延指从卫星的时间基准到发射天线相位中心的时延。B1I 频点信号的设备时延差由导航电文中的 T_{GD1} 表示,不确定度小于 1ns(1σ)。

3)北斗卫星 B1I 频点信号测距码特性

北斗卫星 B1I 频点信号的伪随机测距码(以下简称 C_{B1I} 码)的传播速率(码率)为 2.046Mchip/s。

C_{B1I} 码是由两个线性序列 G1 和 G2 模二和产生平衡 Gold 码后截短 1 码片生成的。G1 和 G2 序列分别由两个 11 级线性反馈移位寄存器(LFSR)生成,其表达式为

$$G_1(X)=1+X+X^7+X^8+X^9+X^{10}+X^{11}$$

$$G_2(X)=1+X+X^2+X^3+X^4+X^5+X^8+X^9+X^{11}$$

其中,G1 序列初始相位为 01010101010;G2 序列初始相位为 01010101010。

C_{B1I} 码发生器示意图如图 7-4-6 所示。

通过对产生 G2 序列的移位寄存器不同抽头的模二和可以实现 G2 序列相位的不同偏移,与 G1 序列模二和后可生成不同卫星的 C_{B1I} 码。G2 序列相位分配如表 7-4-5 所示。

第 7 章 卫星导航系统

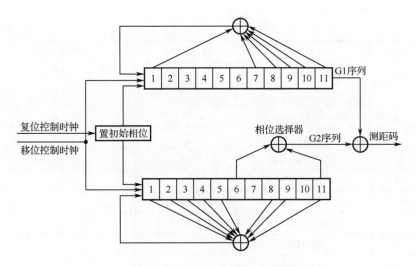

图 7-4-6 C_{B1I} 码发生器示意图

表 7-4-5 G2 序列相位分配

编号	卫星类型	测距码编号	G2 序列相位分配
1	GEO	1	1⊕3
2	GEO	2	1⊕4
3	GEO	3	1⊕5
4	GEO	4	1⊕6
5	GEO	5	1⊕8
6	MEO/IGSO	6	1⊕9
7	MEO/IGSO	7	1⊕10
8	MEO/IGSO	8	1⊕11
9	MEO/IGSO	9	2⊕7
10	MEO/IGSO	10	3⊕4
11	MEO/IGSO	11	3⊕5
12	MEO/IGSO	12	3⊕6
13	MEO/IGSO	13	3⊕8
14	MEO/IGSO	14	3⊕9
15	MEO/IGSO	15	3⊕10
16	MEO/IGSO	16	3⊕11
17	MEO/IGSO	17	4⊕5
18	MEO/IGSO	18	4⊕6

续表

编号	卫星类型	测距码编号	G2 序列相位分配
19	MEO/IGSO	19	4⊕8
20	MEO/IGSO	20	4⊕9
21	MEO/IGSO	21	4⊕10
22	MEO/IGSO	22	4⊕11
23	MEO/IGSO	23	5⊕6
24	MEO/IGSO	24	5⊕8
25	MEO/IGSO	25	5⊕9
26	MEO/IGSO	26	5⊕10
27	MEO/IGSO	27	5⊕11
28	MEO/IGSO	28	6⊕8
29	MEO/IGSO	29	6⊕9
30	MEO/IGSO	30	6⊕10
31	MEO/IGSO	31	6⊕11
32	MEO/IGSO	32	8⊕9
33	MEO/IGSO	33	8⊕10
34	MEO/IGSO	34	8⊕11
35	MEO/IGSO	35	9⊕10
36	MEO/IGSO	36	9⊕11
37	MEO/IGSO	37	10⊕11

4）北斗卫星 B1I 频点信号的导航电文结构

（1）导航电文分类。

根据速率和结构不同，北斗卫星 B1I 频点信号的导航电文分为 D1 导航电文和 D2 导航电文。D1 导航电文速率为 50bit/s，并调制有速率为 1kbit/s 的二次编码，内容包含基本导航信息（本卫星基本导航信息、全部卫星历书信息、与其他系统时间同步信息）；D2 导航电文速率为 500bit/s，内容包含基本导航信息和增强服务信息（北斗卫星导航系统的差分及完好性信息和格网点电离层信息）。

MEO/IGSO 卫星的 B1I 频点信号播发 D1 导航电文，GEO 卫星的 B1I 频点信号播发 D2 导航电文。

（2）导航电文信息类别及播发特点。

D1、D2 导航电文信息类别及播发特点如表 7-4-6 所示。

第7章 卫星导航系统

表 7-4-6 D1、D2 导航电文信息类别及播发特点

导航电文信息类别		比特数	播发特点	
帧同步码（Pre）		11	每子帧重复一次	
子帧计数（FraID）		3		
周内秒计数（SOW）		20		
本卫星基本导航信息	整周计数（WN）	13	D1：在子帧 1、2、3 中播发，30s 重复周期 D2：在子帧 1 页面 1～10 的前 5 个字中播发，30s 重复周期 更新周期：1h	基本导航信息，所有卫星都播发
	用户距离精度指数（URAI）	4		
	卫星自主健康标志（SatH1）	1		
	星上设备时延差（T_{GD1}）	10		
	时钟数据龄期（IODC）	5		
	钟差参数（t_{oc}, a_0, a_1, a_2）	74		
	星历数据龄期（IODC）	5		
	卫星星历（t_{oe}, $\sqrt{A}$, e, ω, Δn, M_0, Ω_0, $\dot{\Omega}$, i_0, IDOT, C_{uc}, C_{us}, C_{rc}, C_{rs}, C_{ic}, C_{is}）	371		
	电离层模型参数（α_n, β_n, $n=0$～3）	64		
历书信息	页面编号（P_{num}）	7	D1：在子帧 4、子帧 5 中播发 D2：在子帧 5 中播发	
	历书参数（t_{oa}, $\sqrt{A}$, e, ω, M_0, Ω_0, $\dot{\Omega}$, δ_i, a_0, a_1）	176	D1：在子帧 4 页面 1～24 和子帧 5 页面 1～6 中播发，12min 重复周期 D2：在子帧 5 页面 37～60、95～100 中播发，6min 重复周期 更新周期：小于 7 天	
	历书周计数（WN_a）	8	D1：在子帧 5 页面 7～8 中播发，12min 重复周期 D2：在子帧 5 页面 35～36 中播发，6min 重复周期 更新周期：小于 7 天	
	卫星健康信息（H_{eai}, $i=1$～30）	9×30		
与它系统时间同步信息	与 UTC 时间同步参数（A_{0UTC}, A_{1UTC}, Δt_{LS}, Δt_{LSF}, WN_{LSF}, DN）	88	D1：在子帧 5 页面 9～10 中播发，12min 重复周期 D2：在子帧 5 页面 101～102 中播发，6min 重复周期 更新周期：小于 7 天	
	与 GPS 时间同步参数（A_{0GPS}, A_{1GPS}）	30		
	与 Galileo 时间同步参数（A_{0Gal}, A_{1Gal}）	30		
	与 GLONASS 时间同步参数（A_{0GLO}, A_{1GLO}）	30		

续表

导航电文信息类别		比特数	播发特点	
基本导航信息页面编号（P_{num1}）		4	D2：在子帧 1 全部 10 个页面中播发	完好性、差分、格网点电离层信息，仅 GEO 卫星播发
完好性及差分信息页面编号（P_{num2}）		4	D2：在子帧 2 全部 6 个页面中播发	
完好性及差分自主健康信息（SatH2）		2	D2：在子帧 2 全部 6 个页面中播发。更新周期：3s	
北斗完好性及差分信息卫星标志（$BDID_i$, $i=1\sim30$）		1×30	D2：在子帧 2 全部 6 个页面中播发。更新周期：3s	
北斗卫星完好性及差分信息	用户差分距离误差指数（$UDREI_i$, $i=1\sim18$）	4×18	D2：在子帧 2 中播发更新周期：3s	
	区域用户距精度指数（$RURAI_i$, $i=1\sim18$）	4×18	D2：在子帧 2、3 中播发更新周期：18s	
	等效钟差改正数（Δt_i, $i=1\sim18$）	13×18		
格网点电离层信息	电离层格网点垂直延迟（$d\tau$）	9×320	D2：在子帧 5 页面 1～13、61～73 中播发更新周期：6min	
	电离层格网点垂直延迟误差指数（GIVEI）	4×320		

（3）D1 导航电文结构。

① D1 导航电文上调制的二次编码。

D1 导航电文上调制的二次编码是指在速率为 50bit/s 的 D1 导航电文上调制一个 Neumann-Hoffman 码（简称 NH 码）。NH 码周期为 1 个导航信息位的宽度，NH 码宽度则与扩频码周期相同。由于 D1 导航电文中一个信息位的宽度为 20ms，扩频码周期为 1ms，因此采用 20bit 的 NH 码（0,0,0,0,0,1,0,0,1,1,0,1,0,1,0,0,1,1,1,0），码速率为 1kbit，码宽为 1ms，与导航信息码和扩频码同步调制。

② D1 导航电文帧结构。

D1 导航电文由超帧、主帧和子帧组成。每个超帧为 36 000bit，历时 12min，每个超帧由 24 个主帧组成（24 个页面）；每个主帧为 1 500bit，历时 30s，每个主帧由 5 个子帧组成；每个子帧为 300bit，历时 6s，每个子帧由 10 个字组成；每个字为 30bit，历时 0.6s。

每个字由导航电文数据及校验码两部分组成。每个子帧第 1 个字的前 15bit 信息不进行纠错编码，后 11bit 信息采用 BCH(15,11,1)方式进行纠错，信息位共有 26bit；其他 9 个字均采用 BCH(15,11,1)加交织方式进行纠错编码，信息位共有 22bit。D1 导航电文帧结构如图 7-4-7 所示。

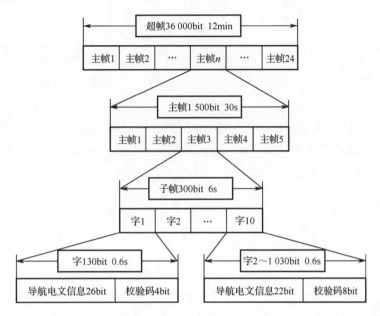

图 7-4-7　D1 导航电文帧结构

③ D1 导航电文结构编排。

D1 导航电文包含本卫星基本导航信息（周内秒计数、整周计数、用户距离精度指数、卫星自主健康标志、电离层延迟模型改正参数、卫星星历及数据龄期、卫星钟差参数及数据龄期、星上设备时延差）、全部卫星历书及与其他系统时间同步信息（UTC、其他卫星导航系统）。整个 D1 导航电文传送完毕需要 12min。

D1 导航电文主帧结构及信息内容如图 7-4-8 所示。

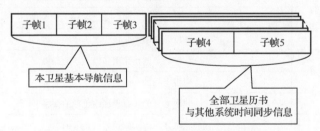

图 7-4-8　D1 导航电文主帧结构与信息内容

子帧 1 至子帧 3 播发基本导航信息；子帧 4 和子帧 5 的信息内容由 24

个页面分时发送，其中子帧 4 的页面 1～24 和子帧 5 的页面 1～10 播发全部卫星历书信息及与其他系统时间同步信息；子帧 5 的页面 11～24 为预留页面。

关于 D1 导航电文各子帧信息格式的详细编排和 D1 导航电文内容的说明，参见相关文献。这里仅对 D1 导航电文中关于卫星星历的内容加以分析、说明。

卫星星历描述了在一定拟合间隔下得出的卫星轨道。如 7-4-7 所示，卫星星历属于卫星基本导航信息，包括 15 个轨道参数（$\sqrt{A}$, e, ω, Δn, M_0, Ω_0, $\dot{\Omega}$, i_0, IDOT, C_{uc}, C_{us}, C_{rc}, C_{rs}, C_{ic}, C_{is}）和 1 个卫星星历参考时间参数（t_{oe}），共 371bit。

在北斗卫星导航系统中，卫星星历参数更新周期为 1 小时。卫星星历参数定义见表 7-4-7，星历参数说明见表 7-4-8。

表 7-4-7 卫星星历的参数定义

参　　数	定　　义
t_{oe}	卫星星历参考时间
$\sqrt{A}$	长半轴的平方根
e	偏心率
ω	近地点角
Δn	卫星平均运动速率与计算值之差
M_0	参考时间的平近点角
Ω_0	按参考时间计算的升交点赤经
$\dot{\Omega}$	升交点赤经变化率
i_0	参考时间的轨道倾角
IDOT	轨道倾角变化率
C_{uc}	纬度幅角的余弦调和改正项的振幅
C_{us}	纬度幅角的正弦调和改正项的振幅
C_{rc}	轨道半径的余弦调和改正项的振幅
C_{rs}	轨道半径的正弦调和改正项的振幅
C_{ic}	轨道倾角的余弦调和改正项的振幅
C_{is}	轨道倾角的正弦调和改正项的振幅

表 7-4-8 卫星星历的参数说明

参数	比特数	比例因子（LSB）	有效范围	量纲
t_{oe}	17	2^3	604 792	s
$\sqrt{A}$	32	2^{-19}	8 192	$m^{1/2}$
e	32	2^{-33}	0.5	—
ω	32*	2^{-31}	±1	π
Δn	16*	2^{-43}	±3.73×10^{-9}	π/s
M_0	32*	2^{-31}	±1	π
Ω_0	32*	2^{-31}	±1	π
$\dot{\Omega}$	24*	2^{-43}	±9.54×10^{-7}	π/s
i_0	32*	2^{-31}	±1	π
IDOT	14*	2^{-43}	±9.31×10^{-10}	π/s
C_{uc}	18*	2^{-31}	±6.10×10^{-5}	rad
C_{us}	18*	2^{-31}	±6.10×10^{-5}	rad
C_{rc}	18*	2^{-6}	±2 048	m
C_{rs}	18*	2^{-6}	±2 048	m
C_{ic}	18*	2^{-31}	±6.10×10^{-5}	rad
C_{is}	18*	2^{-31}	±6.10×10^{-5}	rad

* 为二进制补码，最高有效位（MSB）是符号位（+或-）。

（4）D2 导航电文结构。

① D2 导航电文帧结构。

D2 导航电文由超帧、主帧和子帧组成。每个超帧为 180 000bit，历时 6min，每个超帧由 120 个主帧组成；每个主帧为 1 500bit，历时 3s，每个主帧由 5 个子帧组成；每个子帧为 300bit，历时 0.6s，每个子帧由 10 个字组成；每个字为 30bit，历时 0.06s。

每个字由导航电文数据及校验码两部分组成。每个子帧第 1 个字的前 15bit 信息不进行纠错编码，后 11bit 信息采用 BCH(15,11,1)方式进行纠错，信息位共有 26bit；其他 9 个字均采用 BCH(15,11,1)加交织方式进行纠错编码，信息位共有 22bit。

D2 导航电文帧结构如图 7-4-9 所示。

② D2 导航电文结构编排。

D2 导航电文包含本卫星基本导航信息，全部卫星历书、与其他系统时间同步信息、北斗卫星导航系统完好性及差分信息、格网点电离层信息。

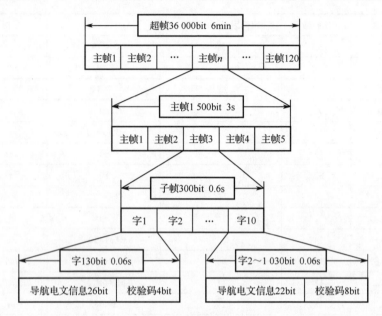

图 7-4-9　D2 导航电文帧结构

D2 导航电文信息内容如图 7-4-10 所示。子帧 1 播发基本导航信息，由 10 个页面分时发送；子帧 2~4 信息由 6 个页面分时发送；子帧 5 中信息由 120 个页面分时发送。

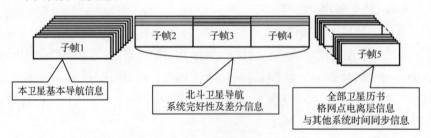

图 7-4-10　D2 导航电文信息内容

5）基于 B1I 频点信号的北斗卫星位置坐标算法

北斗卫星导航系统最基本的功能就是定位，即精确地确定出北斗用户所在位置的三维位置坐标（通常用地理坐标系中的经度、纬度坐标和海拔高度表示）。对公开服务的无线电导航业务（RNSS）而言，北斗卫星导航系统是由北斗用户终端设备（北斗用户机）通过接收、处理 4 颗以上不同的北斗卫星发射的 B1I 频点信号来实现对北斗用户的三维定位的。而北斗用户机要实现对北斗用户的精确定位,其前提基础是必须先精确地解算出北斗卫星在 CGCS2000 中的位置坐标。

在原理上,北斗用户机先从接收到的北斗卫星 B1I 频点信号($A_1 C_1^j(t) D_1^j(t)\cos(2\pi f_L t + \varphi_1^j)$ 中通过解扩(去除伪随机测距码 $C_1^j(t)$ 分量)、解调(去除载波 $A_1 \cos(2\pi f_L t + \varphi_1^j)$ 分量),获取导航电文 $D_1^j(t)$ 信息,再从导航电文中提取卫星星历(t_{oe}, $\sqrt{A}$, e, ω, Δn, M_0, Ω_0, $\dot{\Omega}$, i_0, IDOT, C_{uc}, C_{us}, C_{rc}, C_{rs}, C_{ic}, C_{is})数据,然后利用卫星星历数据精确解算出北斗卫星在 CGCS2000 中的位置坐标(X_k, Y_k, Z_k)。

北斗用户机利用卫星星历数据解算北斗卫星位置坐标(X_k, Y_k, Z_k)的算法公式,如表 7-4-9 所示。

表 7-4-9　北斗用户机利用卫星星历参数解算北斗卫星位置坐标的算法公式

计算公式	描述
$\mu = 3.986\,004\,418 \times 10^{14}\,\text{m}^3/\text{s}^2$	CGCS2000 下的地球引力常数
$\dot{\Omega}_e = 7.292\,115\,0 \times 10^{-5}\,\text{rad/s}$	CGCS2000 下的地球旋转速率
$\pi = 3.141\,592\,653\,589\,8$	圆周率
$A = (\sqrt{A})^2$	计算半长轴
$n_0 = \sqrt{\dfrac{\mu}{A^3}}$	计算卫星平均角速度
$t_k = t - t_{oe}^*$	计算观测历元到参考历元的时间差
$n = n_0 + \Delta n$	改正平均角速度
$M_k = M_0 + n t_k$	计算平近点角
$M_k = E_k - e \sin E_k$	迭代计算偏近点角
$\sin v_k = \dfrac{\sqrt{1-e^2}\sin E_k}{1 - e\cos E_k}$ $\cos v_k = \dfrac{\cos E_k - e}{1 - e\cos E_k}$	计算真近点角
$\phi_k = v_k + \omega$	计算纬度幅角参数
$\delta u_k = C_{us}\sin(2\phi_k) + C_{uc}\cos(2\phi_k)$	纬度幅角改正项
$\delta r_k = C_{rs}\sin(2\phi_k) + C_{rc}\cos(2\phi_k)$	径向改正项
$\delta i_k = C_{is}\sin(2\phi_k) + C_{ic}\cos(2\phi_k)$	轨道倾角改正项
$u_k = \phi_k + \delta u_k$	计算改正后的纬度幅角
$r_k = A(1 - e\cos E_k) + \delta r_k$	计算改正后的径向
$i_k = i_0 + \text{IDOT} \cdot t_k + \delta i_k$	计算改正后的轨道倾角

续表

计 算 公 式	描 述
$x_k = r_k \cos u_k$ $y_k = r_k \sin u_k$	计算卫星在轨道平面内的坐标
$\Omega_k = \Omega_0 + (\dot{\Omega} - \dot{\Omega}_e)t_k - \dot{\Omega}_e t_{oe}$ $X_{GK} = x_k \cos\Omega_k - y_k \cos i_k \sin\Omega_k$ $Y_{GK} = x_k \sin\Omega_k + y_k \cos i_k \cos\Omega_k$ $Z_{GK} = y_k \sin i_k$	计算历元升交点赤经（地固系） 计算 MEO/IGSO 卫星在 CGCS2000 中的坐标
$\Omega_k = \Omega_0 + \dot{\Omega}t_k - \dot{\Omega}_e t_{oe}$ $X_{GK} = x_k \cos\Omega_k - y_k \cos i_k \sin\Omega_k$ $Y_{GK} = x_k \sin\Omega_k + y_k \cos i_k \cos\Omega_k$ $Z_{GK} = y_k \sin i_k$ $\begin{bmatrix} X_k \\ Y_k \\ Z_k \end{bmatrix} = R_z(\dot{\Omega}_e t_k) R_X(-5°) \begin{bmatrix} X_{GK} \\ Y_{GK} \\ Z_{GK} \end{bmatrix}$ $R_X(\varphi) = \begin{pmatrix} 1 & 0 & 0 \\ 0 & +\cos\varphi & +\sin\varphi \\ 0 & -\sin\varphi & +\cos\varphi \end{pmatrix}$	计算历元升交点的赤经（惯性系） 计算 GEO 卫星在自定义坐标系中的坐标 计算 GEO 卫星在 CGCS2000 中的坐标

* t 是信号发射时刻的北斗时间。t_k 是 t 和 t_{oe} 之间的总时间差，必须考虑周变换的开始或结束，即如果 t_k 大于 302 400，将 t_k 减去 604 800；如果 t_k 小于-302 400，则将 t_k 加上 604 800。

北斗用户机利用卫星星历数据解算出 4 颗以上不同北斗卫星在 CGCS2000 中的位置坐标（$X_{kj}, Y_{kj}, Z_{kj}, j \geq 4$）后，再进一步通过其他的系列运算、换算，才能最终得到北斗用户所在位置的三维位置坐标（经、纬度坐标和海拔高度），即实现三维定位。

7.4.4 北斗卫星导航系统短报文通信技术简介

北斗卫星导航系统在卫星导航系统 RNSS 业务基本的定位、导航、授时（PNT）服务功能基础上，增加了 RDSS 业务下短报文通信（SMC）服务功能。短报文通信服务是北斗卫星导航系统所特有的服务功能，是北斗卫星导航系统有别于其他卫星导航系统（GPS、GLONASS、Galileo 等）的一大特色。北斗一号系统在建成使用时，就已经具备了短报文通信服务功能。北斗卫星导航系统的短报文通信服务，可以实现北斗卫星导航系统用户与用户之间，以及用户与地面控制中心之间，进行双向数字报文通信。这使北斗用户不但能通过定位功能确定自己的地理位置，知道"自己在哪"，还能通过短报文通信与其他北斗用户交换位置信息或其他信息，知道"别人在哪""别人处于何状态",还能告诉别人"自己在哪""自己处于何状态"。

北斗卫星导航系统短报文通信技术是北斗系统区别于其他卫星导航系统的独有技术。下面对北斗短报文通信的系统组成、工作方式和工作流程,以及北斗三号系统短报文通信主要性能指标等加以简要介绍。

1. 北斗短报文通信系统组成

北斗短报文通信系统由北斗卫星、北斗地面中心站和北斗用户终端三大部分组成。其中,北斗卫星负责执行北斗地面中心站与北斗用户终端之间的双向报文通信信号的转发、中继任务;北斗地面中心站是北斗用户终端之间报文通信的中转站,对各类北斗用户发送的业务请求进行响应处理,完成用户报文通信数据交换工作,并把经过交换的报文通信内容经北斗卫星转发给有关北斗用户,北斗地面网管中心负责北斗报文通信用户的注册、管理和业务开通业务;北斗用户终端(北斗用户机)用于完成北斗用户与北斗卫星之间上、下行数据的处理,发送用户业务请求,接收用户数据。

北斗用户机依赖北斗通信卡(类似手机 SIM 卡的 ID)进入北斗短报文通信系统网,实现短报文通信。北斗通信卡的 ID(用户号)具有唯一性,可以对经过北斗地面中心站转发的短报文进行识别。北斗用户机分为普通型和指挥型两种类型,分别称为北斗普通型用户机和北斗指挥型用户机。其中,北斗普通型用户机具有自主定位、导航、授时和点对点双向数据信息传输功能,而北斗指挥型用户机除上述功能外,还具有"指挥调度"功能,即可以通过点对多点的"通播"(广播)数据信息工作方式,向北斗用户群中的其他用户机发出指挥调度指令信息,进行监控指挥和调度。

2. 北斗短报文通信系统工作方式和工作流程

北斗卫星导航系统采用点对点(端对端)双向数据信息传输工作方式,以数据包的形式传输。北斗短报文通信工作流程如下。

(1)短报文发送端(信息发送方)首先将包含接收方 ID 和通信内容的通信申请信号,按照短报文传输协议进行编辑、加密后,通过北斗卫星转发至北斗地面中心站(入站信号)。

(2)北斗地面中心站接收、处理接收到的信号,然后将其发送到北斗地面网管中心。

(3)北斗地面网管中心接收到通信申请信号,经解密后,再经加密处理,发送至北斗地面中心站。

（4）北斗地面中心站将其加入持续广播的出站信号电文中，经北斗卫星广播给北斗用户机。

（5）北斗用户机（信息接收方）接收到北斗卫星广播的出站信号电文后，经过解调、解密，得到传送的信息内容，完成一次短报文通信。

北斗系统点对点双向报文通信示意图如图 7-4-11 所示。

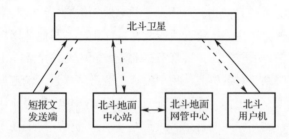

图 7-4-11 北斗系统点对点双向报文通信示意图

在北斗卫星导航系统短报文通信点对点双向数据信息传输工作方式中，还有一种点对多点的"通播"（广播）工作方式，即在一个北斗卫星导航系统用户群（北斗用户系统）中，将其中的一个监测站作为主站（中心站），将其北斗终端设备号码写入本群中其他监测站（从站）的终端设备的映像地址中，当此主站以通播方式发送信息时，则北斗用户群中所有使用同一卫星波束的其他监测站（从站）都能同时收到此信息。主站既可以接收数据信息也可以发送控制信息，其他测站只能接收数据信息而不能发送控制信息。

3. 北斗三号系统短报文通信主要性能指标

北斗三号系统短报文通信根据服务范围不同，分为全球短报文通信（GSMC）和区域短报文通信（RSMC）两类。

1）区域短报文通信（RSMC）主要性能指标

北斗三号系统利用 3 颗地球静止轨道卫星（GEO 卫星，分别定点于东经 80°、110.5° 和 140° 地球赤道上空），向中国及周边地区（经度区间为东经 75°～135°，纬度区间为北纬 10°～55° 范围内）的北斗用户提供区域短报文通信服务。其主要服务性能指标包含：单次短报文最大长度是 14 000bit（约 1 000 个汉字）；服务频度通常是 30s/次，最高可以 1s/次；上行频段是 L 频段，下行频段是 S 频段（与北斗一号系统、北斗二号系统的相同）；服务成功率不小于 95%。北斗三号系统区域短报文通信（RSMC）性能指标如表 7-4-10 所示。

表 7-4-10　北斗三号系统区域短报文通信（RSMC）性能指标

性能参数		性能指标数据
服务成功率		不小于 95%
服务频度		通常 30s/次，最高 1s/次
响应时延		不大于 1s
用户终端发射功率		不大于 3W
服务容量	上行	1 200 万次/h
	下行	600 万次/h
单次短报文最大长度		14 000bit（约 1 000 个汉字）
使用约束及说明		如果北斗用户相对卫星径向速度不小于 1 000km/h，则要进行自适应多普勒补偿

相比北斗二号系统，北斗三号系统的短报文通信容量（单次短报文最大长度）显著增大，提升近 10 倍，既能传输文字，还可传输语音和图片，实现了从"短信"到"微信"的跨越，同时北斗三号用户机发射功率显著降低，可以实现北斗三号用户机的小型化。

2021 年年底，北斗三号区域短报文通信进入智能手机，可实现不换卡、不换号、不额外增加外设，以及移动通信和北斗短报文通信的融合使用。

2）全球短报文通信（GSMC）主要性能指标

北斗三号系统利用中圆地球轨道卫星（MEO 卫星）和倾斜地球同步轨道卫星（IGSO 卫星），向位于地球表面及近地空间（地球表面 1 000km 范围内）的北斗特许用户提供全球短报文通信服务。其主要服务性能指标包含单次短报文最大长度为 560bit（约 40 个汉字）；上行频段是 L 频段，下行频段是 GSMC-B2b 频段（载频为 1 207.140MHz）；上行利用 14 颗 MEO 卫星，下行利用 3 颗 IGSO 卫星+24 颗 MEO 卫星；服务成功率不小于 95%。北斗三号系统全球短报文通信（GSMC）性能指标如表 7-4-11 所示。

表 7-4-11　北斗三号系统全球短报文通信（GSMC）性能指标

性能参数	性能指标数据
服务成功率	不小于 95%
响应时延	通常优于 1min

续表

性能参数		性能指标数据
用户终端发射功率		不大于 10W
服务容量	上行	30 万次/h
	下行	20 万次/h
单次短报文最大长度		560bit（约 40 个汉字）
使用约束及说明		北斗用户要进行自适应多普勒补偿，且补偿后上行信号到达北斗卫星频偏小于 10 000Hz

复习题

（1）简述现用卫星导航系统的主要应用特点。

（2）简述 GPS 的组成。

（3）写出 GPS 伪距方程表达式，并说明其中每个参数的含义。

（4）试简要说明 GPS 的定位原理。

（5）试简要说明 GPS 卫星发射的伪码扩频信号的结构。

（6）GPS 的 P 码和 C/A 码的主要区别是什么？为什么要采用两种不同的伪码？

（7）简述 GPS 的导航电文结构。

（8）画出 GPS 接收设备简化组成框图，并简述其基本工作原理。

（9）引起 GPS 用户设备测距误差的因素主要有哪些？试从 GPS 接收机对电离层附加延时偏差的校正方法入手，分析目前 C/A 码民用接收机较 P 码军用接收机定位精度低的原因。

（10）某型机载 GPS 能给出哪些主要导航参数？

（11）结合图 7-2-11，简要说明某型机载 GPS 的机件组成和机上交联关系。

（12）简述 GLONASS 的组成。

（13）结合表 7-3-11，试说明 GPS 与 GLONASS 在工作性能上有哪些不同。

（14）试说明 GPS 与 GLONASS 组合应用的优点。

（15）试总结北斗二号系统的应用特性。

（16）简述北斗三号系统的系统组成和主要技术性能指标。

参考文献

[1] 吴德伟，赵修斌，田孝华. 无线电导航系统[M]. 北京：电子工业出版社，2015.

[2] 吴德伟，赵修斌，田孝华. 航空无线电导航系统[M]. 北京：电子工业出版社，2010.

[3] 唐金元，王思臣，姜茂仁，等. 航空无线电通信导航系统[M]. 北京：国防工业出版社，2017.

[4] 黄智刚，孙国良，冯文全，等. 无线电导航原理与系统[M]. 北京：北京航空航天大学出版社，2007.

[5] 陈高平. 航空无线电导航原理[M]. 北京：国防工业出版社，2008.

[6] 刘基余. 全球导航卫星导航系统及其应用[M]. 北京：测绘出版社，2015.

[7] 边少锋，纪兵，李厚朴. 卫星导航系统概论[M]. 2 版. 北京：测绘出版社，2016.

[8] 范录宏，皮亦鸣，李晋. 北斗卫星导航原理与系统[M]. 北京：电子工业出版社，2021.

[9] 周建华，陈俊平，胡小工. 北斗卫星导航系统原理及其应用 [M]. 北京：科学出版社，2020.

[10] 姚铮，陆明泉. 新一代卫星导航系统信号设计原理与实现技术[M]. 北京：电子工业出版社，2016.

[11] 程农，李四海. 民机导航系统[M]. 上海：上海交通大学出版社，2015.

[12] 金德琨，敬忠良，王国庆，等. 民机飞机航空电子系统[M]. 上海：上海交通大学出版社，2011.

[13] 谢益溪. 无线电波传播原理与应用[M]. 北京：人民邮电出版社，2008.

[14] 霍曼，张永红，李体然. 飞速发展的航空电子[M]. 北京：航空工业

出版社，2007.

[15] 唐金元. 北斗卫星导航区域系统发展应用综述[J]. 全球定位系统，2013（5）.

[16] 刘飞. 基于北斗 RDSS 的 ADS-B 数据传输技术研究与实现[D]. 广汉：中国民用航空飞行学院，2020.

[17] 黄智伟. GPS 接收机电路设计[M]. 北京：国防工业出版社，2006.